Wolfgang Matheis

# Leitfaden Sicherheitsbeleuchtung

Wolfgang Matheis

# Leitfaden Sicherheitsbeleuchtung

Elektroinstallationen in baulichen Anlagen besonderer Art und Nutzung

VDE VERLAG GMBH

ICS 13.260; 29.020



**Bibliografische Information der Deutschen Nationalbibliothek**
Die Deutsche Nationalbibliothek verzeichnet diese Publikation in der Deutschen Nationalbibliografie; detaillierte bibliografische Daten sind im Internet über *http://dnb.dnb.de* abrufbar.

ISBN 978-3-8007-5484-7 (Buch)
ISBN 978-3-8007-5485-4 (E-Book)



Titelbild: ©saelim - stock.adobe.com
Druck & Bindung: Elanders GmbH, Waiblingen
Printed in Germany 2021-07

# Vorwort

Sicherheitsbeleuchtungsanlagen sind aus modernen baulichen Anlagen jeglicher Art nicht mehr wegzudenken. Es handelt sich um die Sicherheitsanlage, die am meisten auf Grund des Gebäudetyps oder der baulichen Gegebenheiten im Brandschutznachweis (BSN) als Auflage für den sicheren Betrieb gefordert wird.

Die Techniken dieser Anlagen entwickeln sich rasant. Die Dynamik ist ein fortlaufender Prozess, der den Normen und Richtlinien angepasst wird. Für Planer und Errichter bedeutet das, dieser Entwicklung offen gegenüber zu stehen und die Sicherheitsbeleuchtungsanlage nach dem aktuellen Stand der Technik unter wirtschaftlichen Aspekten für den Betreiber zu realisieren.

In dem vorliegenden Buch sind aktuelle Standards der verschiedenen Techniken für eine vorschriftsmäßige Anlage in den verschiedenen Gebäudetypen beschrieben und abgehandelt. Sicherlich wird man anhand des Inhalts des Buchs nicht alle Fragen zur Thematik beantworten können. Es wird aber hoffentlich eine wesentliche Hilfe sein, um eine für den Bauherrn wirtschaftliche Entscheidung treffen zu können.

Salzweg, im Sommer 2021 *Wolfgang Matheis*

# Inhalt

# Abkürzungsverzeichnis

| | |
|---|---|
| AC | Alternating current (Wechselstrom) |
| AMEV | Arbeitskreis Maschinen- und Elektrotechnik staatlicher und kommunaler Verwaltungen |
| AV | Allgemeinstromversorgung |
| AWG | Automatisches Wählgerät |
| bzw. | beziehungsweise |
| BSA | Blitzstromableiter |
| BSK / BSN | Brandschutzkonzept / Brandschutznachweis |
| BMA / BMZ | Brandmeldeanlage / Brandmeldezentrale |
| BOS | Sprech- und Datenfunksystem für Behörden und Organisationen mit Sicherheitsaufgaben |
| D | DIAZED-Sicherung |
| DC | Direct current (Gleichstrom) |
| DIN | Deutsches Institut für Normung |
| DO | NEOZED-Sicherung |
| EB | Einzel-Batterieanlage |
| EDV | Elektronische Datenverarbeitung |
| ELTBauVO | Verordnung über den Bau von Betriebsräumen für elektrische Anlagen |
| EG | Erdgeschoss |
| ELA | Elektroakustische Anlage |
| EMA | Einbruchmeldeanlage |
| EMV | Elektromagnetische Verträglichkeit |
| EN | Europäische Norm |
| FFB | Fertig-Fußboden |
| FEC | Feuerwehr Einsatz Center |
| FW | Feuerwehr |
| GLT | Gebäude-Leittechnik |
| GSM | Global System for Mobile Communication |
| HA – VT | Hausanschluss – Verteiler (Übergabe Stromanschluss) |
| HD | Harmonisierungs-Dokument |
| HLSK | Heizung, Lüftung, Sanitär, Klima |
| ILS | Integrierte Leitstelle |
| IP | Internet Protokoll |
| IT | IT-System (Sternpunkt des Spannungserzeugers nicht geerdet) |
| KNX | Feldbus zur Gebäudeautomation |
| KOK | Koordinierungskreis Bäderbau |
| kV / kVA | Kilovolt / Kilovoltampere |
| kWh | Kilowattstunde |
| LS | Leitungsschutzschalter |
| MLAR | Muster-Leitungsanlagen-Richtlinie |
| MRA | Maschineller Rauchabzug |
| NAV | Niederspannungsanschlussverordnung |

| | |
|---|---|
| NEA | Netzersatzanlage / Notstromaggregat |
| NRA-EA | Natürlicher Rauchabzug elektrisches Auslösesystem |
| NSHV | Niederspannungshauptverteilung |
| NTS | Nagetierschutz |
| OK | Oberkante |
| OS | Oberspannungsseite Transformator |
| RCD | Residual current protective device (Fehlerstrom-Schutzschalter) |
| RCM | Differenzstrom-Überwachungssystem |
| RLT | Raumlufttechnische Anlage |
| RS | Rauchdicht Selbstschließend |
| RWA | Rauch-Wärme-Abzug |
| SAA / SAZ | Sprachalarmanlage / Sprachalarmzentrale |
| SV | Sicherheitsstromversorgung |
| SV Prüf | Prüfsachverständiger |
| SK | Sachkundiger |
| TAB | Technische Anschluss-Bedingungen |
| TK | Telekommunikation |
| TRE | Tarif Rundsteuerempfänger |
| TN | TN-System (Sternpunkt des Erzeugers direkt geerdet) |
| TT | TT-System (Sternpunkt des Spannungserzeugers direkt geerdet) |
| US | Unterspannungsseite Transformator |
| USK | Umschaltkombination AV/SV |
| UV/US | Unterverteilung / Unterstation |
| ÜSA | Überspannungsschutzableiter |
| VNB | Verteil-Netz-Betreiber |
| VDE | Verband der Elektrotechnik Elektronik Informationstechnik |
| VdS | Verband der Sachversicherer |
| vgl. | vergleiche |
| ZB | Zentral-Batterieanlage |
| ZEP | Zentraler Erdungspunkt |
| ZP | Zählerplatz |
| ZV | Zählerverteilung |
| ZVEI | Zentralverband Elektrotechnik und Elektronikindustrie |

# 1 Einleitung

Sicherheitsbeleuchtungsanlagen stellen in Gebäuden mit den dazu erforderlichen Installationen einen hohen Standard an die Planung, um nach den öffentlich-rechtlichen Vorschriften, technischen Bestimmungen und einer Vielzahl unterschiedlich einsetzbarer Produkte die wirtschaftlichste Lösung auszuarbeiten und umzusetzen.

*Definition Sicherheitsbeleuchtung:* Die Sicherheitsbeleuchtung ist neben der Ersatzbeleuchtung ein Bestandteil der Notbeleuchtung. Die Sicherheitsbeleuchtung ist eine zusätzliche Anlage zur Allgemeinbeleuchtung und soll bei Ausfall oder Teilausfall der allgemeinen Stromversorgung das gefahrlose Verlassen eines Gebäudes/Raums gewährleisten.

Anforderungen an die Sicherheitsbeleuchtung sind in unterschiedlichen rechtlichen Schriften beschrieben, wobei sie im Landesbaurecht, in Baugenehmigungen, in Brandschutzgutachten etc. voneinander abweichen können. Liegen mehrere relevante Richtlinien vor, müssen Verantwortliche die jeweils höhere Anforderung erfüllen. Ausschlaggebend ist auch die Risiko- und Gefährdungsbeurteilung für das Gebäude bzw. die Arbeitsstätte.

Das Risikomanagement für Gebäude entwickelt sich rasant. Die wesentlichen Risiken, die es dabei zu bewerten gilt, sind Gefahren durch Brände und Stromausfall. Weitere Ereignisse, die auch nicht außer Acht gelassen werden können sind: Austritt gefährlicher Stoffe, Naturkatastrophen (Hochwasser, Sturm), sowie Terror- und Amokfall.

Sicherheit und Gesundheit stehen bei Gefahr und Stromausfall an oberster Stelle:

- Die Aufgabe der Sicherheitsbeleuchtung ist bei vorhandener Stromversorgung die Kennzeichnung von Fluchtwegen für die Evakuierung eines Gebäudes, beispielsweise bei einem Unfall.
- Bei Stromausfall ist die vordergründige Aufgabe die Lichtversorgung für die Kennzeichnung der Fluchtwege und die Ausleuchtung der Fluchtwege für ein sicheres Verlassen des Gebäudes.

Das Schutzziel steht für die Sicherheitsbeleuchtung an oberster Stelle: Es gibt keinen Raum für Kompromisse, wenn es um den Schutz von Leben und Eigentum geht!

*Hinweis:* Die Sicherheitsbeleuchtung ist nicht zur Fortsetzung normaler Tätigkeiten bei Ausfall der allgemeinen Stromversorgung oder der Ersatzbeleuchtung ausgelegt!

Der wesentliche Inhalt dieser Ausarbeitung ist eine allumfassende Darstellung sämtlicher Techniken, die in einem Gebäude für den funktionierenden Betrieb einer Sicherheitsbeleuchtung nach der aktuellen Vorschriftenlage installiert werden müssen.

Hierzu wird im Kapitel 1 aufgezeigt, nach welchen Kriterien die Sicherheitsbeleuchtung für die verschiedenen Gebäudetypen aus dem BSK zur Ausführung gefordert werden können. Im weiteren Verlauf sind hier auch die Planungsschritte beschrieben, nach denen die Anlage zu projektieren ist, um am Ende die Bescheinigung der Wirksamkeit als Ergebnis der Prüfung durch den Prüfsachverständigen zu erhalten.

Erklärung zu Wirksamkeit und Betriebssicherheit:

- Wirksam ist eine Anlage dann, wenn die Funktion geprüft und sichergestellt ist.
- Betriebssicher ist eine Anlage dann, wenn der vorgegebene Funktionserhalt hergestellt ist. Dazu gehört auch, dass die Zentrale in einem Raum eingebaut wird, der den Anforderungen des dafür vorgegebenen Funktionserhalts genügt.

Das Kapitel 2 enthält eine Zusammenfassung sämtlicher Forderungen aus der allgemeinen Elektroinstallation für die Planung an die Sicherheitsbeleuchtung. Dies betrifft den Abgang in der NSHV bis zur letzten Leuchte am Endstromkreis.

Im Kapitel 3 werden die allgemeinen Forderungen für die Sicherheitsbeleuchtung beschrieben, die unabhängig vom eingesetzten System/Technik – wie Zentral-, Gruppen- oder Einzelbatterieanlage sowie beim Einsatz einer Netzersatzanlage – zu beachten sind.

Im Kapitel 4, 5 und 6 werden die verschiedenen Techniken der unterschiedlichen Systeme von Zentralbatterieanlage, Gruppenbatterieanlage und Einzelbatterieanlage ausführlich abgehandelt.

Das Kapitel 7 beinhaltet die Erklärung und die Techniken der Lenkung der Flüchtenden aus einem Gebäude. Nach der Norm ist hier das dynamische/adaptive Sicherheitsleitsystem beschrieben und dargestellt.

Die zunehmende Bedeutung einer Netzersatzanlage zur Versorgung der Sicherheitsbeleuchtung bei Umschaltzeiten $\leq$ 15 s ist in Kapitel 8 enthalten. Die Installationen, die unter Anwendung der verschiedenen Normen enthalten sind, werden hier übersichtlich dargestellt.

Das Kapitel 9 stellt dar, welche Räume zwingend vom Bauherrn vorzuhalten sind und vom Architekten geplant werden müssen, damit Sicherheitseinrichtungen funktionierend eingebaut werden können. Hier ist auch die Anforderung aus der MLAR für die Unterbringung der NSHV aufgezeigt. Daran angeschlossen sind Varianten von Räumlichkeiten für den Einbau von LPS/UV/US in den verschiedenen Gebäudetypen.

Für die verschiedenen Gebäudetypen gibt es Vorgaben und Empfehlungen zum Einsatz der Kabel/Leitungen nach der EU Bauproduktverordnung, die zu beachten sind.

Die vorschriftsmäßige Verlegung von Kabeln und Leitungen, um den festgelegten Funktionserhalt zu erreichen, ist im Kapitel 10 enthalten.

Als allgemeine Information ist im Kapitel 11 die Tiefentladung von Batterien beschrieben. Hier sind die Gründe, die Auswirkungen, aber auch die Merkmale für das Erkennen einer Tiefentladung beschrieben.

Die zur Überwachung der Sicherheitsanlagen in einem Gebäude geeigneten Einrichtungen mit einer Weiterleitung auf eine ständig besetzte Stelle ist in grafischer Form aus Kapitel 12 ersichtlich.

## 1.1 Zielsetzung

Das Zusammenwachsen Europas macht es möglich, nationale Normen und Vorschriften rund um die Sicherheitsbeleuchtung zu harmonisieren. Um in Deutschland eine normative Sicherheitsbeleuchtungsanlage korrekt installieren zu können, muss man das Regelwerk aus aktuell ca. 1.000 Seiten anwenden. Hinzu kommt die dynamische und kontinuierliche Weiterentwicklung bestehender national und europäisch gültiger Normen. Es ist daher nahezu unmöglich, bei diesem Vorschriften-Dschungel den aktuellen Stand zu kennen.

Als wesentliche Hilfe einer normgerechten funktionierenden Anlage sind im Buch viele praktische Erklärungen eingearbeitet. Das Ziel der Ausarbeitung ist es, für den Planer und den Errichter in der Praxis eine Leitlinie zu schaffen, die entsprechend dem zeitlichen Ablauf bei der Projektierung und bei der Umsetzung in kompakter Weise alle wesentlichen Anforderungen enthält, die in einem Sonderbau mit Zugang der verschiedenen Personen für die Sicherheitsbeleuchtung von zentraler Bedeutung sind. Eine wesentliche Grundlage sind auch die Planungshandbücher von namhaften Herstellern. Es soll der Abgleich mit den projektbezogenen Brandschutzkonzepten vereinfacht werden. Zudem wird es einfacher, Abweichungen gegenüber den aktuellen Bauvorschriften in Form von Normen und Verordnungen zu hinterfragen, richtig zu stellen und bei Minderforderungen aufkommende Bedenken anzumelden.

Mit der Übergabe des Gebäudes/Objekts ist eine Anlage in Betrieb zu nehmen, bei der im Zuge der Projektierung alle Eventualitäten bedacht sind und durch den Prüfsachverständigen die Bescheinigung der Wirksamkeit und Betriebssicherheit bedenkenlos ausgestellt wird.

## 1.2 Vorgehen

Grundlage für die konzeptionelle Planung sind die allgemeinen Regeln der DIN- und VDE-Normen, sowie die MLAR und die Bauordnungen mit den ergänzenden Bestimmungen der jeweiligen Bundesländer, aber auch weitere Richtlinien, die in den verschiedenen Kapiteln als Quelle genannt sind.

In den Jahren 2018 und 2019 gab es im Bereich der Normen und Vorschriften für die Sicherheitsbeleuchtung maßgebende Vorgaben und Ergänzungen, aber auch Änderungen, die bei der Planung von Neuanlagen oder auch bei wesentlichen Änderungen bestehender Anlagen anzuwenden sind. Besonders hervorzuheben ist die VDE V 0108-100-1. Diese ersetzt die VDE 0108-100 von 2010 und soll als Vorlage zur dringend notwendigen und bereits beschlossenen Überarbeitung der europäisch gültigen Reihe VDE V 0108-100 dienen. Parallel dazu ist eine Überarbeitung der EN 1838 Notbeleuchtung von 2013 eingeleitet, die lichttechnische Anforderungen an die Sicherheitsbeleuchtung beschreibt. Oft zitiert wird auch die Neuauflage der MLAR mit Stand 2018-10. Auch hier sind für die unterschiedlichen Techniken der Sicherheitsbeleuchtung, Angleichungen an den Stand der Technik gemacht worden, die planerisch zu berücksichtigen sind.

*Hinweis:* Verordnungen haben Gesetzescharakter. Die Forderungen sind umzusetzen. Abweichungen bedürfen einer Genehmigung durch die Baubehörde.

Richtlinien beschreiben bewährte technische Möglichkeiten zum Erreichen des Schutzziels. Konzeptionelle Abweichungen sind möglich, z. B. durch Beschreibung und Begründung im Brandschutzkonzept oder Zustimmung des hoheitlich tätigen Prüfingenieurs für den Brandschutz.

Aufbauend auf diesen Vorschriften wird für Sonderbauten durch einen Sachverständigen für den Brandschutz ein Brandschutzkonzept (BSK) erstellt, in dem die Umsetzung durch Anforderungen in Form einer textlichen Beschreibung und Darstellung in Form von Zeichnungen auf der Grundlage der Architektenplanung allgemein vorgegeben wird.

Dieses BSK ist Bestandteil der Baugenehmigung und daher für die Errichtung des Bauvorhabens als verbindliche Auflage umzusetzen.

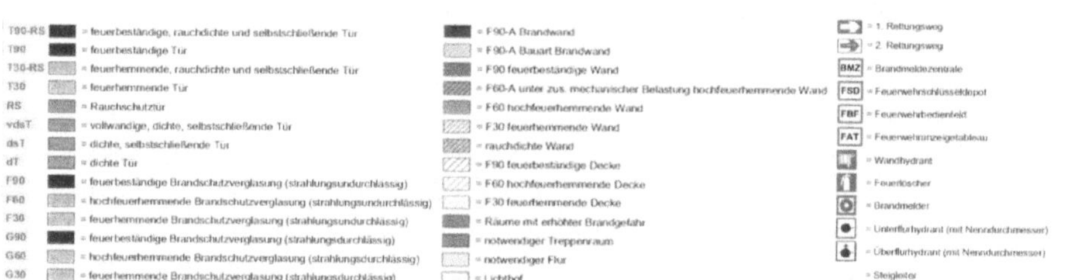

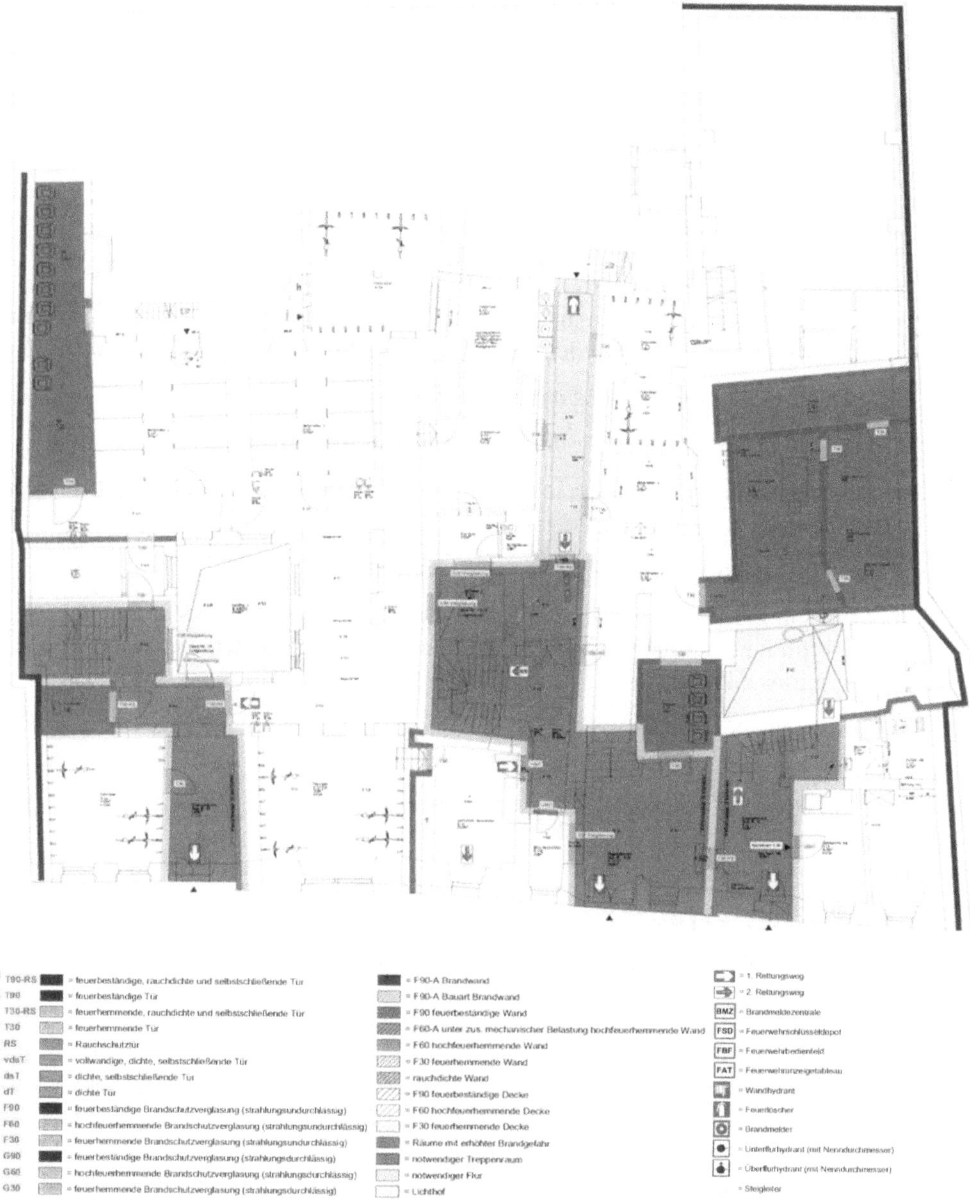

**Bild 1.1:** Grundrissplan in zeichnerischer Darstellung mit Anforderungen aus BSK

Der **zeichnerischen Darstellung** ist zu entnehmen:

- welche Anforderungen an z. B. welche Wände gestellt werden,
- wo und mit welcher Größe die Räume mit den technischen Anlagen platziert sind,
- wie der Verlauf von Rettungswegen aus dem Gebäude ins Freie vorgesehen ist.

Für die Erklärung hierzu ist in der Regel eine Legende mit Angabe der unterschiedlichen am Plan eingetragenen Zeichen und Beschriftungen enthalten.

Der **textlichen Ausarbeitung** ist zu entnehmen:

- welche Anlagen notwendig und zu installieren sind, damit die Vorgaben aus den Bauvorschriften erfüllt werden.

Die **wesentlichen Inhalte** sind dabei:

- Festlegung der Kriterien für die Einstufung als Sonderbau,
- Festlegung der Anlagen, die in Sonderbauten zu installieren und durch Prüfsachverständige zu prüfen sind,
- Festlegung der Prüffristen der technischen Anlagen,
- Festlegung der Kriterien für die Berechtigung als anerkannter Sachverständiger, die Prüfung der Anlagen vornehmen zu dürfen und demnach die Bescheinigung der Wirksamkeit behördlich zu bestätigen,
- Festlegung der Grundsätze für die Prüfung technischer Anlagen entsprechend der Prüfverordnung durch Prüfsachverständige,
- Festlegung, in welchem Umfang die Prüfungen durch den Prüfsachverständigen durchzuführen sind.

## 1.3 Sicherheitsbeleuchtung, baurechtlich gefordert. Prüfgrundlage ist das BSK

Das Schutzziel der Sicherheitsbeleuchtung ist, ein gefahrloses Verlassen von Personen bei Ausfall der allgemeinen Beleuchtung zu ermöglichen. Die Vorgabe für die Planung ergibt sich wie bereits erwähnt aus den DIN-VDE-Regeln und Muster-Verordnungen im Baurecht der jeweiligen Länder. Diese sind nach Art und Nutzung des Gebäudes in nachfolgender Listung enthalten. Die Anforderungen an die Sicherheitsbeleuchtung sind in der DIN VDE 0108-100 unter Berücksichtigung der neuen VDE V 0108-100-1 vorgegeben. Nach diesen Kriterien ist eine Wahl zu treffen, welches System im Objekt als wirtschaftlichste Lösung für den Bauherrn installiert werden soll.

*Anmerkung:* Die Beurteilung über den Umfang der Anlagen für die Sicherheitsbeleuchtung obliegt dem Prüfsachverständigen, der den Brandschutznachweis prüft und beurteilt. Es können auch Forderungen über die in den Bauvorschriften enthaltenen Vorgaben hinaus gemacht werden, insbesondere wenn die Grundrissplanung dies erfordert.

### 1.3.1 Ausführung der Sicherheitsbeleuchtung für Arbeitsstätten

*Grundlage:* Arbeitsschutzrecht und Muster-Industriebau-Richtlinien – MindBauRL (2014-07)

Die Notwendigkeit der Installation einer Sicherheitsbeleuchtung muss nach einer Gefährdungsbeurteilung durch den Arbeitgeber ermittelt werden. Die Grundsätze hierbei sind:

- Sicherheitsbeleuchtung, Installation zum gefahrlosen Verlassen von Arbeitsstätten. z. B.
  - mit großer Personalbelegung
  - mit hoher Geschosszahl
  - mit Bereichen erhöhter Gefährdung
  - mit unübersichtlicher Fluchtwegführung
  - die durch ortsunkundige Personen genutzt werden
  - in denen große Räume durchquert werden müssen (Hallen, Großraumbüros, Verkaufsgeschäfte)
  - ohne Tageslicht
- Sicherheitsbeleuchtung wegen erhöhter Gefährdung, z. B.
  - in großen zusammenhängenden Gebäudekomplexen
  - in mehrgeschossigen Gebäudekomplexen
  - bei hohem Anteil ortsunkundiger Personen
  - bei einem hohen Anteil an Personen mit eingeschränkter Mobilität
- Sicherheitsbeleuchtung wegen großer Unfallgefahr, z. B.:
  - in Laboratorien
  - an aus technischen Gründen dunklen Arbeitsplätzen

- in elektrischen Betriebsräumen
- in Bereichen mit lang nachlaufenden Arbeitsmitteln in Bereichen mit Steuereinrichtungen
- in der Nähe heißer Bäder oder Gießgruben
- in Bereichen um nicht abdeckbare Arbeitsgruben
- auf Baustellen

- Anforderungen an Sicherheitsbeleuchtung
  - mindestens 1 lx nach längstens 15 s
  - bei erhöhter Unfallgefahr mindestens 15 lx, besser 10 % der Beleuchtungsstärke oder Allgemeinbeleuchtung, nach längstens 0,5 s
  - Gleichmäßigkeit < 40:1
  - Nennbetriebsdauer mindestens 1 h
  - Dauerschaltung für Rettungszeichenleuchten bei hoher Gefährdung erforderlich, bei geringer Gefährdung nicht erforderlich

### 1.3.2 Ausführung der Sicherheitsbeleuchtung für Versammlungsstätten (1), hier insbesondere für Theater, Szenenflächen im Freien, Aulas, Kinos, Hörsäle usw.

*Grundlage:* Muster-Versammlungsstättenverordnung – MVStättV (07/2014)

Versammlungsstätten sind:

- Versammlungsräume einzeln oder zusammen ≥ 200 Personen
- Versammlungsstätten mit nicht überdachten Szenenflächen für ≥ 1.000 Personen (Fläche < 20 m² sind keine Szenenflächen)

  *Anmerkung:* Von der MVStättV nicht erfasst sind: Unterrichtsräume in Schulen, Kirchen, Ausstellungsräume in Museen, fliegende Bauten

  Ermittlung der Besucherzahl:

  - für Sitzplätze an Tischen: 1 Besucher je m²
  - für Sitzplätze in Reihen und für Stehplätze: 2 Besucher je m²
  - für Stehplätze auf Stufenreihen: 2 Besucher je laufendem Meter Stufenreihe
  - bei Ausstellungsräumen 1 Besucher je m²

- Sicherheitsbeleuchtung, Installation
  - in notwendigen Treppenräumen, in Räumen zwischen notwendigen Treppenräumen und Ausgängen ins Freie und in notwendigen Fluren
  - in Versammlungsräumen sowie in allen übrigen Räumen für Besucher (z. B. Foyer, Garderobe, Toiletten)
  - für Bühnen und Szenenflächen
  - für Räume für Mitwirkende und Beschäftigte ≥ 20 m² Grundfläche, ausgenommen Büroräume
  - in elektrischen Betriebsräumen, in Räumen für haustechnische Anlagen, in Scheinwerfer- und Bildwerferräumen
  - in Versammlungsstätten im Freien, die bei Dunkelheit benutzt werden
  - für Sicherheitszeichen von Ausgängen und Rettungswegen
  - bis zu den öffentlichen Verkehrsflächen
  - für Stufenbeleuchtungen, nicht jedoch bei Gängen in Versammlungsräumen mit auswechselbarer Bestuhlung
- Sicherheitsbeleuchtung, Anforderungen (DIN VDE 0108-100)
  - Umschaltzeit: max. 1 s
  - Bemessungsbetriebsdauer: 3 h
  - Rettungszeichenleuchten in Dauerschaltung
- Sicherheitsbeleuchtung, Besonderheiten
  - Bühnen: Beleuchtungsstärke mindestens 3 lx
  - betriebsmäßig verdunkelte Versammlungsräume, Bühnen und Szenenflächen: Bereitschaftsschaltung
  - geschaltete Bereitschaftsschaltung für Sicherheitsleuchten nicht zulässig, d. h. keine Leuchten der Allgemeinbeleuchtung als Sicherheitsleuchten verwenden
  - keine automatische Rückschaltung nach Netzwiederkehr in betrieblich verdunkelten Räumen

### 1.3.3 Ausführung der Sicherheitsbeleuchtung für Versammlungsstätten (2), hier insbesondere für Gaststätten, Restaurants, Diskotheken usw.

*Grundlage:* Muster-Versammlungsstättenverordnung – MVStättV (07/2014)

Gaststätten und Restaurants sind Versammlungsstätten:

- bei > 200 Besucherplätzen

  Ermittlung der Besucherzahl:

  - für Sitzplätze: 1 Besucher je m² (ohne Tresenbereich) d. h. ≥ 200 m²
  - für Stehplätze: 2 Besucher je m² d. h. ≥ 100 m²

- Sicherheitsbeleuchtung, Installation
  - in notwendigen Treppenräumen, in Räumen zwischen notwendigen Treppenräumen und Ausgängen ins Freie und in notwendigen Fluren
  - in Gasträumen sowie in allen übrigen Räumen für Besucher (z. B. Foyer, Garderobe, Toiletten)
  - für Räume für Beschäftigte ≥20 m² Grundfläche, ausgenommen Büroräume
  - in elektrischen Betriebsräumen, in Räumen für haustechnische Anlagen
  - in Gaststätten und Restaurants im Freien, die bei Dunkelheit benutzt werden
  - für Sicherheitszeichen von Ausgängen und Rettungswegen
  - bis zu den öffentlichen Verkehrsflächen
  - für Stufenbeleuchtungen
- Sicherheitsbeleuchtung, Anforderungen (DIN VDE 0108-100)
  - Umschaltzeit: max. 1 s
  - Bemessungsbetriebsdauer: 3 h
  - Rettungszeichenleuchten in Dauerschaltung
- Sicherheitsbeleuchtung, Besonderheiten
  - für Diskotheken gelten zusätzlich die unter Versammlungsstätten (1) genannten

### 1.3.4 Ausführung der Sicherheitsbeleuchtung für Versammlungsstätten (3), insbesondere für Sportstätten, Stadien, Schwimmbäder usw.

*Grundlage:* Muster-Versammlungsstättenverordnung – MVStättV (07/2014), DIN EN 12193 und KOK-Richtlinien für Bäder

Versammlungsstätten sind:

- Sportstadien mit nichtüberdachten Sportflächen und Tribünen ≥ 5.000 Besucher
- Sportstätten im Freien mit Szenenflächen ≥ 1.000 Besucher

  Ermittlung der Besucherzahl:
  - für Sitzplätze an Tischen: 1 Besucher je m²
  - für Sitzplätze in Reihen und für Stehplätze: 2 Besucher je m²
  - für Stehplätze auf Stufenreihen: 2 Besucher je laufendem Meter Stufenreihe
- Sicherheitsbeleuchtung, Installation
  - in notwendigen Treppenräumen, in Räumen zwischen notwendigen Treppenräumen und Ausgängen ins Freie und in notwendigen Fluren
  - in Versammlungsräumen sowie in allen übrigen Räumen für Besucher (z. B. Foyer, Garderobe, Toiletten)
  - für Bühnen und Szenenflächen
  - für Räume für Mitwirkende und Beschäftigte ≥ 20 m² Grundfläche, ausgenommen Büroräume
  - in elektrischen Betriebsräumen, in Räumen für haustechnische Anlagen, in Scheinwerfer- und Bildwerferräumen
  - in Sportstätten, die während der Dunkelheit benutzt werden
  - für Sicherheitszeichen von Ausgängen und Rettungswegen
  - bis zu den öffentlichen Verkehrsflächen
  - für Stufenbeleuchtungen, nicht jedoch bei Gängen in Versammlungsräumen mit auswechselbarer Bestuhlung
  - zum geordneten Beenden der Sportveranstaltung durch die Teilnehmer nach DIN EN 12193
  - in Schwimmbädern: in Hallenbädern, an Beckenumgängen, in Dusch- und Umkleideräumen, in Technikräumen, auf Fluchtwegen, auf Zuschauertribünen, in Technikräumen von Freibädern nach KOK-Richtlinien und DGUV Regel 107-001

- Sicherheitsbeleuchtung, Anforderungen (DIN VDE 0108-100)
  - Umschaltzeit: max. 1 s
  - Bemessungsbetriebsdauer: 3 h
  - Rettungszeichenleuchten in Dauerschaltung
- Sicherheitsbeleuchtung, Besonderheiten
  - vorgeschriebenes Mindestbeleuchtungsniveau für eine definierte Zeit unterschiedlich je Sportart nach DIN EN 12193 mit Unterscheidung für Sportler und Zuschauer:

| Innenanlagen | | | | |
|---|---|---|---|---|
| **Sportart** | **Dauer** | **Klasse I** $E_m$ | **Klasse II** $E_m$ | **Klasse III** $E_m$ |
| **Schwimmen** | 30 s | 25 lx | 15 lx | 10 lx |
| **Turnen** | 30 s | 25 lx | 15 lx | 10 lx |
| **Reiten** | 120 s | 25 lx | 15 lx | 10 lx |
| **Eisschnelllauf** | 30 s | 25 lx | 15 lx | 10 lx |
| **Radsport** | 60 s | 75 lx | 50 lx | 20 lx |

**Tabelle 1.1:** Zeitabhängige Lichtstärken für Sicherheitsbeleuchtung

*Kommentar zur Tabelle:* Um eine Veranstaltung geordnet beenden zu können, muss für eine bestimmte Zeit ein prozentual vorgegebenes Beleuchtungsniveau der Sicherheitsbeleuchtung vorhanden sein, das von der Sportart und vom Wettbewerbsniveau abhängig ist. Unterschieden wird demnach mit den Klassen I bis III. Für Schwimmen muss zusätzlich noch eine Gleichmäßigkeit von 0,35 erreicht werden. Nach Ablauf der 30 s muss die Mindestbeleuchtungsstärke für die Sicherheitsbeleuchtung mindestens 1 lx betragen (vgl. DIN EN 12 193:2019-07).

*Hinweis:* Klasse I = Internationaler Wettbewerb, Klasse II = Wettkampf, Klasse III = Training;

Die Sicherheitsbeleuchtung für Zuschauer muss der DIN EN 1838 sowie örtlichen Bestimmungen entsprechen.

  - Schwimmbäder ab 1,35 m Wassertiefe: 15 lx auf der Wasseroberfläche, sonst 1 % der Allgemeinbeleuchtung, mindestens jedoch 1 lx nach KOK-Richtlinien für Bäder und DGUV-Regel 107-001

### 1.3.5 Ausführung der Sicherheitsbeleuchtung für Verkaufsstätten wie Kaufhäuser, Supermärkte, Einkaufszentren usw.

*Grundlage:* Muster Verkaufstättenverordnung – MVkVO (07/2014)

Verkaufsstätten sind:

- Gebäude oder Gebäudeteile, die ganz oder teilweise dem Verkauf von Waren dienen, mindestens einen Verkaufsraum haben und keine Messebauten sind

  Bemessung:

  - Verkaufsräume und Ladenstraßen insgesamt ≥ 2.000 m (Ladenstraßen: überdachte Flächen, an denen Verkaufsräume liegen und die dem Kundenverkehr dienen)

- Sicherheitsbeleuchtung, Installation
  - in Verkaufsräumen und Räumen für Besucher > 50 m² Grundfläche
  - in notwendigen Treppenräumen, in Räumen zwischen notwendigen Treppenräumen und Ausgängen ins Freie und in notwendigen Fluren
  - in Räumen für Beschäftigte >20 m² Grundfläche, ausgenommen Büroräume
  - in Toilettenräume mit über 50 m² Grundfläche (Bayern und Brandenburg: Toilettenräume jeder Größe)
  - in elektrischen Betriebsräumen, in Räumen für haustechnische Anlagen
  - für Sicherheitszeichen von Ausgängen und Rettungswegen
  - bis zu den öffentlichen Verkehrsflächen
  - für Stufenbeleuchtungen

- Sicherheitsbeleuchtung, Anforderungen (DIN VDE 0108-100)
  - Umschaltzeit: max. 1 s (DIN VDE 0108-100)
  - Bemessungsbetriebsdauer: 3 h
  - Rettungszeichenleuchten in Dauerschaltung (DIN VDE 0108-100)

  *Hinweis:* Gemäß § 21 der Verkaufsstättenverordnung ist bei Sicherheitsstromversorgung gefordert, dass die Sicherheitsbeleuchtung bei Ausfall der allgemeinen Stromversorgung (AV) aus der Sicherheitsstromversorgung (SV) versorgt wird. Von manchen Sicherheits-/Prüfingenieur wird das so interpretiert, dass, wenn eine Netzersatzanlage (NEA) für die Sicherheitsstromversorgung vorhanden ist, die Zentralbatterieanlage aus der NSHV-SV (Niederspannungshauptverteilung) versorgt werden muss.

Vorteil: Die Nennbetriebsdauer, die für 3 h gefordert ist, kann auf 1 h verringert werden.

Nachteil: Das Kabel zwischen der NSHV-SV und der Batterie muss in Funktionserhalt E30 verlegt werden.

### 1.3.6 Ausführung der Sicherheitsbeleuchtung für Beherbergungsstätten wie Hotels, Pensionen, Altenheime usw.

*Grundlage:* Muster Beherbergungsstättenverordnung – MBEVO (05/2014)

Beherbergungsstätten sind:

- Gebäude oder Gebäudeteile, die ganz oder teilweise für die Beherbergung von Gästen bestimmt sind (ausgenommen die Beherbergung in Ferienwohnungen). Die Verordnung gilt nicht für Beherbergungsräume in Hochhäusern.

  Bemessung:

  - ≥ 12 Gastbetten
- Sicherheitsbeleuchtung, Installation
  - in notwendigen Fluren und in notwendigen Treppenräumen
  - in Räumen zwischen notwendigen Treppenräumen und Ausgängen ins Freie
  - für Sicherheitszeichen, die auf Ausgänge hinweisen
  - für Stufen in notwendigen Fluren
- Sicherheitsbeleuchtung, Anforderungen:
  - Umschaltzeit: max. 1 s (DIN VDE 0108-100)

    *Hinweis:* Je nach Gefährdungsbeurteilung und Panikrisiko bis 15 s (DIN VDE V 0108-100-1)
  - Bemessungsbetriebsdauer: 8 h
  - 3 h ausreichend, wenn Leuchttaster und Zeitlicht mit selbstständigem Ausschalten eingesetzt werden (DIN VDE 0108-100)
  - Rettungszeichenleuchten in Dauerschaltung (DIN VDE 0108-100)

### 1.3.7 Ausführung der Sicherheitsbeleuchtung für Schulen wie Grundschulen, Gymnasien, Berufsschulen usw.

*Grundlage:* Muster-Schulbau-Richtlinien – MSchulbauR (04/2009)

Schulen sind:

- allgemeinbildende und berufsbildende Schulen, soweit sie nicht ausschließlich der Unterrichtung Erwachsener dienen
- Sicherheitsbeleuchtung, Installation
  - in Hallen, durch die Rettungswege führen
  - in notwendigen Fluren
  - in notwendigen Treppenräumen
  - in fensterlosen Aufenthaltsräumen
- Sicherheitsbeleuchtung, Anforderungen:
  - Umschaltzeit: max. 1 s, je nach Panikrisiko bis 15 s (DIN VDE V 0108-100-1)
  - Bemessungsbetriebsdauer: 3 h
  - Rettungszeichenleuchten in Dauerschaltung (DIN VDE 0108-100)
- Sicherheitsbeleuchtung, Besonderheiten:
  - gegebenenfalls Sicherheitsbeleuchtung auch in weiteren Räumen, z. B. in verdunkelten Räumen (häufig EDV-Räume) und in Experimentierräumen (Chemie- und Physikräume)

### 1.3.8 Ausführung der Sicherheitsbeleuchtung für Garagen wie Parkhäuser, Tiefgaragen usw.

*Grundlage:* Muster-Garagenverordnung – MGarVO (05/2008)

Bestimmung der Garagengröße:

- bis 100 m²: Kleingarage
- über 100 m² bis 1.000 m²: Mittelgarage
- über 1.000 m²: Großgarage

Garagen sind Großgaragen:

- bei ≥ 1.000 m² Nutzfläche (Nutzfläche: Summe aller miteinander verbundenen Flächen der Einstellplätze und der Verkehrsflächen)

- Sicherheitsbeleuchtung, Installation
  - für Rettungswege in geschlossenen Großgaragen; gilt nicht für eingeschossige Garagen mit festem Benutzerkreis
  - Fahrgassen
  - Gehwege neben Zu- und Abfahrten
  - Treppen
  - zu den Ausgängen führende Wege

*Besonderheiten:* In Großgaragen müssen die zu den Ausgängen ins Freie führenden Wege an den Wänden durch beleuchtete Hinweise gekennzeichnet sein.

- Sicherheitsbeleuchtung, Anforderungen:
  - Umschaltzeit: max. 15 s (DIN VDE 0108-100)
  - Bemessungsbetriebsdauer: 1 h (DIN VDE 0108-100)
  - Rettungszeichenleuchten in Dauerschaltung (DIN VDE 0108-100)

### 1.3.9 Ausführung der Sicherheitsbeleuchtung für hohe Gebäude und Hochhäuser wie Wohnhochhäuser, hohe Bürogebäude usw.

*Grundlage:* Muster-Bauordnung – MBO (09/2012), Muster-Hochhausrichtlinie – MHHR (04/2008)

Hochhäuser sind:

- Sonderbauten gemäß MBO § 2 (4): Gebäude mit > 22 m Höhe (Fußbodenoberkante des höchsten Geschosses über Geländeoberfläche)

Hohe Gebäude sind:

- MBO § 35 (7): Gebäude mit > 13 m Höhe
- Sicherheitsbeleuchtung, Installation
  - in Rettungswegen
  - in Aufzugsvorräumen
  - für Sicherheitszeichen von Rettungswegen
  - in hohen Gebäuden > 13 m (bis 22 m): nur in innen liegenden notwendigen Treppenräumen (MBO § 35(7). *Achtung:* Außentreppenhaus bei Wandöffnung

mit Glaseinsatz, ist aus Sicht mancher Prüfsachverständiger kein Fenster und wird demnach als fensterlos bewertet. Bei Höhen > 22 m ist in innenliegenden und in außenliegenden Treppenräumen eine Sicherheitsbeleuchtung zu installieren.

- Sicherheitsbeleuchtung, Anforderungen:
  - Umschaltzeit: max. 1 s, je nach Panikrisiko bis 15 s (DIN VDE V 0108-100-1)
  - Bemessungsbetriebsdauer: 3 h
  - Wohnhäuser: 8 h; 3 h dann ausreichend, wenn Leuchttaster und Zeitlicht mit selbstständigem Ausschalten eingesetzt werden (DIN VDE 0108-100)
  - Rettungszeichenleuchten in Dauerschaltung (DIN VDE 0108-100)

  *Besonderheiten:* Hochhaus-Richtlinien und Verordnungen der Bundesländer beinhalten zum Teil weitergehende spezielle Vorgaben. So muss zur geschossweisen UV in Nordrhein-Westfalen der Funktionserhalt der Leitungsanlagen 90 min betragen.

- Sicherheitsstromversorgung (SV)

  Die SV-Stromversorgung muss bei Ausfall der AV-Stromversorgung innerhalb von 15 Sekunden mit einem Kraftstoffvorrat für eine Betriebszeit von mindestens 3 Stunden bei Nennlast den Betrieb nachfolgender Anlagen übernehmen:

  - Sicherheitsbeleuchtung (Betriebsdauer kann daher auf 1 h ausgelegt werden)

*Mitteilung:* Nutzungseinheiten bis 400 m² sowie Gebäudehöhe bis 60 m des Fußbodens über OK-Gelände. Werden Flächen und die Höhe überschritten, kommen noch höhere Anforderungen an den technischen Brandschutz zum Tragen.

### 1.3.10 Ausführung der Sicherheitsbeleuchtung für medizinisch genutzte Bereiche wie Krankenhäuser, Kliniken, Ärztehäuser, Polikliniken, Arztpraxen, Pflegeheime usw.

*Grundlage:* Krankenhausbauverordnung – KhBauVO,
DIN VDE 0100 710:2012-10 mit Bbl. 1

*Anmerkung:* Die Krankenhausbauverordnung wurde durch die ARGEBAU zurückgezogen. Bei wesentlichen Umbauten im Bereich des gebäudetechnischen Brandschutzes ist die Grundlage ein projektspezifisches Brandschutzkonzept (vgl. MLAR:2018-10, S. 180).

Medizinisch genutzte Bereiche in Krankenhäusern, Privatkliniken, Arzt- und Zahnarztpraxen, medizinische Versorgungszentren, in Arbeitsstätten, der medizinischen Forschung und in veterinärmedizinischen Kliniken

Beispiele dafür sind:

- Krankenhäuser und Kliniken (auch Container-Bauweise)
- Sanatorien und Kurkliniken
- Bereiche für ärztliche Behandlungen in Senioren- und Pflegeheimen
- Ärztehäuser, Polikliniken und Ambulatorien
- ambulante Einrichtungen für Betriebs-, Sport- und andere Ärzte
- Sicherheitsbeleuchtung, Installation
  - in Rettungswegen
  - für Standorte von Schalt- und Steuergeräten für Notstromgeneratorsätze, für Hauptverteiler der allgemeinen Stromversorgung und für Hauptverteiler der Stromversorgung für Sicherheitszwecke
  - in Bereichen, in denen lebenswichtige Dienste vorgesehen sind
  - für Standorte der Brandmeldezentrale und von Überwachungseinrichtungen
  - in medizinisch genutzten Räumen der Gruppe 1 (z. B. Untersuchungs- und Behandlungsräume)
  - in medizinisch genutzten Räumen der Gruppe 2: 50 % aller Leuchten (z. B. Operationssäle und Intensivpflegeräume)
- Sicherheitsbeleuchtung, Anforderungen:
  - Umschaltzeit: max. 15 s (DIN VDE 0100-710), je nach Panikrisiko nach 1 s (DIN VDE V 0108-100-1)
  - Bemessungsbetriebsdauer: 24 h

    3 h ausreichend, wenn die Nutzung beendet und das Gebäude innerhalb von 3 h evakuiert werden kann (DIN VDE 0100-710)

    *Hinweis:* 8 h gefordert für Kur-, Pflege-, Therapieeinrichtungen, Behandlungszentren
  - Rettungszeichenleuchten in Dauerschaltung (Empfehlung)
- Sicherheitsbeleuchtung, Besonderheiten
  - Krankenhausbau-Richtlinien und Verordnungen einiger Bundesländer beinhalten zum Teil weitergehende und spezielle Vorgaben

### 1.3.11 Ausführung der Sicherheitsbeleuchtung für fliegende Bauten wie Oktoberfestzelte, Tragluftbauten, Weihnachtsmarkt-Verkaufszelte usw.

*Grundlage:* Muster-Richtlinie über den Bau und Betrieb fliegender Bauten – M-FlBauR (05/2007)

Fliegende Bauten sind:

- bauliche Anlagen, die geeignet und bestimmt sind, an verschiedenen Orten wiederholt aufgestellt und zerlegt zu werden (MBO (09/2012))
- Sicherheitsbeleuchtung, Installation
  - in Zelten und vergleichbaren Räumen > 200 m², die auch nach Einbruch der Dunkelheit betrieben werden
- Sicherheitsbeleuchtung, Anforderung entsprechend der Nutzung

  z. B. als Versammlungsstätte, Verkaufsstätte, Ausstellungsstätte, Gaststätte, Bühne, Sportstätte usw.
  - Sicherheitsbeleuchtung bei Dunkelheit während der Betriebszeit in Dauerschaltung

### 1.3.12 Ausführung der Sicherheitsbeleuchtung in ungeregelten Sonderbauten

Bei den ungeregelten Sonderbauten können nach § 51 MBO entsprechend der Art oder Nutzung der baulichen Anlage zur Erfüllung der Schutzziele ergänzend zu den baulichen Maßnahmen sicherheitstechnische Einrichtungen und Anlagen zur Abwehr von Gefahren im Brandfall erforderlich sein.

Sicherheitstechnische Einrichtungen und Anlagen können auch im Rahmen einer bauordnungsrechtlichen Abweichungsentscheidung gem. § 67 MBO für bauliche Anlagen gem. § 2 Abs. 4 MBO in Standardgebäuden gefordert werden.

Der Umfang der geforderten sicherheitstechnischen Anlage muss im Brandschutznachweis explizit enthalten sein (vgl. MLAR:2018-10, S. 313). Die Ausführung der jeweiligen Anlage muss nach der aktuellen Normung dem Stand der Technik entsprechen. Im Beispiel dafür sind Flughäfen und Bahnhöfe genannt, die im Anhang der Vornorm zur VDE V 0108-100-1 enthalten sind.

Demnach ist von folgender Forderung auszugehen:

- Sicherheitsbeleuchtung, Anforderungen (DIN VDE V 0108-100-1)
  - Umschaltzeit: max. 1 s
  - Bemessungsbetriebsdauer: 1 h / 3 h

    *Hinweis:* Für oberirdische Bereiche von Bahnhöfen ist je nach Evakuierungskonzept auch 1 h zulässig.
  - Rettungszeichenleuchten in Dauerschaltung

Ein weiteres bei der Planung separat zu betrachtendes Beispiel ist der Gebäudetyp von Kur-/Pflege-/Therapie-/Behandlungszentren/-einrichtungen:

- Sicherheitsbeleuchtung, Anforderungen (DIN VDE V 0108-100-1)
  - Umschaltzeit: max. 15 s

    *Hinweis:* Je nach Panikrisiko und Gefährdungsbeurteilung kann auch eine Umschaltzeit von max. 1 s gefordert werden.
  - Bemessungsbetriebsdauer: 8 h

    *Hinweis:* Eine Reduzierung auf 3 h gibt es hier nicht, auch dann nicht, wenn die SV-Leuchten mit Zeitlichtsteuergeräten betrieben werden.
  - Rettungszeichenleuchten in Dauerschaltung

### 1.3.13 Ausführung der Sicherheitsbeleuchtung nach aktueller Normung

Die Zusammenfassung der Anforderungen ergibt sich aus der nachfolgenden Tabelle, die in der DIN VDE V 0108-100-1 enthalten ist. Hier ist auch das geeignete System gekennzeichnet, das den Vorschriften entsprechend den jeweiligen Anforderungen genügt.

*Hinweis:* Die Umschaltzeit und Nennbetriebsdauer für die jeweiligen Gebäudetypen ist in den baurechtlichen Vorschriften nach 1.3.1 mit 1.3.11 bereits enthalten.

**Tabelle 1.2:** DIN VDE V 0108-100-1

| Beispiele baulicher Anlagen für Menschenansammlungen | Umschaltzeit (s) max. | Nennbetriebsdauer (h) | Rettungszeichenleuchte in Dauerbetrieb | Zentrales Stromversorgungssystem ohne Leistungsbegrenzung (CPS) | Zentrales Stromversorgungssystem mit Leistungsbegrenzung (LPS) | Einzelbatteriesystem | Stromerzeugungsaggregat ohne Unterbrechung (0s) | Stromerzeugungsaggregat mit kurzer Unterbrechung (max. 0,5s) | Stromerzeugungsaggregat mit mittlerer Unterbrechung (max. 15s) | Duales System/separate Einspeisung |
|---|---|---|---|---|---|---|---|---|---|---|
| Versammlungsstätten (außer fliegende Bauten), Theater, Kinos | 1 | 3 | X | X | X | X | X | X | - | - |
| Fliegende Bauten, die Versammlungsstätten sind | 1 | 3 | X | X | X | X | X | X | - | - |
| Ausstellungshallen | 1 | 3 | X | X | X | X | X | X | - | - |
| Verkaufsstätten | 1 | 3 | X | X | X | X | X | X | - | - |
| Restaurants / Gaststätten | 1 | 3 | X | X | X | X | X | X | - | - |
| Krankenhäuser | 15a) | 24g) | X | X | X | X | X | X | X | - |
| Hotels, Gästehäuser / Beherbergungsstätten, Heime | 15a) | 8d) | X | X | X | X | X | X | X | - |
| Kur- / Pflege- / Therapie-/ Behandlungszentren/-einrichtungen | 15a) | 8 | X | X | X | X | X | X | X | - |
| Schulen | 15a) | 3 | X | X | X | X | X | X | X | - |
| Parkhäuser, Tiefgaragen | 15 | 1 | X | X | X | X | X | X | X | - |
| Flughäfen, Bahnhöfe | 1 | 3e) | X | X | X | X | X | X | - | - |
| Hochhäuser | 15a) | 3c) | X | X | X | X | X | X | X | - |
| Arbeitsstätten | 15 | 1 | Xf) | X | X | X | X | X | X | - |
| Arbeitsplätze mit besonderer Gefährdung | 0,5 | b) | Xf) | X | X | X | X | X | - | - |
| Bühnen | 1 | 3 | X | X | X | X | X | X | - | - |

a) Je nach Panikrisiko von 1s bis 15s und Gefährdungsbeurteilung.
b) Dauer der für die Personen bestehenden Gefährdung.
c) Bei Wohnhäusern 8h, wenn nicht die Schaltung nach 4.1.2 ausgeführt wird.
d) Es genügen 3h, wenn die Schaltung nach DIN VDE V 0108-100-1, Pkt. 4.1.2, ausgeführt wird.
e) Für oberirdische Bereiche von Bahnhöfen ist je nach Evakuierungskonzept auch 1h zulässig.
f) Für Rettungswege in Arbeitsstätten und Arbeitsplätze mit besonderer Gefährdung je nach Gefährdungsbeurteilung
g) Es genügen 3h, wenn die medizinischen Anforderungen und die Nutzung des medizinischen Bereichs beendet und das Gebäude in einer Zeit von 3h evakuiert werden kann.

X zulässig
- nicht zulässig

*Anmerkung zur Tabelle:* Die wesentlichen Systeme, die nach der Tabelle zum Einsatz kommen können, sind:

- zentrales Stromversorgungssystem (Zentralbatterieanlage)
- zentrales Stromversorgungssystem mit Leistungsabgrenzung (Gruppenbatterieanlage)

- Stromerzeugungsaggregat mit mittlerer Unterbrechung < 15 s (Netzersatzanlage)
- Einzelbatteriesystem

Die weiteren Stromquellen, die in der Tabelle mit aufgeführt sind, wie Stromerzeugungsaggregat unterbrechungsfrei (0 s) und Stromerzeugungsaggregat Kurzzeitunterbrechung (< 0,5 s), kommen in der Regel für die Versorgung der Sicherheitsbeleuchtung als autarke Anlage in einem Gebäude nicht zum Einsatz. Nicht zugelassen für Sicherheitsbeleuchtungsanlagen ist das duale System, womit zwei Einspeisungen aus jeweils getrennten Netzen gemeint sind.

## 1.4 Planung der Sicherheitsbeleuchtung nach aktueller Norm

Grundsätzlich ist die Anwendung von Normen rechtlich unverbindlich. Rechtlich verbindlich wird die Anwendung von Normen nur als Teil eines Rechtsakts, z. B. einem Gesetz oder einem Vertrag. In dem Rechtsakt kann die Anwendung einer Norm verlangt werden – direkt durch Nennung dieser Norm bzw. indirekt ohne Nennung der Norm, aber als Forderung nach Anwendung der gültigen Normen oder der allgemein anerkannten Regeln der Technik.

Zusätzlich sind Normen im Werkvertragsrecht nach BGB § 633 und nach VOB/B § 13 auch die Basis für die Bewertung einer mangelfreien Beschaffenheit. Beides gilt für Normen, aber nicht für Vornormen. Bei einer Vornorm handelt es sich nicht um eine gültige Norm oder eine allgemein anerkannte Regel der Technik. Deswegen muss die Anwendung der Vornorm VDE 0108-100-1 konkret vertraglich vereinbart werden – zwischen dem Auftraggeber, wie Bauherr oder Besitzer, und dem Auftragnehmer, wie Fachplaner und Fachunternehmer. Die DKE (Deutsche Kommission für Elektrotechnik) empfiehlt die Anwendung der Vornorm VDE V 0108-100-1.

*Hinweis:* Die Vornorm ist im Dezember 2018 erschienen. Es handelt sich hierbei auch um Vorschläge für ergänzende Festlegungen zur EN 50172:2004. Bis vor einiger Zeit durfte diese parallel zur bisherigen Vornorm VDE V 0108-100-1 angewendet werden, seit 1.12.2019 gilt nur noch die neue Vornorm.

***Fazit für die Praxis:*** Für die Praxis ist bei Anwendung der VDE V 0108-100-1 zu beachten:

- Die VDE V 018-100-1 ist nur bei einer konkreten vertraglichen Vereinbarung anzuwenden. Dies gilt für die Errichtung sowie die Prüfung durch externe Unternehmen.

- Ohne eine vertragliche Vereinbarung kann ein Sachverständiger die Erfüllung von Forderungen aus der VDE V 108-100-1 nicht verlangen (vgl. Sicherheit und Kommunikation, in: de 1-2.2020, S. 52ff).

***Meinung des Verfassers:*** Verträge für Planungen von elektrotechnischen Anlagen in Gebäuden werden mit dem Auftraggeber so geschlossen, dass diese nach den anerkannten Regeln der Technik durch den Fachunternehmer installiert werden. Nach richtiger Interpretation des Fazits müsste man in diesem Vertrag vereinbaren, dass die Sicherheitsbeleuchtung nicht nach dem aktuellen Stand geplant und errichtet wird, aber nach der Empfehlung der Normierungskommission.

## 1.5 Verantwortung für Prüfung, Planung, Installation und Inbetriebnahme der Sicherheitsbeleuchtung

In der nachfolgenden Ausarbeitung wird nur die Sicherheitsbeleuchtung diskutiert und beschrieben, die als Sicherheitsanlage in der Regel durch den Elektrofachbetrieb installiert wird. Die Grundlage hierfür ist die Verordnung über die Prüfung technischer Anlagen und wiederkehrende Prüfungen von Sonderbauten. Aus der folgenden Tabelle ist ersichtlich, wer berechtigt ist, welche Anlagen zu prüfen und abzunehmen. Zudem ist hier auch der zeitliche Abstand der Wiederholungsprüfungen enthalten. Als zusätzliche Information sind in Tabelle 1.2 die sonstigen Sicherheitsanlagen mit aufgeführt.

Die Grundsätze für Prüfung, Inbetriebnahme, Inspektion und Wartung:

- Vor der Inbetriebnahme muss die installierte Sicherheitsbeleuchtung durch Prüfsachverständige auf ihre Wirksamkeit und Betriebssicherheit einschließlich des bestimmungsgemäßen Zusammenwirkens von Anlagen geprüft werden.
- Die Prüfung der Sicherheitsbeleuchtung ist vor der ersten Aufnahme der Nutzung der baulichen Anlage, unverzüglich nach einer technischen Änderung der baulichen Anlage, unverzüglich nach einer wesentlichen Änderung der technischen Anlage, sowie jeweils innerhalb einer Frist von 3 Jahren als wiederkehrende Prüfung durchführen zu lassen.

  *Hinweis:* Die wiederkehrende Prüfung muss wie die Erstprüfung durch einen nach dem Bauordnungsrecht anerkannten Sachverständigen vorgenommen werden. Dies betrifft auch die Beleuchtungsmessung.

- Der Bauherr oder Betreiber hat die Prüfungen der Sicherheitsbeleuchtung zu veranlassen, sowie die nötigen Vorrichtungen, fachlich geeignete Arbeitskräfte und erforderliche Unterlagen bereitzustellen (vgl. MPrüfVO:2011-03).

  *Hinweis:* Bei der genannten MPrüfVO handelt es sich um ein Muster der Bauministerkonferenz der Bundesländer (ARGEBAU).

- Der Arbeitgeber hat Sicherheitseinrichtungen wie die Sicherheitsbeleuchtung instand zu halten und in regelmäßigen Abständen auf ihre Funktionsfähigkeit prüfen zu lassen (vgl. Arbeitsstätten-Verordnung:2017-10).
- Zur Sicherstellung, dass die Sicherheitsbeleuchtung bei Bedarf die gesetzlichen Bestimmungen erfüllt, muss die Anlage als Forderung aus EN 1838:2013-10 regelmäßig gewartet werden.

Befähigte Personen für Prüfung, Wartung und Instandsetzung:

- Wer durch eine Elektrofachkraft über die ihr übertragenen Aufgaben und die möglichen Gefahren bei unsachgemäßem Verhalten unterrichtet und erforderlichenfalls angelernt sowie über die notwendigen Schutzeinrichtungen und Schutzmaßnahmen unterwiesen wurde, gilt als elektrotechnisch unterwiesene Person und darf daher einfache Wartungsmaßnahmen und Prüfungen unter Leitung und Aufsicht einer Elektrofachkraft vornehmen. Die Kontrollpflicht der Elektrofachkraft ist bei einem Vorfall nachzuweisen (vgl. VDE 0105-100:2015-10).
- Für Sicherheitsbeleuchtungsanlagen gilt, dass Wartung, Instandsetzung und Prüfung durch eine befähigte Person ausgeführt werden muss. Diese definiert sich durch ihre Berufsausbildung, ihre Berufserfahrung und ihre zeitnahe berufliche Tätigkeit, sowie dadurch, dass sie über die erforderliche Fachkenntnis zur Prüfung der Arbeitsmittel verfügt. Damit verbunden ist eine elektrotechnische Ausbildung, mindestens einjährige Berufserfahrung im Fachgebiet und die regelmäßige Teilnahme an Schulungen oder einschlägigem Erfahrungsaustausch (vgl. BetrSichV:2017-03).
- Gemäß der VDE 0105-100:2015-10 ist die Elektrofachkraft berechtigt, sich der Sicherheitsbeleuchtung anzunehmen. Eine Elektrofachkraft ist, wer aufgrund seiner fachlichen Ausbildung, Kenntnisse und Erfahrungen sowie Kenntnis der einschlägigen Normen die ihr übertragenen Arbeiten beurteilen und mögliche Gefahren erkennen kann. Jede Elektrofachkraft gilt nur für das Gebiet als Elektrofachkraft, für das sie ausgebildet wurde. Zur Beurteilung der fachlichen Ausbildung kann auch eine mehrjährige Tätigkeit auf dem betreffenden Arbeitsgebiet herangezogen werden.

Die Prüffristen mit den Anforderungen an den Prüfer sind geregelt und müssen mit Datum und Ergebnis der Prüfung im Prüfbuch der Anlage dokumentiert sein.

- Bei der Erstprüfung sind die lichttechnischen Werte der Sicherheitsbeleuchtung nach DIN 5035-6 und EN 1838 zu messen. Die Erstprüfung ist nach VDE 0100-600 durchzuführen. Zu prüfen ist auch die Funktion der gesamten Anlage.
- Als tägliche Prüfung ist die Sichtung der geforderten Anzeigen auf korrekte Funktion verlangt. Das gilt sowohl für Zentralanlagen als auch für Einzelbatteriesysteme.
- Bei der vorgeschriebenen wöchentlichen Prüfung ist die Funktion der Sicherheitsbeleuchtung unter Hinzuschaltung der Ersatzstromquelle (bei batteriegestützten Systemen) einschließlich Funktionsprüfung aller angeschlossenen Leuchten vorzunehmen. Automatische Prüfsysteme müssen EN 62034 entsprechen.
- Für die monatliche Prüfung ist zusätzlich zur wöchentlichen Prüfung bei Zentralbatterieanlagen der korrekte Betrieb der Überwachungseinrichtungen zu prüfen. Für Generatorsätze ist DIN 6280-13 zu beachten. Hier ist auch das Vorhandensein von Sauberkeit für alle Leuchten zu prüfen.
- Zur jährlichen Prüfung müssen neben den monatlichen Prüfungen alle Leuchten der Sicherheitsbeleuchtung über ihre volle, notwendige Betriebsdauer geprüft werden. Zu prüfen sind alle Meldelampen und -geräte, die Generatoren gemäß Anforderung nach DIN 6280-13, das Prüfen von Batterien und ihre Betriebsbedingungen nach DIN EN IEC 62485-2, sowie die Überprüfung der Ladeeinrichtung.

  *Hinweis:* Prüfungen von längerer Dauer dürfen nur zu Zeiten mit niedrigem Risiko durchgeführt werden. In anderen Fällen müssen Kompensationsmaßnahmen getroffen werden, bis die Batterien wieder aufgeladen sind.
- Die Messung der Beleuchtungsstärke der Sicherheitsbeleuchtung nach EN 1838 muss nach mindestens allen 3 Jahren durchgeführt werden (vgl. VDE V 0108-100-1 und MPrüfVO).
- Für medizinisch genutzte Bereiche sind die Prüffristen nach VDE 0100-710: 2012-10 einzuhalten. Der Auftragnehmer oder Hersteller hat den Betreiber in der Betriebsanleitung auf die wiederkehrende Prüfung hinzuweisen. Die Durchführung der wiederkehrenden Prüfung ist mit dem medizinischen Personal abzustimmen und hat nach den örtlichen/nationalen Vorschriften zu erfolgen. Sind örtliche/nationale Vorschriften nicht vorhanden, sollten die nachstehenden Zeitintervalle eingehalten werden.

Monatlich zu prüfen mit 80 % bis 100 % der Nennleistung für Sicherheitsstromversorgung mit Batterien, mindestens 15 min und Sicherheitsstromversorgung mit Verbrennungsmaschine mit mindestens 60 min.

Jährlich zu prüfen mit 80 % bis 100 % der Nennleistung für Sicherheitsstromversorgung mit Batterien den Kapazitätstest nach Herstellerangaben und Sicherheitsstromversorgung mit Verbrennungsmaschine, bis die Nenntemperatur im Dauerbetrieb erreicht ist. Zudem Funktionstest sämtlicher Sicherheits- und Rettungszeichenleuchten.

**Tabelle 1.2:** Anforderungen an die Prüfung von Sicherheitsanlagen in Sonderbauten

| | Qualifizierung des Prüfers | | | | |
|---|---|---|---|---|---|
| | Erstprüfung | | Wiederholungsprüfung | | |
| | SK | Prüf-SV | SK | Prüf-SV | Zeitdauer |
| **Sicherheitsbeleuchtung** | | X | | X | 3 Jahre |
| **Sicherheitsstromversorgung** | | X | | X | 3 Jahre |
| **Brandmeldeanlage** | | X | X | | 3 Jahre |
| **Sprachalarmanlage** | | X | X | | 3 Jahre |
| **natürliche RWA** | | X | | X | 3 Jahre |
| **maschinelle RWA** | | X | | X | 3 Jahre |
| **Treppenhaus-RWA** | X | | X | | 6 Jahre |
| **Blitzschutzanlage** | X | | X | | 3 Jahre |
| **elektrische Anlage** | | X | X | | 4 (10) Jahre |

*Kommentar zur Tabelle:* Die Prüffristen mit den Anforderungen an den Prüfer sind für den Verfasser des BSK bindend und als max. Vorgabe mit aufzunehmen. Es kann aber sein, dass vom Bauherrn oder Mieter einer Einheit in diesem Sonderbau höhere Vorgaben gefordert werden. In der Tabelle ist ebenfalls nochmals ersichtlich, dass die Sicherheitsbeleuchtung sowohl bei der Erstprüfung und bei Widerholungsprüfungen von einem baurechtlich anerkannten Prüfsachverständigen durchgeführt werden muss.

## 1.6 Unterscheidung von Sachverständigen und Sachkundigen

Die Unterscheidung von Sachverständigen und Sachkundigen ist wie folgt definiert:

- Staatlich anerkannte Sachverständige müssen für die Abnahme einer Anlage eine Zulassung haben und bauaufsichtlich anerkannt sein.

- Sachkundige müssen Ingenieure/innen der entsprechenden Fachrichtung mit mindestens fünfjähriger Berufserfahrung oder Personen mit abgeschlossener handwerklicher Ausbildung und mindestens fünfjähriger Berufserfahrung in der Fachrichtung, in der sie tätig werden, sein.

## 1.7 Planung und Ausschreibung

Damit der elektrische Funktionserhalt einer bauordnungsrechtlich geforderten Sicherheitsbeleuchtungsanlage im Gefahrfall auch funktioniert, muss zu einem frühen Zeitpunkt eine koordinierte und abgestimmte Planung erfolgen.

Grundlage der Planung ist ein mit allen Beteiligten abgestimmtes Anlagenkonzept für alle sicherheitstechnischen Anlagen im Objekt.

Federführend ist dabei der Architekt, dem die Koordinierung obliegt und der auch die Verantwortung dafür trägt, dass die für die Ausführung notwendigen Einzelzeichnungen, Einzelberechnungen und Anweisungen den öffentlichen Vorschriften entsprechen. Bereits in der Vorplanung sind die Räume für den Einbau von CPS- und LPS-Zentralen zu berücksichtigen. Dies gilt insbesondere bei den Räumen, die die räumlichen Anforderungen nach der EltBauV erfüllen müssen, was für den Einbau einer CPS-Zentrale zutrifft.

Für die Planung und Ausschreibung wird nachfolgende Vorgehensweise empfohlen:

- Abstimmung der Grundrisse mit den Vorgaben des Brandschutzes zu den vorliegenden Architektenplänen
- Prüfen der Räumlichkeiten auf Lage und Größe für den Einbau der Sicherheitsanlagen, nachfolgend die Sicherheitsbeleuchtung, notwendige Änderungen vornehmen und dem Architekten mitteilen
- Übernahme von Angaben hinsichtlich der Klassifizierung von Wänden auf die Brandanforderung
- Eintragen der vorgegebenen Rettungswege unter Berücksichtigung der Festlegung von notwendigen Fluren und notwendigen Treppenräumen
- Entwurfsplanung der Trassenverläufe mit der zu erwartenden Dimensionierung von Wand- und Deckendurchbrüchen sowie Wandschlitzen
- Planung von Leitungstrassen in Form von Leerrohren unter der Bodenplatte für funktionserhaltende Kabel, soweit das die Gebäudekonstruktion zulässt. Dies wird ausdrücklich im Industriebau empfohlen. Zu bedenken ist hier Wasserdichtigkeit im Grund- und Hochwasserbereich, sowie Gasdichtigkeit in Gebieten mit hoher Methan-/Radon-Belastung.

### 1.7.1 Grundsätze für Ersteller des Brandschutzkonzepts

Der Nachweisberechtigte für den baulichen Brandschutz muss das Schutzziel und die bauordnungsrechtlich vorgeschriebenen Sicherheitseinrichtungen benennen und deren Funktion sowie die notwendige Mindestdauer des Funktionserhalts beschreiben. Nachfolgende Vorgaben sind dabei umzusetzen:

- Die Vorgaben an den Funktionserhalt für die sicherheitstechnischen Anlagen wie Sicherheitsbeleuchtung.
- Die Festlegung zur Anordnung des notwendigen Raums mit Anforderung an den Funktionserhalt. Bei Sicherheitsbeleuchtung mit Zentralbatterieanlage gilt die EltBauV.
- Die Einteilung von Brand- und Brandbekämpfungsabschnitten und deren Größe.
- Festlegung und Beschreibung der Sicherheitsbeleuchtungsabschnitte $< 1600\ m^2$ die innerhalb von übergroßen Brandabschnitten $> 1600\ m^2$, ohne bauliche Trennung liegen.

*Hinweis:* Projektspezifische Abweichungen sind auf Grundlage der MBO § 85a Technische Bestimmungen und der Leitungsanlagenrichtlinie Abschnitt 5 Funktionserhalt zu dokumentieren. Die gleichwertige Schutzzielerfüllung mit einer anderen Lösung ist durch den Konzeptersteller des Gewerks (Fachplaner) als Gleichwertigkeitsnachweis zu dokumentieren. Eine Genehmigung durch die Baubehörde ist in der Regel nicht erforderlich (vgl. MLAR:2018-10, S. 276).

### 1.7.2 Grundsätze der Planung durch Elektro-Fachplaner

Der Elektro-Fachplaner trägt dafür Verantwortung, dass die Planvorgaben des Architekten und die Auflagen aus dem BSK elektrotechnisch in einer Gesamtplanung umgesetzt werden. Bei dieser Planung sind insbesondere bei den elektrischen Leitungsanlagen mit Funktionserhalt die bauaufsichtlichen Ver- und Anwendbarkeitsnachweise zu beachten. Die Planung sollte auf einem Anlagenkonzept basieren, welches zwischen den Beteiligten fortlaufend abgestimmt wird. Hierbei ist eine enge Zusammenarbeit mit den Fachplanern anderer Gewerke, insbesondere aufgrund möglicher negativer Einwirkungen bzw. Wechselwirkungen auf den elektrischen Funktionserhalt, zwingend erforderlich. Neben der vorschriftsmäßigen Planung nach dem aktuellen Stand der Technik ist der Fachplaner auch angehalten, eine wirtschaftliche Planung auszuarbeiten und bei der Ausführung und Umsetzung im Zuge der Bauüberwachung darauf zu achten, dass die vorgegebenen Schutzziele erreicht werden. Hierzu gilt es im Zuge der Planungen, die auftretenden Fragen mit den Beteiligten zu besprechen und bei erkennbaren Problemen nach Lösungen zu suchen.

Nachfolgende Fragen gilt es hier zu bearbeiten:

- Sind die notwendigen Räume in Anzahl und Größe für den vorschriftsmäßigen Einbau der Anlagen vom Architekten berücksichtigt?
- Ist eine durchgängige Befestigungsmöglichkeit für funktionserhaltende Kabel vorhanden?
- Gibt es Möglichkeiten, diese Kabel unter der Bodenplatte, unter dem Estrich oder im Erdreich zu verlegen?
- Besteht die Möglichkeit, den erforderlichen Funktionserhalt auch durch bauliche Trennung sicherzustellen?
- Sind Unterverteilungen erforderlich oder kann von einer zentralen Verteilung die gesamte Sicherheitsbeleuchtungsanlage aufgebaut werden?
- Abstimmung der Planung mit dem Prüfsachverständigen für die spätere Abnahme!

### 1.7.3 Grundsätze der Umsetzung durch den ausführenden Elektro-Fachbetrieb

Die Installation muss durch einen geeigneten Fachbetrieb ausgeführt werden. Bei Unsicherheiten ist der abnehmende Prüfsachverständige mit einzubinden.

Der Fachbetrieb ist angehalten, die Sicherheitsbeleuchtungsanlage nach den Vorgaben des Konzepterstellers und der zuständigen Fachplanung zu installieren. Änderungen und Abweichungen von den Planvorgaben müssen zwingend zwischen den Beteiligten abgestimmt und dokumentiert werden, gegebenenfalls ist deswegen eine Anpassung der Baugenehmigung und des dazugehörigen Brandschutznachweises erforderlich. Die Montage und Inbetriebnahme muss fachgerecht unter Beachtung der allgemein anerkannten Regeln der Technik und der jeweiligen Ver- und Anwendbarkeitsnachweisen erfolgen.

Durch den Installationsbetrieb ist die gesamte Dokumentation zur Verfügung zu stellen. Neben der Bestandsdokumentation für die Elektroanlage sind das:

- Verwendungsnachweis für die eingebauten Produkte,
- Übereinstimmungserklärung für die eingebauten Produkte,
- Inbetriebnahme- und Abnahmeprotokolle für die installierten Anlagen,
- Prüf- und Messprotokolle mit den Bescheinigungen für die Wirksamkeit der Sicherheitsanlagen.

### 1.7.4 Grundsätze der Prüfung durch Prüfsachverständige

Der Sachverständige ist dafür verantwortlich, dass die an der einzelnen Anlage von ihm durchgeführten Prüfungen nach Art und Umfang notwendig und hinreichend sind. Festgelegt ist dies unter Nummer 3 im Anhang zur PrüfVO NRW. Demnach sind bei den Prüfungen alle Anlagenteile zu prüfen. Stichprobenprüfungen sind nur zulässig, soweit dies zu den einzelnen Prüfpunkten in Nummer 3 des jeweiligen Teils dieser Prüfgrundsätze ausdrücklich vermerkt ist (bei Prüfungen nach Errichtung oder wesentlichen Änderungen mit „S“, bei Wiederholungsprüfungen mit „SW“).

Geht aus der Dokumentation und dem Zustand der Anlage hervor, dass seit der letzten Prüfung an der Anlage oder in deren Umfeld wesentliche Änderungen vorgenommen wurden, ist – soweit keine genehmigungspflichtige Abweichung von dem genehmigten BSK vorliegt – die wiederkehrende Prüfung als Erstprüfung durchzuführen.

Bestätigt wird dies für jede Prüfung durch den Prüfbericht unter Nummer 4 der Prüfgrundsätze, indem die Wirksamkeit der zu prüfenden Anlage bescheinigt wird (vgl. Anhang Prüfgrundsätze für die Prüfung technischer Anlagen entsprechend der PrüfVO NRW, A1 mit A23).

*Hinweis:* Nachfolgende Sicherheitsanlagen sind gemäß Prüfverordnung zu prüfen:

- maschinelle und natürliche Rauchabzugsanlagen,
- Sicherheitsstromversorgung, Sicherheitsbeleuchtung,
- Alarmierungsanlagen, Brandmeldeanlagen und Hausalarmanlagen.

Es wird dringend empfohlen, den Prüfsachverständigen frühzeitig in das Projekt mit einzubeziehen, um durch Teilabnahmen von fertiggestellten Bereichen oder Planprüfung frühzeitig Mängel aufzudecken und im weiteren Baufortschritt zu vermeiden. Vorbegehungen werden empfohlen, bevor abgehängte Decken verschlossen werden.

## 1.8 Inbetriebsetzung

Eine behördlich geforderte Sicherheitseinrichtung wie die Sicherheitsbeleuchtung ist dazu da, den Menschen, die sich im Gebäude befinden, bei Stromausfall oder bei Defekten bzw. Störungen in der AV-Stromversorgung ein gefahrloses Verlassen zu garantieren. Demzufolge kann ein Gebäude von Personen nur dann benutzt und betreten werden, wenn die Wirksamkeit der Sicherheitsbeleuchtung durch einen Prüfsachverständigen vor der Eröffnung bescheinigt wird.

### 1.8.1 Aufgaben des Betreibers

Nachfolgend die Aufgaben des Betreibers für die Zulassung zum Betrieb der Anlage:

- Beauftragung eines Prüfsachverständigen für den Brandschutz zur Erstellung eines Brandschutzkonzepts (BSK) zur Festlegung aller notwendigen Sicherheitsanlagen nach den Normen und Verordnungen angepasst an die jeweilige Gebäudenutzung.
- Ebenso rechtzeitig zu planen und zu vereinbaren ist der Termin mit dem Prüfsachverständigen für die Abnahme zur Bescheinigung der Wirksamkeit der Anlage. Dazu sind auch die Zeiten für die Mängelbeseitigung einzuplanen.

*Bemerkung:* Aus der Erfahrung in der Praxis ist der sichere Betrieb der Anlagen eine zwingende Voraussetzung für die termingerechte Eröffnung der Gebäude. Wird eine Eröffnung aufgrund fehlender Funktion der Sicherheitsbeleuchtung verweigert, kann es zu erheblichen finanziellen Forderungen durch den Bauherrn/Besitzer kommen. Man wird hier auch keine Ersatzmaßnahme vornehmen können, wie z. B. bei fehlender Funktion der BMA. Diese kann durch eine Brandwache/Sicherheitsdienst für einen kurzfristigen Zeitraum in Absprachen mit der Behörde ersetzt werden. Eine vergleichbare Maßnahme für die Sicherheitsbeleuchtung ist nicht möglich.

*Hinweis:* Eine Übergabe an den Bauherrn kann nur erfolgen, wenn die Bescheinigung der Wirksamkeit für die Sicherheitsbeleuchtung nach dem geprüften und behördlich genehmigten Brandschutznachweis in Papierform vorliegt.

### 1.8.2 Aufgaben des Elektro-Fachplaners

Neben der planerischen Aufgabe für den vorschriftsmäßigen Einbau der Sicherheitsbeleuchtungsanlage obliegt diesem auch die terminliche Überwachung und Mitteilungspflicht gegenüber dem Bauherrn, sollten vorgegebene Fristen für die Inbetriebnahme nicht eingehalten werden können.

Damit die Bescheinigungen in Papierform rechtzeitig vorliegen, müssen die Abnahmen mindestens 4 Wochen vor Übergabe terminiert werden. Damit ist auch gewährleistet, dass die Behebung festgestellter Mängel vor Übergabe und Inbetriebnahme beseitigt werden können.

## 1.9 Definition der Feuerwiderstandsklassen

Um ein Bauteil entsprechend seinem Feuerwiderstand zu klassifizieren, ist eine Prüfung des Brandverhaltens notwendig. Das montierte Bauteil muss also nachweisbar aus richtigem und überwachten Material bestehen.

**Tabelle 1.3:** Feuerwiderstandsklassen nach DIN 4102-2

| Feuerwiderstandsklasse | Funktionserhalt | deutsche bauaufsichtliche Benennung |
|---|---|---|
| F30-B | 30 Minuten | feuerhemmend |
| F30-AB | 30 Minuten | feuerhemmend und in den wesentlichen Teilen aus nicht brennbaren Baustoffen |
| F30-A | 30 Minuten | feuerhemmend und aus nicht brennbaren Baustoffen |
| F60-AB | 60 Minuten | hochfeuerhemmend und in den wesentlichen Teilen aus nicht brennbaren Baustoffen |
| F60-A | 60 Minuten | hochfeuerhemmend und aus nicht brennbaren Baustoffen |
| F90-AB | 90 Minuten | feuerbeständig und in den wesentlichen Teilen aus nicht brennbaren Baustoffen |
| F90-A | 90 Minuten | feuerbeständig und aus nicht brennbaren Baustoffen |
| F120-A | 120 Minuten | feuerbeständig und aus nicht brennbaren Baustoffen |
| F180-A | 180 Minuten | feuerbeständig und aus nicht brennbaren Baustoffen |

*Kommentar zur Tabelle:* Manche Sonderbauteile haben eigene Kennbuchstaben, welche anstatt des allgemeinen F benutzt werden:

- **F** Wände, Decken, Gebäudestützen und Unterzüge, Treppen, Brandschutzverglasung
- **T** Feuerschutzabschlüsse in Form von Türen, Toren und Klappen
- **G** Brandschutzverglasung oder Fensterelemente, jedoch kein Hitzeschutz auf der brandabgewandten Seite
- **L** Lüftungskanal und -leitungen
- **E** Elektroinstallationskanal und Installationsleitungen mit zugelassenem Normtragsystem
- **I** Elektroinstallationskanal mit Brandbeanspruchung von innen nach außen, kein zwingender Funktionserhalt
- **K** Absperrvorrichtung in Lüftungsleitungen
- **R** Rohrabschottung, Rohrdurchführungen
- **S** Kabelbrandschott
- W nicht tragende Außenwände

# 2 Grundlagen der allgemeinen Elektroinstallationstechnik

Generell wird die Sicherheitsbeleuchtung neben der Stromversorgung durch den VNB aus dem öffentlichen Netz und ersatzweise bei Stromausfall zusätzlich über eine Sicherheitsstromversorgungseinrichtung in Form von Akkuanlagen bzw. mit einem Notstromaggregat versorgt.

Der Regelfall ist es, die Sicherheitsleuchten mit der Kombination AV-Netz/Akku oder SV-NEA/Akku zu betreiben. Bei der Festlegung ist die Umschaltzeit, die gefordert wird, einzuhalten. Eine Erleichterung gibt es nach neuer Norm nun für einzelne Gebäudetypen wie Hotel, Hochhaus, Schule usw. Hier ist je nach Panikrisiko und Gefährdungsbeurteilung eine Umschaltzeit ≤ 15 s zugelassen, im Gegensatz zur Vorgängernorm mit max. 1 s. Ist im Gebäude bereits eine NEA zur Versorgung von Sicherheitsanlagen geplant bzw. vorhanden und ist für die Sicherheitsbeleuchtungsanlage eine Umschaltzeit von ≤ 15 s zulässig, kann damit auch die Zentrale der Sicherheitsbeleuchtung mitversorgt werden, der Batterieblock aber ersatzlos entfallen.

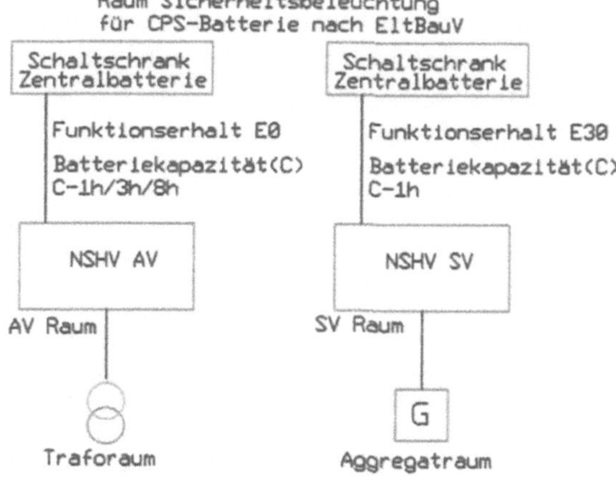


**Bild 2.1:** Systemzeichnung – Bestimmung der Batteriekapazität nach der Stromquelle (DXF 113)

*Kommentar zur Systemzeichnung:* Die Stromversorgung bzw. Stromquelle einer Zentralbatterieanlage bestimmt die Anforderung an das dazwischen zu verlegende Kabel/Leitung in Bezug auf den Funktionserhalt. Der Leiterquerschnitt ist nach der festgelegten Batteriekapazität unter Betrachtung einer durchgängigen Selektivität zu berechnen. Aus der Abbildung sind beide Varianten zu erkennen, die im Regelfall als Stromquelle zur Ausführung kommen können.

Für eine korrekte Installation und den funktionierenden Betrieb der Sicherheitsbeleuchtung sind folgende allgemeine Regeln aus der allgemeinen Installationstechnik zu beachten und umzusetzen.

### Überprüfung der Selektivität

In VDE 0100-530:2018-06 wird Selektivität definiert, wenn zwei oder mehrere Schutzeinrichtungen in der Weise koordiniert sind, dass beim Auftreten von Fehlern nur die der Fehlerstelle unmittelbar vorgeschaltete Schutzeinrichtung ausschaltet. Eine ausführliche Beschreibung von Anforderungen zum Thema Selektivität zwischen Überstromschutzeinrichtungen unter Überlastbedingungen dazu ist auf Seite 32 mit 46 enthalten.

Die Ausführungen zum Thema Selektivität im Fehlerfall ist in VDE 0100 Bbl. 5 enthalten. Hierbei unterscheidet man:

- totale Selektivität (bei Schutzeinrichtungen)
- volle Selektivität (in Anlagen)
- Teilselektivität (in Anlagen)

In Netzen für die Sicherheitsstromversorgung von baulichen Anlagen für medizinisch genutzte Bereiche und für Menschenansammlungen ist die volle Selektivität nachzuweisen. Der Nachweis der Selektivität ist nach der

- zeitverzögerten Überstromauslösung oder
- unverzögerten Überstromauslösung zu betrachten.

*Hinweis:* Die umfassende Erklärung hierzu ist in VDE 0100 Bbl. 5:2017-10, S. 36 mit S. 40 nachzulesen und entsprechend anzuwenden.

Selektivität des LS-Schalters in Bezug auf die vorgeschaltete Sicherung besteht bei allen Werten des Stroms, bei denen der $I^2t$-Durchlass-Wert des LS-Schalters kleiner ist als der Schmelz-$I^2t$-Wert der Sicherung.

Für die Kombination gL-Sicherung/LS-Schalter gilt: Bis zu einem Kurzschlussstrom von 1 kA zwischen einer Schmelzsicherung mit Bemessungsstrom 35 A und einem LS-Schalter B16A besteht Selektivität. Bei Sicherungen mit kleinerem Bemessungsstrom (25 A) ist im Kurzschlussbereich Selektivität nicht mehr gegeben (VDE Schriftenreihe 118, 2. Auflage, S. 146).

Für die weiteren Kombinationen nach Bild 2.2 sind nachfolgende Hinweise für die technische Funktion der Auslösereihenfolge anzuwenden. Die minimalen Selektivitätswerte für Gerätekombinationen im Bereich der unverzögerten Überstromauslösung können – auch herstellerübergreifend – näherungsweise wie folgt ermittelt werden; diese Werte liegen im Allgemeinen niedriger als die durch die Hersteller selbst für ihre eigenen Kombinationen ermittelten.

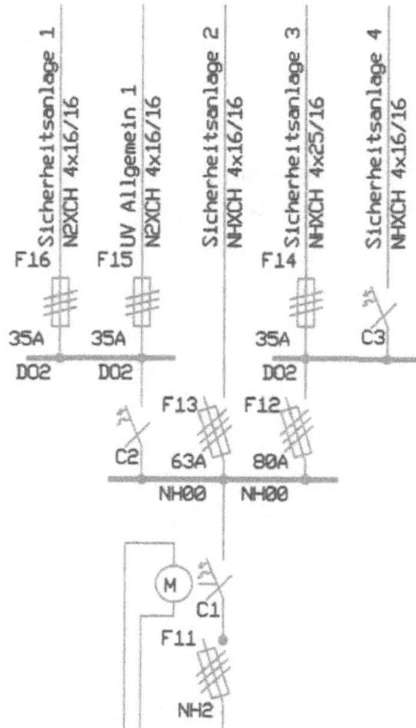


**Bild 2.2:** Systemzeichnung – Selektivität mit Sicherungen und Leistungsschaltern (DXF 077)

*Kommentar zur Systemzeichnung:* Ist Selektivität mit dem Einsatz von Leistungsschaltern zu aufwendig, so besteht die Möglichkeit, in einer Reihe angeordneter Kombination von gG-Sicherung und Lastschalter, mit der entsprechenden Abstufung zur nachgeschalteten Sicherung dieses Ziel zu erreichen.

### Betrachtung der Selektivität nach den Kombinationen der Schutzeinrichtungen

Selektivität zwischen Leistungsschaltern
Einspeise- und lastseitige Leistungsschalter (C1 – C2)

Selektivität in Reihe geschalteter Leistungsschalter kann mittels folgender Auslöser hergestellt werden:

- Stromselektivität durch Stromstaffelung
- Zeitselektivität durch Zeitstaffelung

Stromstaffelung wird durch unterschiedlich eingestellte Ansprechströme mit dem I-Auslöser erreicht. Voraussetzung dafür ist, dass die Kurzschlussströme an den Einbaustellen der Leistungsschalter ausreichend unterschiedlich sind. Zudem müssen sich die Bemessungsströme der Leistungsschalter vom Ansprechwert des I-Auslösers unterscheiden.

*Hinweis:* Die Betrachtung der Selektivität bei Kurzschlussströmen sollte sich bei unverzögerter Auslösung immer auf den I-Auslöser beziehen. Der Einstellwert des I-Auslösers darf höchstens auf 80 % des Kurzschussstroms eingestellt werden.

Bei annähernd gleich hohen Kurzschlussströmen an den Einbaustellen der Leistungsschalter kann die Selektivität mit der Zeitschaltung realisiert werden. Dazu wird der vorgeordnete Leistungsschalter mit einem zeitlich kurzverzögerten Kurzschlussstrom (S-Auslöser) versehen, damit im Fehlerfall nur der nachgeordnete Schalter den vom Fehler betroffenen Anlagenteil trennt. Zwischen zwei in Reihe liegenden Leistungsschaltern kann bei annähernd gleichen Kurzschlussströmen an den Einbaustellen Selektivität nur über eine Staffelzeit $t_d$ von 70 ms bis 100 ms erreicht werden. Der I-Auslöser des vorgeschalteten Leistungsschalters ist nur von Bedeutung für eine Herabsetzung der Beanspruchung im Kurzschlussfall. Die Abschaltung des gewöhnlichen Kurzschlussstroms erfolgt in der Regel über den verzögerten S-Auslöser (vgl. VDE Schriftenreihe 118, S. 159).

#### Selektivität zwischen Schmelzsicherungen
#### Einspeise- und lastseitige Sicherung (F11 – F12)

Zwischen zwei Schmelzsicherungen der Betriebsklasse gG bei Bemessungsströmen $I_N \geq 16$ A besteht im Kurzschlussfall Selektivität, wenn das Bemessungsstromverhältnis 1 : 1,6 eingehalten wird bzw. sich die Bemessungsströme um zwei Stufen unterscheiden. Generell gilt aber, der Schmelzwert $I^2t_s$ muss kleiner sein als der Ausschaltwert $I^2t_a$. Die genauen Werte zu den Sicherungsstufen mit den verschiedenen Spannungen sind in Tabellen angegeben (vgl. VDE Schriftenreihe 118, S. 110 bis 113). Für die Selektivitätsbetrachtung müssen die Kurzschlussströme an der Einbaustelle berechnet/ermittelt werden.

#### Selektivität zwischen Schmelzsicherung und Leitungsschutzschaltern
#### Einspeiseseitig Sicherung, lastseitig Leitungsschutzschalter (F12 – C3)

Die Koordination von Schmelzsicherung und LS-Schalter im selben Stromkreis macht es erforderlich, die Kennlinien der beiden Schutzeinrichtungen wegen der unterschiedlichen Auslöseverhalten zu berücksichtigen. Selektivität des LS-Schalters in Bezug auf die vorgeschaltete Sicherung besteht bei allen Werten des Stroms, bei denen der Durchlasswert $I^2t$ des LS-Schalters kleiner ist als der Schmelzwert $I^2t$ der Sicherung. Tabellen geben darüber Auskunft, bis zu welchen Kurzschlussströmen Selektivität zwischen LS-Schaltern und vorgeschalteter Sicherung besteht (vgl.

VDE Schriftenreihe 118, S. 147 bis 149). Für jede Reihenschaltung aus LS-Schalter und vorgeschalteter Sicherung gibt es einen gewissen Grenzwert des Kurzschlussstroms – die Selektivitätsgrenze – bei deren Überschreitung die Sicherung anspricht, bevor der LS-Schalter ausschaltet.

*Beispiel:* An der Einbaustelle eines LS-Schalters 20 A / C wurde ein Kurzschlussstrom mit 1,5 kA errechnet. Dem LS-Schalter wurde eine gG-Sicherung 50 A vorgeschaltet. Da gemäß Tabelle 6.7 (VDE Schriftenreihe 118) für diese Kombination der maximale Kurzschlussstrom 1,3 kA betragen darf, ist Selektivität nicht mehr gegeben. Es ist eine Sicherung 63 A erforderlich.

Für die Selektivitätsbetrachtung müssen die Kurzschlussströme an der Einbaustelle berechnet/ermittelt werden.

#### Selektivität zwischen Leitungsschutzschaltern
#### Einspeise- und lastseitig LS-Schalter

In sicherungslosen Verteilungen bieten auch LS-Schalter in engen Grenzen untereinander Selektivität. Diese ist abhängig vom durchgelassenen Spitzenstrom des nachgeschalteten LS-Schalters und vom Auslösestrom des vorgeschalteten LS-Schalters. Für eine genaue Abstimmung sind die Tabellen der Hersteller zu verwenden. Bei einer Reihenschaltung von LS-Schaltern ist im Kurzschlussfall bei hohen Strömen jedoch keine Selektivität mehr gegeben, da der Kurzschlussstrom praktisch immer höher als die Ansprechwerte der beiden unverzögerten elektromagnetischen Auslöser ist, sodass beide LS-Schalter gleichzeitig auslösen (vgl. VDE Schriftenreihe 118, S. 150). Für die Selektivitätsbetrachtung müssen die Kurzschlussströme an der Einbaustelle berechnet/ermittelt werden.

*Hinweis:* Bei zwei Leitungsschutzschaltern (LS-Schalter, C1 – C2) in Reihe besteht Selektivität im Allgemeinen bis zum Ansprechwert des Kurzschlussauslösers des vorgeschalteten LS-Schalters. Die Grenze liegt deutlich unterhalb der in den Anlagen üblichen Kurzschlussströme.

#### Selektivität zwischen Leistungsschaltern und Schmelzsicherung
#### Einspeiseseitig Leistungsschalter, lastseitig Sicherung (C1 – F12 oder F13)

Bei der Selektivitätsbetrachtung dieser Kombination ist zwischen dem Überlast- und Kurzschlussstrombereich zu unterscheiden und die zulässige Toleranz der Zeit-Strom-Bereiche von ±10 % in Richtung der Stromachse zu berücksichtigen. Im Überlastbereich kann bei einer Abschaltzeit $t \geq 0{,}1$ s eine Aussage zur Selektivität mittels der Zeit-Strom-Kennlinie der Scherung getroffen werden. Im Kurzschlussfall kann der Durchlassstrom $I_C$ der Sicherung den Ansprechstrom des unverzögerten Auslösers übersteigen. Eine absolute Selektivität kann erreicht werden, wenn der

Leistungsschalter mit einem S-Auslöser versehen wird und damit die Kennlinie angehoben und ein Sicherheitsabstand $t_d$ zwischen der Ausschalt-Kennlinie der Sicherung und der Verzögerung des S-Auslösers von $\Delta t \geq 0{,}1$ s gewählt wird (vgl. VDE Schriftenreihe 118, S. 163).

Selektivität zwischen Schmelzsicherung und Leistungsschaltern
Einspeiseseitig Sicherung, lastseitig Leistungsschalter (F11 – C2)

Bei dieser Kombination ist für die Selektivitätsbetrachtung zwischen Überlast- und Kurzschlussstrombereich zu unterscheiden. Im Überlastbereich ist ein Sicherheitsabstand von $t_a \geq 1$ s zwischen der Schmelzkennlinie, der unteren Kennlinie des Streubands und der Kennlinie des stromabhängigen verzögerten L-Auslösers erforderlich. Näherungsweise liegt die Selektivitätsgrenze im Kurzschlussfall an der Stelle, wo ein Sicherheitsabstand zwischen der unteren Kennlinie der Sicherung und der Ansprechzeit des unverzögerten I-Auslösers bzw. der Verzögerungszeit des kurzzeitverzögerten S-Auslösers von 70 ms unterschritten wird. Sicherheit für den Kurzschlussfall kann nur durch Vergleich der $I^2t$-Werte beider Schutzeinrichtungen getroffen werden. Dazu sind die max. $I^2t$-Werte des Leistungsschalters und die min. $I^2t$-Werte der Sicherung in ein gemeinsames Diagramm einzutragen. Der Schnittpunkt beider Kurven ergibt die Selektivitätsgrenze. Selektivität ist gegeben, wenn $I^2t_{min.}$ der Sicherung > $I^2t_{max.}$ des Schalters (vgl. VDE Schriftenreihe 118, S. 164).

**Selektivität und SH-Schalter**

Das Funktionsprinzip von selektiven Hauptleitungsschutzschaltern (SH-Schaltern) ermöglicht ein besonderes Selektivitätsverhalten – die sogenannte strombegrenzende Selektivität oder Energieselektivität. SH-Schalter sind gegenüber nachgeschalteten Leitungsschutzschaltern bei Kurzschlüssen in Endstromkreisen vollständig selektiv, nur der unmittelbar zugeordnete Leitungsschutzschalter schaltet ab. Bei diesem Abschaltvorgang erfolgt eine zusätzliche Strombegrenzung durch den SH-Schalter. Dadurch ergibt sich eine verbesserte Selektivität zu vorgeschalteten Sicherungen.

Leitungsschutzschalter für den Schutz von Endstromkreisen mit der Auslösecharakteristik B oder C (nach VDE 0641-11) mit der Energiebegrenzungsklasse 3 und einem Bemessungsschaltvermögen von 6 kA oder 10 kA sind bis zu 10 kA selektiv, wenn einspeiseseitig ein SH-Schalter verwendet wird. Die Kurzschlussselektivität ist dabei unabhängig vom Bemessungsstrom des SH-Schalters. Durch das Selektivitätsverhalten des SH-Schalters ergibt sich in diesem Fall gegenüber einer Einspeisesicherung gG 63 A eine Selektivität von bis zu 6 kA (vgl. VDE 0100 Bbl. 5:2017-10, S. 39-40).

*Anmerkung:* Der selektiven Abstufung der Schutzeinrichtungen und der richtigen Bemessung aller Netzkomponenten wird eine hohe Bedeutung beigemessen. VDE 0100-710:2012-10, S. 18 fordert dazu die Berechnung. Der rechnerische Nachweis wird gefordert für die zu erwartenden 3-poligen und 1-poligen Kurzschlussströme. Für die Überprüfung der Abschaltbedingungen ist der kleinste Kurschlussstrom $I_{K1min}$ (siehe Backup-Schutz) relevant, während für die Beurteilung der Selektivität der größte Kurzschlussstrom $I_{K3max}$ benötigt wird:

$$I_{K3max} = c_{max} \cdot U_N / \sqrt{3} \cdot (\sqrt{R^2 + X^2})$$

Nach diesen Berechnungsergebnissen ist durch Kennlinienvergleich der in Reihe liegenden Schutzeinrichtungen die Selektivität zu beurteilen (vgl. VDE Schriftenreihe 118, S. 444).

*Hinweis:* Für die Berechnung des $I_{K3max}$ sind die Werte der Resistanzen und Reaktanzen des Mitsystems $R_{(1)}$ bzw. $X_{(1)}$ einzusetzen. Die Werte des Nullsystems $R_{(0)}$ bzw. $X_{(0)}$ werden nicht berücksichtigt.

### Backup-Schutz von Sicherungseinrichtungen

Hierunter versteht man das Zusammenwirken von zwei aufeinander abgestimmten, in Reihe geschalteten Überstromschutzeinrichtungen an Stellen, an denen ein Gerät (z. B. Leitungsschutzschalter) im Schadensfall den prospektiven Kurzschlussstrom alleine nicht zu schalten vermag. Tritt ein entsprechend hoher Kurzschlussstrom auf, entlastet die vorgeschaltete Überstromschutzeinrichtung die nächstliegende nachgeordnete und verhindert so deren übermäßige Beanspruchung. Die vorgeordnete Schutzeinrichtung muss ein entsprechendes Schaltvermögen besitzen. Die Schutzwirkung lässt sich durch Versuche ermitteln. Nach der Abschaltung sind beide Überstromschutzeinrichtungen voll funktionsfähig.

*Hinweis:* Beim Einsatz von LS-Schaltern mit einem Schaltvermögen 6 kA darf die Schleifenimpedanz $Z_s$ nicht $\leq 42$ mΩ sein, damit der Kurzschlussstrom den Wert 6 kA am Stromkreisverteiler nicht überschreitet. Ein Transformator mit $S$ = 630 kVA, $u_{krT} = 6$ % besitzt eine Impedanz von $Z_T \cong 15$ mΩ (vgl. VDE Schriftenreihe 118, S. 130).

***Fazit:*** Bei gebäudeintegrierten Transformatoren mit kurzen Kabelanbindungen zu den Verteilern müssen die Kenntnisse zu den Kurzschlussströmen vorhanden sein. Gegebenenfalls sind LS-Schalter mit einem Schaltvermögen von 10 kA einzubauen. Die Betrachtung betrifft auch die NSHV-SV, die im ungestörten Betrieb aus der NSHV-AV und damit vom Transformator versorgt wird.

### Forderung an Kurzschlussschutzeinrichtungen

Sofern vom Netzbetreiber keine anderen Angaben vorliegen, müssen Kurzschlussschutzeinrichtungen mindestens ein Kurzschlussausschaltvermögen aufweisen von:

- 25 kA bei Einbau im Hauptversorgungssystem (vor der Messeinrichtung),
- 10 kA bei Einbau im anlagenseitigen Anschlussraum eines Zählerplatzes. Dies darf auch mit dem kombinierten Kurzschlussausschaltvermögen erreicht werden,
- 6 kA bei Einbau im Stromkreisverteiler.

Die Messeinrichtung muss in Kombination mit der vorgeschalteten Überstromschutzeinrichtung eine bedingte Kurzschlussfestigkeit von 10 $kA_{eff}$ aufweisen (vgl. VDE-AR-N 4100:2019-04, S. 39).

### Berechnung der max. Leitungslänge nach dem Abschaltstrom $I_a$ der eingesetzten Sicherung/LS-Automaten

Die zulässige Leitungslänge ist nach der eingebauten Sicherung und dem vorgegebenen Abschaltstrom in der vorgegebenen Abschaltzeit zu berechnen. Voraussetzung dafür ist die Kenntnis der Schleifenimpedanz des vorgelagerten Netzes bis zum Knoten der Sicherungseinbaustelle (vgl. VDE Schriftenreihe 118, S. 124).

$$l_{max} = [(c_{min} \cdot U_N / \sqrt{3} \cdot I_a) - Z_V] / 2 \cdot Z'_L$$

| | |
|---|---|
| $l_{max}$ | maximale Leitungslänge in m |
| $c_{min}$ | Spannungsfaktor 0,95 |
| $U_N$ | Nennspannung in Volt (400 V) |
| $I_a$ | Abschaltstrom in A nach der verwendeten Charakteristik bei LS-Automaten bzw. gG-Sicherungen |
| $Z_V$ | Schleifenimpedanz des vorgelagerten Netzes |
| $Z'_L$ | Impedanzbelag der Leitung für den Endstromkreis |

*Hinweis:* Die max. zulässige Kabel- und Leitungslänge für den Fehlerschutz braucht nicht beachtet werden, wenn die Schutzeinrichtung eine Fehlerstrom-Schutzeinrichtung ist (vgl. VDE 0100-520 Bbl. 2:2010-10, S. 7).

Der Impedanzbelag für die verwendete Endstromkreisleitung ist als Tabellenwert in der VDE Schriftenreihe 118, S. 210 enthalten. Die Werte entsprechen einer Leitertemperatur 80 °C im Mitsystem bei $f = 50$ Hz.

*Kommentar zur folgenden Tabelle:* Die fachgerechte Installation erfordert Berechnungen für die Dimensionierung einer Leitung/Kabel in Bezug auf die max. Länge. Hierzu bedarf es für die Anwendung der oben genannten Formel der nötigen Größen, die in normierten Tabellen festgelegt sind. Die einzige unbekannte Größe $Z_V$ ist rechnerisch bzw. messtechnisch zu ermitteln.

**Tabelle 2.1:** Kabel- und Leitungsbeläge in mΩ/m bei 50 Hz für 0,6/1 kV (*Quelle:* VDE Schriftenreihe 118, 2. Auflage, S. 210)

| | Kupfer | | | Aluminium | | |
|---|---|---|---|---|---|---|
| **Nenn-querschnitt** $q_n$ / mm² | **Resistanz-belag 80 °C** $R'_L$ | **Reaktanz-belag 80 °C** $X'_L$ | **Impedanz-belag 80 °C** $Z'_L$ | **Resistanz-belag 80 °C** $R'_L$ | **Reaktanz-belag 80 °C** $X'_L$ | **Impedanz-belag 80 °C** $Z'_L$ |
| 1,5 | 14,620 | 0,115 | 14,620 | - | - | - |
| 2,5 | 8,770 | 0,110 | 8,770 | 14,800 | 0,110 | 14,800 |
| 4 | 5,654 | 0,107 | 5,655 | 9,260 | 0,107 | 9,260 |
| 6 | 3,757 | 0,100 | 3,758 | 6,170 | 0,100 | 6,170 |
| 10 | 2,244 | 0,094 | 2,246 | 3,700 | 0,094 | 3,700 |
| 16 | 1,415 | 0,090 | 1,418 | 2,324 | 0,090 | 2,326 |
| 25 | 0,898 | 0,086 | 0,902 | 1,489 | 0,086 | 1,492 |
| 35 | 0,652 | 0,083 | 0,657 | 1,086 | 0,083 | 1,089 |
| 50 | 0,482 | 0,083 | 0,489 | 0,796 | 0,083 | 0,800 |
| 70 | 0,336 | 0,082 | 0,346 | 0,551 | 0,082 | 0,557 |
| 95 | 0,244 | 0,082 | 0,257 | 0,398 | 0,082 | 0,406 |
| 120 | 0,195 | 0,080 | 0,211 | 0,316 | 0,080 | 0,326 |
| 150 | 0,155 | 0,080 | 0,174 | 0,258 | 0,080 | 0,270 |
| 185 | 0,125 | 0,080 | 0,148 | 0,207 | 0,080 | 0,222 |
| 240 | 0,095 | 0,079 | 0,124 | 0,162 | 0,079 | 0,180 |
| 300 | 0,078 | 0,079 | 0,111 | 0,133 | 0,079 | 0,155 |

### Anwendung der Bemessungsstromregel

Damit ist vorgegeben, dass der Betriebsstrom $I_B$ kleiner sein muss als der Nennstrom $I_N$ der Sicherung und dieser wiederum kleiner sein muss als der zulässige Strom $I_Z$, mit dem der Leiter belastet werden darf. Bei der Größe $I_Z$ ($I_R$) ist der tatsächliche Wert in Bezug auf die Verlegung des Kabels/der Leitung über die gesamte Strecke zu betrachten. $I_B < I_N < I_Z$. Für die Werte $I_Z$ ($I_R$) gilt es, die in den Tabellen der VDE-Vorschrift enthaltenen Mindestfaktoren wie folgt einzurechnen:

$$I_Z = I_R \cdot f_1 \cdot f_2 \cdot f_3 \cdot f_4$$

- $f_1$ Umrechnungsfaktor für Temperaturabweichungen zu 25 °C (VDE 0298-4:2013-06, S. 42-44)
- $f_2$ Umrechnungsfaktor für Häufung nach ihrer Verlegung (VDE 0298-4:2013-06, S. 45-48)
- $f_3$ Umrechnungsfaktor für Verbraucher mit Oberschwingungen (VDE 0100-520 Bbl 3:2012-10, S. 8-11)
- $f_4$ Umrechnungsfaktor für vieladrige Kabel/Leitungen (VDE 0298-4:2013-06, S. 49)

*Hinweis:* Der Umrechnungsfaktor $f_3$ muss nur bei 3-phasigen Wechselstromkreisen berücksichtigt werden (vgl. VdS 2025:2008-01(05), S. 14-22). Für eine besondere Betrachtung des N-Leiter-Querschnitts ist der Oberschwingungsanteil der Verbraucher zu berücksichtigen (vgl. VDE 0100-520 Bbl. 3:2012-10).

### EMV – Überspannungsschutz

Der funktionierende Überspannungsschutz ist für alle folgenden Anlagen zwingend zu installieren. Neben der allgemein bekannten Elektroinstallation mit dem vorgegebenen Netzsystem, einem äußeren und inneren Blitzschutzsystem betrifft das die richtige Auswahl und Platzierung von Überspannungsschutzgeräten in Form von Blitzstrom- und Überspannungsableitern. Der Einbau ist hierbei in den verschiedenen Kategorien nach Herstellerangaben vorzunehmen (vgl. VDE 0100-443/-534).

### Beachtung der Brandabschnitte

Die Anzahl der Stromkreise für die Installation der Sicherheitsbeleuchtung ergibt sich aus der Gebäudestruktur mit der Darstellung der Brandabschnitte in den Konzeptplänen des Brandschutznachweises. Das Schutzziel, das hier angewendet wird: Egal wo es brennt, es darf nur der eine betroffene Brandabschnitt ausfallen (siehe hierzu auch Abschnitt 4.2).

Die Grenze eines Brandabschnitts ist im Regelfall eine feuerbeständige Brandwand oder auch eine Wand, die in der Bauart gleich einer Brandwand ausgebildet ist. Als größter Abstand von Brandwänden zueinander sind maximal 40 m in der Horizontalen erlaubt. Notwendige Treppenräume bilden eigene Sicherheitsbeleuchtungsabschnitte und sind somit mit eigenen Zuleitungen in Funktionserhalt auszustatten (vgl. MLAR 2018, S. 90).

Zur Erreichung der Schutzziele werden diese Abstände variabel an die Gegebenheiten der Gebäudekonstruktion angepasst. Dabei kommt es vor, dass Brandwände oder bauartgleiche Wände in wesentlich kleineren Abständen zueinander gebaut werden müssen, damit die Anforderungen an den baulichen Brandschutz nach den gesetzlichen Vorgaben erfüllt werden.

Nicht zu vergessen sind die einzelnen Aufzugskabinen, die ebenfalls als eigener BA zu sehen sind und mit einer Bereitschaftsleuchte ausgestattet sein müssen. Hier empfiehlt sich, diese als Einzelbatterieleuchte vom Aufzugsbauer als Systemkomponente mit einbauen zu lassen. Werden die Kabinen der Aufzüge aus der Zentralbatterieanlage mitversorgt, ist zu jedem Schacht ein separates Kabel mit Funktionserhalt E30 erforderlich.

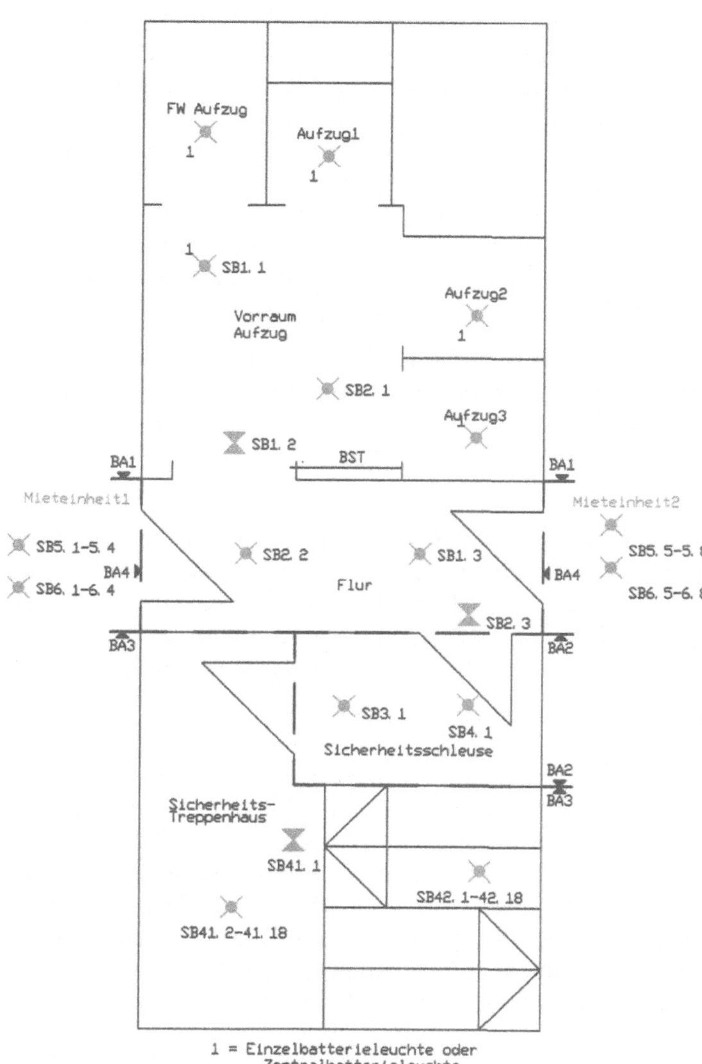


**Bild 2.3:** Systemzeichnung – Brandabschnitt (DXF 106)

Die vorstehende Systemzeichnung zeigt die damit verbundenen Konsequenzen für die Fachplanung der Sicherheitsbeleuchtung je Geschoss auf.

*Kommentar zur Systemzeichnung:* Die Norm verlangt, dass bei Sicherheitsbeleuchtung in Bereitschaftsschaltung in den Flucht- und Rettungswegen mindestens zwei

Sicherheitsleuchten auf zwei Stromkreise verteilt installiert werden. Dies bedeutet, wie in der Systemzeichnung dargestellt, für diesen speziellen Fall, dass auf jedes Geschoss für die horizontale Betrachtung mindestens 8 Stromkreise aus der Zentrale zu verlegen sind. Gilt die Ausbildung zwischen Flur und Vorraum Aufzug auch als jeweils separater BA, was im Detail zu klären ist, kommen zusätzlich zwei Stromkreise dazu. Es sind dann für jedes Stockwerk dieser Grundrissplanung 10 Stromkreise aus der Zentrale der Sicherheitsbeleuchtung zu installieren. Für das Treppenhaus, welches ebenfalls als separater BA zu betrachten ist, erfolgt der Einbau vertikal mit der Grenze von maximal 20 Leuchten je Stromkreis abwechselnd verteilt auf die einzelnen Podeste.

Bei der beschriebenen Konstellation ist die eventuell wirtschaftlichere Lösung die Ausführung mit UV/US zu planen. Insbesondere dann, wenn es sich um ein Gebäude mit mehreren Stockwerken handelt.

### Virtueller Brandabschnitt

Für verschiedenen Anlagen – wie Sicherheitsbeleuchtung, Brandmeldeanlage, Sprachalarmanlage usw. – ist der virtuelle Brandabschnitt bei der Installation der Kabelanlage zu beachten. Hierunter versteht man die Unterteilung der Fläche nach Festlegung in Abständen als Ersatz innenliegender Brandwände bei ausgedehnten Gebäuden. In der BayBO ist der Abstand von Brandwänden mit 40 m enthalten (vgl. BayBO, § 1, Art. 28 (2) 3).

*Kommentar zur folgenden Systemzeichnung:* Die Einteilung der virtuellen Brandabschnitte kann nicht beliebig festgelegt werden, sondern ist symmetrisch aufzuteilen. Die gebildeten Flächen müssen in etwa gleich groß sein. Es gibt jedoch keine Vorgabe, die den virtuellen Brandabschnitt nach Länge und Breite mit jeweils 40 m begrenzt. Die in den Bauordnungen häufig vorzufindende Abgrenzung mit 40 m x 40 m ist hier nicht anzuwenden. Es ist demnach auch eine Flächengröße von 50 m x 30 m, wie in der Abbildung dargestellt, erlaubt. Wichtig ist, dass eine Gesamtfläche von 1.600 $m^2$ nicht überschritten wird. Zu empfehlen ist aber, bei einer Seitenlängenüberschreitung von 40 m dies im Vorfeld mit dem Prüfsachverständigen abzustimmen.

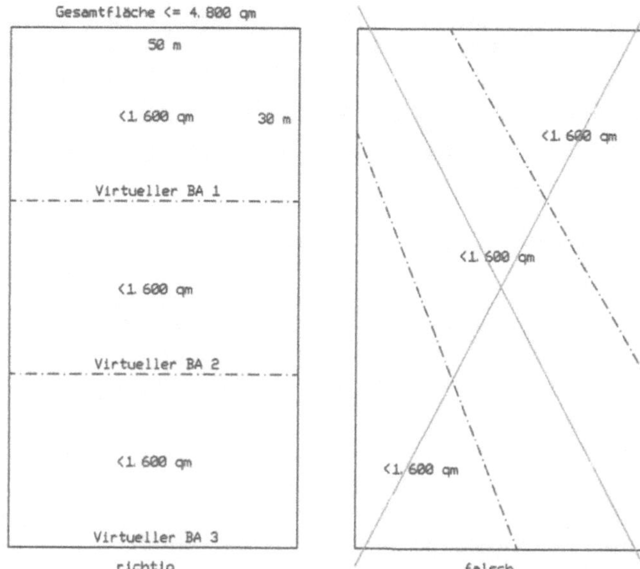


**Bild 2.4:** Systemzeichnung – Virtueller Brandabschnitt (DXF 080)

## Kabel mit verbessertem Brandverhalten

Kabel mit verbessertem Brandverhalten haben in der Regel eine zulässige Betriebstemperatur von 90 °C. Für das Errichten von Starkstromanlagen mit Nennspannungen bis 1000 V in Gebäuden ist jedoch eine maximale Betriebstemperatur von 70 °C für Kabel und Leitungen zugrunde zu legen, weil Installationsbaugeräte, Steckvorrichtungen, NS-Schaltgeräte, Klemmen, Befestigungsmaterial usw. für die Verwendung bei einer Betriebstemperatur von 70 °C bestimmt sind. Daher sollten die Kabel und Leitungen, die für eine zulässige Betriebstemperatur am Leiter von 90 °C ausgelegt sind, nur mit einer solchen Belastung betrieben werden, die zu einer maximalen Betriebstemperatur am Leiter von 70 °C im Anschlussbereich der vorgenannten Geräte führen. Die höhere zulässige Betriebstemperatur von 90 °C kann als thermische Reserve bei Häufung und/oder höheren Umgebungstemperaturen an anderen Stellen im Verlauf der Installation genutzt werden (vgl. VDE 0298-4:2013-06, S. 57).

## Zulässiger Spannungsfall

Im Hauptstromversorgungssystem darf der Spannungsfall nach § 13 NAV einen Wert von 0,5 % der Nennspannung nicht überschreiten. Die Ermittlung des Spannungsfalls erfolgt rechnerisch unter Zugrundelegung des Bemessungsstroms der

Hausanschlusssicherung. Für Wohngebäude liegt der zugrundeliegende Wert bei mindestens 63 A (vgl. VDE-AR-N 4100:2019-04, S. 39). Im Besonderen ist das Hauptversorgungssystem das Kabel vom Übergabepunkt des Versorgers bis zur Messeinrichtung. Der gestaffelte Spannungsfall in Bezug zur Leistung ist damit gegenstandslos. Allgemein sind für den Spannungsfall hinter der Messstelle VDE 0100-520 und DIN 18015 zu beachten.

### Berechnung des Spannungsfalls in Volt für Leitungsquerschnitt $A_{Cu}$ < 50 mm² und $A_{Al}$ < 70 mm²

| Gleichstrom | Wechselstrom | Drehstrom |
|---|---|---|
| $U_V = (2 \cdot L \cdot I_B)/(\chi \cdot A)$ | $U_V = (2 \cdot L \cdot I_B \cdot \cos\varphi)/(\chi \cdot A)$ | $U_V = (\sqrt{3} \cdot L \cdot I_B \cdot \cos\varphi)/(\chi \cdot A))$ |
| $U_V = (2 \cdot L \cdot P)/(\chi \cdot U \cdot A)$ | $U_V = (2 \cdot L \cdot P)/(\chi \cdot U \cdot A)$ | $U_V = (L \cdot P)/(\chi \cdot U \cdot A)$ |

Aufgrund des überwiegenden Resistanzanteils bei den genannten Querschnitten kann der reaktive Anteil in der Regel vernachlässigt werden.

### Berechnung der zulässigen Leitungslänge für Leitungsquerschnitt $A_{Cu}$ ≥ 50 mm² und $A_{Al}$ ≥ 70 mm²

Der Wert $L_{norm}$ ist in Tabellen für die verschiedenen Kabeltypen enthalten (vgl. VDE 0100 Bbl. 5:2017-10, S. 61-64).

| Gleich-/Wechselstrom | Drehstrom | Parallelkabel/-leitungen |
|---|---|---|
| $L_{zul} = (L_{norm} \cdot U_N \cdot \Delta u/I_B)/2$ | $L_{zul} = L_{norm} \cdot U_N \cdot \Delta u/I_B$ | $L_{zul} = (L_{norm} \cdot U_N \cdot \Delta u/I_B) \cdot N$ |
| $U_V = L_{zul} \cdot I_B \cdot 2/(L_{norm} \cdot 100\ \%)$ | $U_V = L_{zul} \cdot I_B/(L_{norm} \cdot 100\ \%)$ | $U_V = L_{zul} \cdot I_B/(L_{norm} \cdot N \cdot 100\ \%)$ |

Für 1-phasige Stromkreise (N-Leiter = Außenleiterquerschnitt) muss die ermittelte Länge halbiert werden, bei parallelen Kabelsystemen muss die ermittelte Länge mit der Anzahl der parallelen Systeme multipliziert werden, was in Zeile 1 der Formeln berücksichtigt ist. Mit der entsprechenden Umstellung nach Zeile 2 kann der Spannungsfall in Volt direkt berechnet werden.

| | |
|---|---|
| $A$ | Leitungsquerschnitt |
| $L$ | einfache Länge; $L_{zul}$ zulässige Leitungslänge; $L_{norm}$ normierte Leitungslänge zu $A$ |
| $I_B$ | Betriebsstrom |
| $\chi$ | 56 (spezifische Leitfähigkeit für Kupfer 30 °C);<br>37 (spezifische Leitfähigkeit für Aluminium 30 °C) |
| $U_V$ | Spannungsfall in Volt; $\Delta u$ Spannungsfall in %; $U_N$ Nennspannung |
| $N$ | Anzahl der parallel verlegten Kabel/Leitungen |
| $\cos\varphi$ | Leistungsfaktor |

*Anmerkung:* Der Wert $\chi$ 58 ist eine Sicherheit für eine Temperatur von 20 °C. Für Berechnungen unter Normalbedingungen wird in der Formel $\chi$ 56 eingesetzt, die der Temperatur 30 °C entspricht.

*Hinweis:* Im Ergebnis kann gesagt werden, dass bei Versorgung aus dem öffentlichen Netz bezogen auf die Nennspannung der elektrischen Anlage, für den Spannungsfall zwischen dem Übergabepunkt am z. B Hausanschlusskasten bis zum Anschlusspunkt von Beleuchtungsstromkreisen mit 3 % und in übrigen Stromkreisen mit 5 % ausgegangen werden kann. Wenn die Versorgung von einem privaten Energieversorger erfolgt, darf der Wert des Spannungsfalls bei Beleuchtungsstromkreisen sogar 6 % und bei anderen Stromkreisen 8 % annehmen, wobei im Text der Norm die vorgenannten Werte empfohlen werden (vgl. Kiefer 2017, S. 712).

Die Betrachtung der Spannungsfälle für batterieversorgte Endstromkreise mit 216 V DC im Kapitel 4 und mit 24 V DC im Kapitel 5 ist zu bedenken.

# 3 Allgemeine Forderungen an die Sicherheitsbeleuchtung

Die Sicherheitsbeleuchtung im Gebäude muss sicherstellen, dass bei Ausfall der allgemeinen Stromversorgung die Beleuchtung unverzüglich und automatisch zur Verfügung gestellt wird. Zur Anwendung kommen dabei Batterieanlagen in den Varianten eines zentralen Batterieblocks (CPS), eines Batterieblocks (LPS) für eine begrenzte Leistung der zu versorgenden Leuchten und Kleinakkus, die in jeder Leuchte integriert sind. Sind in der Anwendung Umschaltzeiten von ≤ 15 s erlaubt, besteht die Möglichkeit, hier eine Netzersatzanlage mit zu verwenden, wenn eine solche im Gebäude auch für sonstige Sicherheitsanlagen eingebaut wird.

Bei der Planung gibt es dazu allgemeine Forderungen, die für alle Varianten umgesetzt werden müssen:

- Störmeldeleitung an ständig besetzte Stelle (s. Kapitel 12). Der Zustand der Stromquelle für Sicherheitszwecke muss angezeigt werden – betriebsbereit, Störung, Stromquelle in Betrieb (vgl. VDE 0100-560:2013-10, S. 13). Dies kann z. B. über ein Störmeldetableau erfolgen. Es ist jedoch auch möglich, die geforderten Meldungen auf die Gebäudeleittechnik (GLT) aufzuschalten und die Anzeige somit in der Leitwarte zu realisieren.

  *Hinweis:* Eine Übertragung von Störungen mit IP-Technik wird von manchen Prüfsachverständigen nicht akzeptiert.

- Alle Kreise der Sicherheitsbeleuchtung müssen durch Verwendung richtig dimensionierter Leitungen und Schutzeinrichtungen im Falle eines kleinstmöglichen Kurzschlusses an beliebiger Stelle des Kreises innerhalb ≤ 5 s selektiv abschalten.

  *Hinweis:* Erfolgt die Versorgung der Sicherheitsbeleuchtungsanlage mit einer NEA kann bei Generatorbetrieb die lange Abschaltzeit nicht hingenommen werden, weil die zulässige Kurzschlussdauer vom Generator etwa 2 s bis 3 s beträgt. Hier ist dann in der NSHV-SV am Abgang für die Sicherheitsbeleuchtung ein RCD zu planen.

- Gleichmäßigkeit von 40:1. 40 lx gemessen direkt unter der Leuchte. 1 lx gemessen auf Mitte der Entfernung zweier Leuchten zueinander. Für Arbeitsplätze mit besonderer Gefährdung wird eine Gleichmäßigkeit von 10:1 gefordert.

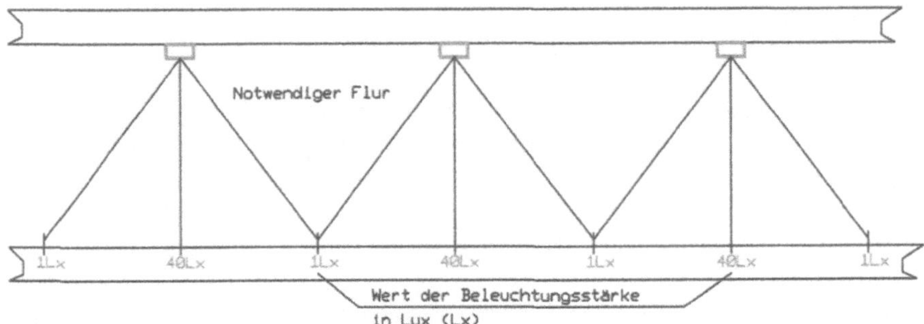


**Bild 3.1:** Gleichmäßigkeit nach dem Verhältnis 40:1

*Kommentar zur Systemzeichnung:* Für die Einhaltung der Forderung nach Gleichmäßigkeit ist der richtige Leuchtentyp maßgebend. Hier sind aus den Listen der Hersteller die für den Zweck geforderten Leuchten auszuwählen. In diesen Listen sind die maximalen Abstände vorgegeben, die eingehalten werden müssen (siehe 3.1).

- In einem Stromkreis der Sicherheitsbeleuchtung darf ein Stromkreis mit einem zugehörigen Hilfsstromkreis in einem Kabel/einer Leitung geführt werden. Das Führen mehrerer Stromkreise in ein und demselben Kabel / derselben Leitung mit einem gemeinsamen Neutralleiter ist unzulässig (vgl. VDE V 0108-100-1:2018-12).

  *Hinweis:* Um Missverständnisse auszuschließen, bedeutet das: Jeder Stromkreis ist in einem separaten Kabel oder einer separaten Leitung zu führen. Es ist auch nicht erlaubt, ein 5-adriges Kabel zu verlegen und daraus zwei Stromkreise mit zugeordnetem Neutralleiter zu bilden. Als Hilfsstromkreis kann die Meldeleitung für die Überwachung der Einzelbatterieleuchten gesehen werden oder die Steuerleitung für Hinweisleuchten bei der adaptiven Fluchtweglenkung.

- Es ist erlaubt, dass mehrere Stromkreise mit Hilfsstromkreisen in einer Verteilerdose enden, wenn die Klemmen für jeden Stromkreis durch isolierende Trennwände abgeteilt werden oder Reihenklemmen verwendet werden (vgl. VDE 0100-520:2013-06).

- Verteilerdosen für die Sicherheitsbeleuchtungsanlage sind in rot oder grün auszuführen. Verbaute Klemmstellen müssen zugänglich sein. Beim Einbau von Verteiler-/Abzweigdosen in Zwischendecken sind Revisionsöffnungen einzuplanen und deren Größen anzugeben.

- Sicherheitsleuchten mit Stecker-/Steckdosenanschluss müssen gegen ein unbeabsichtigtes Trennen der Verbindung gesichert sein. Eine Möglichkeit ist, die Verbindung in einem geschlossenen Gehäuse zu verbauen, dass nur mit Werkzeug zu öffnen ist (vgl. VDE V 0100-108-1, S. 9).
- Die Leuchten der Sicherheitsbeleuchtung und zugehörigen Schaltkomponente müssen durch ein rotes Schild mit mindestens 30 mm Durchmesser gekennzeichnet sein. Die Forderungen dazu sind: Erkennbarkeit und Lesbarkeit.

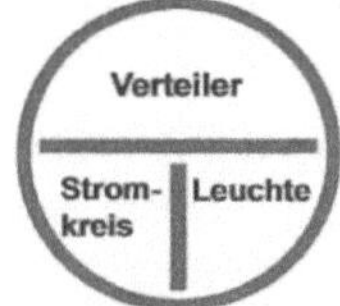


**Bild 3.2:** Kennzeichnung mit Beschriftung von Sicherheitsleuchten

*Hinweis:* Die Erkennbarkeit wird definiert als: Höhe der Schriftzeichen in cm entspricht der 3-fachen Erkennungsweite in m. Demnach gilt: 3 cm Schrifthöhe für 9 m Erkennungsweite.

- Die Kennzeichnung mit ausführlicher Information zum installierten System erfolgt nach detaillierten Vorgaben, welche auf besonderen Wunsch des Betreibers gefordert werden kann:
  - 1. Abschnitt zur Erkennung, ob Einzelbatterie oder Zentralbatterieleuchte,
  - 2. Abschnitt, ob Schaltung in Bereitschaft-, Dauer-, Mutter-Tochterschaltung usw.,
  - 3. Abschnitt enthält sieben Stellen als Aussage zur Überwachung der Funktionsprüfung usw.,
  - 4. Abschnitt gilt nur Einzelbatterieleuchten und sagt aus, für welche Betriebsdauer die Leuchte ausgelegt ist.
- In Kabinen von Personenaufzügen muss eine Sicherheitsbeleuchtung als Antipanikbeleuchtung eingebaut sein. Das kann mit einer Einzelbatterieleuchte oder einer zentral gespeisten Leuchte verwirklicht sein. Bei einer zentral gespeisten Leuchte muss die Zuleitung feuergeschützt verlegt werden (vgl. VDE 0108-100:2005-01, S. 8).
- Stromkreise der Sicherheitsbeleuchtung dürfen nicht in Aufzugsschächten oder anderen kaminähnlichen Schächten verlegt werden (vgl. VDE 0100-560.7.7).

- In Schwimmbädern ist bei Becken mit einer Tiefe ab 1,35 m eine Beleuchtungsstärke von 15 lx auf der Wasseroberfläche gefordert.
- In Kühlräumen/Tiefkühlräumen mit einer Fläche von mehr als 10 m² ist eine unabhängige Sicherheitsbeleuchtung oder Markierung aus lang nachleuchtendem Material zu installieren (vgl. DIN 8986:2012-10, S. 6).
- Die Notleuchten in Dauerschaltung (z. B. Hinweisleuchten) dürfen mit der AV-Beleuchtung geschaltet werden, wenn die jeweiligen Räume während des Betriebs nicht verdunkelt werden können oder nicht ständig genutzt werden (vgl. VDE 0100-560.9.9).

  *Empfehlung:* Eine Steuerleitung zwischen der AV-UV und CPS/CLS-Zentrale ist einzuplanen. Gegebenenfalls kann das mit einem Bus-System (KNX) realisiert werden.
- In betriebsmäßig verdunkelten Räumen darf keine automatischen Rückschaltung zur allgemeinen Beleuchtung erfolgen. Die Rückschaltung muss manuell (von Hand) vorgenommen werden (vgl. VDE 0100-560.9.15). Die Platzierung des manuellen Schalters ist nach Abstimmung mit dem Betreiber festzulegen.
- In betrieblich verdunkelten Räumen ist für die Erkennbarkeit der Stufen eine Sicherheitsbeleuchtung erforderlich. Verdunkelbare Räume können Theater- und Kinoräume sowie Physik-, Chemie- und Medienräume in Schulen sein.
- Die Sicherheitsbeleuchtung darf erst dann auf den Normalbetrieb zurückschalten, wenn die Allgemeinbeleuchtung ihre normale Beleuchtungsstärke erreicht hat (vgl. VDE 0100-560.9.11). Nach Netzwiederkehr ist die Wiederzündzeit der AV-Lampen für die allgemeine Beleuchtung zu berücksichtigen.
- Während der Betriebsruhezeiten eines Gebäudes muss sichergestellt sein, dass die Stromquelle der Sicherheitsbeleuchtung nicht ungewollt wirksam wird und so die Batterien entladen werden können. Die automatische Umschaltung bei Stromausfall muss in Betriebsruhezeiten blockiert werden können (vgl. VDE V 0108-100-1:2019-12). Diese Funktion muss herstellerseitig in der CPS/CLS-Steuerung vorgesehen sein.
- In notwendigem Treppenraum ohne Fenster von mehr als 13 m Höhe muss eine Sicherheitsbeleuchtung installiert werden (vgl. BayBO Art. 34,7).

  *Hinweis:* Hier gilt es, den Begriff Fenster zu definieren. Eine Wandöffnung mit Glaseinsatz wird von manchen Prüfsachverständigen nicht als Fenster anerkannt. Demnach müssen hier Fenster eingebaut werden, bei denen der Griff durch eine verschlossene Rosette ersetzt wird.

- Evakuierungsbeleuchtung als Antipanikbeleuchtung mit einer Beleuchtungsstärke von 0,5 lx in Räumen mit Menschenansammlungen ab einer Fläche von 60 m², wie Hallen, Großraumbüros usw. (vgl. VDE 0108-100:2005-01, S. 7).

  *Hinweis:* Für die Evakuierung eines Gebäudes sind eine ausreichende Mindestbeleuchtungsstärke sowie ausreichende Umschaltzeiten und Bemessungsbetriebsdauer erforderlich. Hierunter fällt auch die Antipanikbeleuchtung. Man versteht darunter eine Sicherheitsbeleuchtung, die der Panikvermeidung dienen soll und es Personen erlaubt, einen erkennbaren Rettungsweg zu erreichen. Die horizontale Beleuchtungsstärke darf dabei 0,5 lx nicht unterschreiten. Die Randbereiche mit einer Breite von 0,5 m werden dabei nicht berücksichtigt. Einsatz findet diese Beleuchtung in Bereichen mit nicht gekennzeichneten Rettungswegen in Hallen oder bei kleineren Flächen, wenn dort ein zusätzliches Risiko gegeben ist, wie die Nutzung durch eine größere Menschenansammlung (vgl. VDE 0108-100, Pkt. 3.4, S. 5).

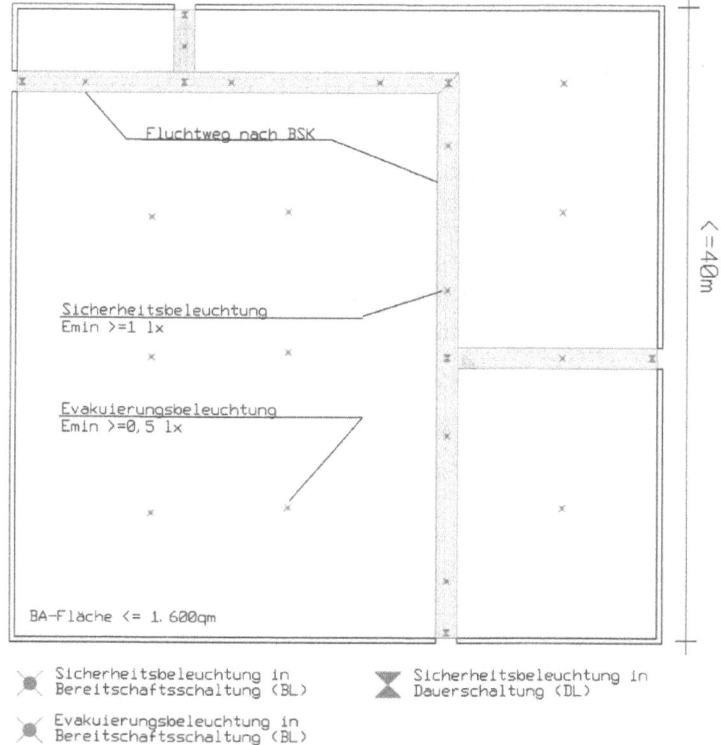


**Bild 3.3:** Systemzeichnung – Sicherheitsbeleuchtung mit Evakuierungs- bzw. Antipanikbeleuchtung

*Kommentar zur Systemzeichnung:* Nach dem BSK wird der Rettungsweg zum sicheren Verlassen der Fläche vorgegeben und die Forderung einer Sicherheitsbeleuchtung für diesen Bereich festgelegt. Die Antipanikbeleuchtung ist separat zu diskutieren und in Abwägung einer Gefährdung mit dem Betreiber festzulegen. Grundsätzlich ist zu gewährleisten, dass für die Evakuierung eines Gebäudes eine ausreichende Mindestbeleuchtungsstärke sowie ausreichende Umschaltzeit und Bemessungsbetriebsdauer gegeben sind (vgl. VDE 0100-560: 2013-10, S .16).

- Sicherheitsleuchten sind so zu platzieren, dass ein sicheres Verlassen des Gebäudes gewährleistet wird. Hinweisleuchten auf Rettungswegen sind so zu montieren, dass von jeder Stelle im Raum Einsichtnahme gewährleistet ist. Bei hohen Räumen sind die Leuchten auf entsprechende Höhe abzupendeln. Generell gilt: Die Montagehöhe einer Rettungszeichenleuchte darf nicht höher als 20° über der horizontalen Blickrichtung sein (vgl. DIN EN 1838). Bei einer Entfernungsweite von 3,5 m beträgt die Montagehöhe ca. 2,60 m für einen Menschen von 1,80 m Größe.

**Tabelle 3.1:** Die Erkennungsweite und Montagehöhe

| **Abstand** | 1,5 m | 3,0 m | 5,0 m | 7,0 m | 10,0 m |
|---|---|---|---|---|---|
| **Montagehöhe** | 2,0 m | 2,5 m | 3,2 m | 3,9 m | 5,0 m |

*Kommentar zur Tabelle:* Der Zusammenhang von Erkennungsweite und Montage unter Berücksichtigung des Betrachtungswinkels von 20° ist in der Tabelle aufgezeigt. Bei der Festlegung der Höhe ist aber auch die Nutzung des Raums zu beachten. Werden z. B. in Verkaufsräumen von den Decken an verschiedenen Stellen Werbeschilder und Transparente abgehängt, darf das die freie Sicht auf die Hinweisleuchten nicht einschränken.

Zusätzlich sind nachfolgende Vorgaben zu beachten:

- Eine Sicherheitsbeleuchtung muss angebracht werden:
  - mindestens 2 m über dem Boden, an jeder im Notfall zu benutzenden Ausgangstür,

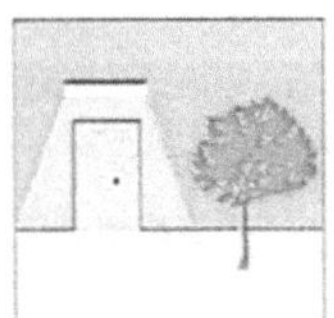

- nahe (max. 2 m Abstand) einer Treppe, um jede Treppenstufe direkt zu beleuchten,

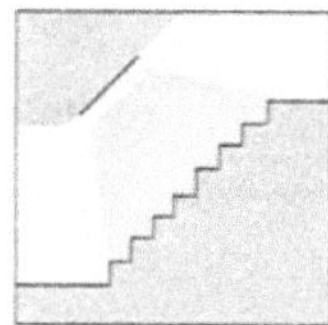

- nahe (max. 2 m Abstand) jeder Niveauänderung,

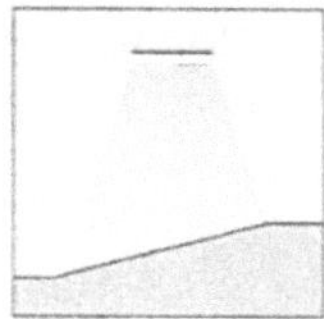

- bei jeder Richtungsänderung, bei jeder Kreuzung der Gänge/Flure,

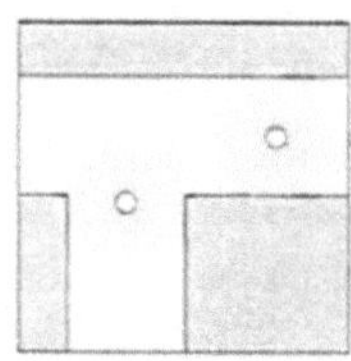

- außerhalb und nahe (max. 2 m Abstand) jedes Ausgangs und außerhalb des Gebäudes bis zu einem sicheren Bereich. Dieser definiert sich wie folgt: Ausgewiesener Bereich, an dem sich flüchtende Personen sicher versammeln können und nicht durch die Notsituation gefährdet werden,

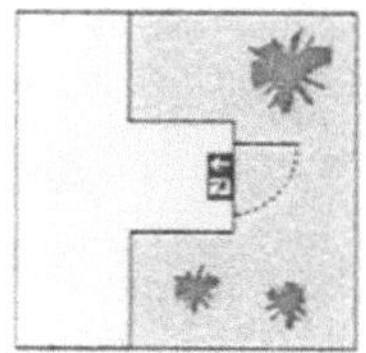

- nahe (max. 2 m Abstand) jeder Erste-Hilfe-Stelle, so dass 5 lx vertikale Beleuchtungsstärke am Erste-Hilfe-Kasten erreicht werden,

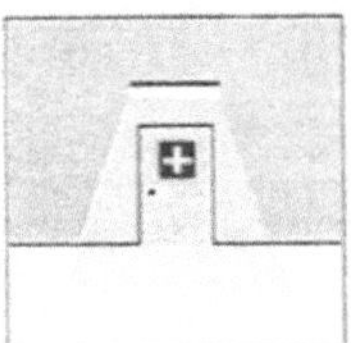

- nahe (max. 2 m Abstand) jeder Brandbekämpfungs- oder Meldeeinrichtung, so dass 5 lx vertikale Beleuchtungsstärke an Melde-, Brandbekämpfungseinrichtungen und den Anzeigen der Brandmeldeanlage erreicht werden,

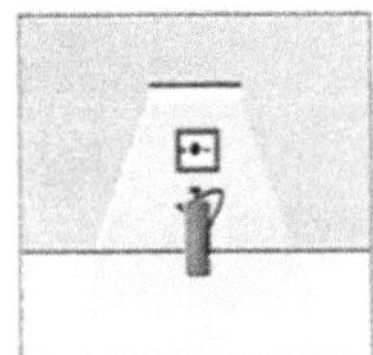

- nahe Fluchtgeräten (z. B. Evakuierungsstuhl) für Menschen mit Behinderung,

- an vorgeschriebenen Notausgängen und beleuchteten Sicherheitszeichen,

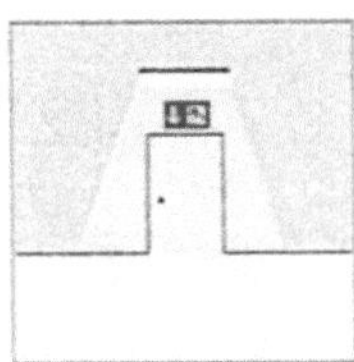

- nahe Schutzbereichen für Menschen mit Behinderung und nahe Rufanlagen. Ebenso sind Zwei-Wege-Kommunikationseinrichtungen für diese Bereiche sowie Alarmeinrichtungen in Toiletten für Menschen mit Behinderung zu berücksichtigen,

*Hinweis:* Für eine korrekte Planung ist die Lage von Ersthilfe-Einrichtungen, Behinderten-Sammelplätzen und Feuerlöschern beim Architekten zu erfragen, um bei der Installation der Sicherheitsbeleuchtung die geforderten Beleuchtungsstärken zu erfüllen. Liegen die Erste-Hilfe- und Brandbekämpfungsstellen nicht am Rettungsweg oder im Bereich der Antipanikbeleuchtung, müssen sie, auf dem Boden gemessen, mit 5 lx beleuchtet sein (vgl. DIN EN 1838).

- Berücksichtigung von Sicherheitseinrichtungen außerhalb der Rettungswege bzw. von Antipanikbereichen, die im Gefahrenfall auch bei Ausfall der allgemeinen Beleuchtung gut beleuchtet sein müssen.
- Werden Piktogramm-Schilder eingesetzt, die angestrahlt werden, ist bei gleicher Erkennungsweite die doppelte Größe wie eine Piktogramm-Leuchte anzubringen (siehe Abschnitt 3.2).
- Bei Rettungswegen mit einer Breite von bis zu 2 m muss die Beleuchtungsstärke auf dem Boden entlang der Mittellinie über die Breite von 1 m mind. 1 lx betragen. Der Seitenbereich links und rechts von der Achse mit den jeweils verbleibenden 0,5 m muss mit 0,5 lx beleuchtet sein.
- Die Ausleuchtung breiterer Rettungswege kann mit mehreren 2-m-Streifen betrachtet werden. Hier kann eine Antipanikbeleuchtung mit 0,5 lx installiert werden, die über die gesamte Fläche zu halten ist (vgl. DIN EN 1838).

*Kommentar zur folgenden Systemzeichnung:* In der Zeichnung soll die Umsetzung der 2-m-Streifen nochmal bildlich dargestellt werden. Wie bei den 2 m breiten Rettungswegen gilt auch für breitere Flure die 1 lx Beleuchtungsstärke entlang der Mittellinie.

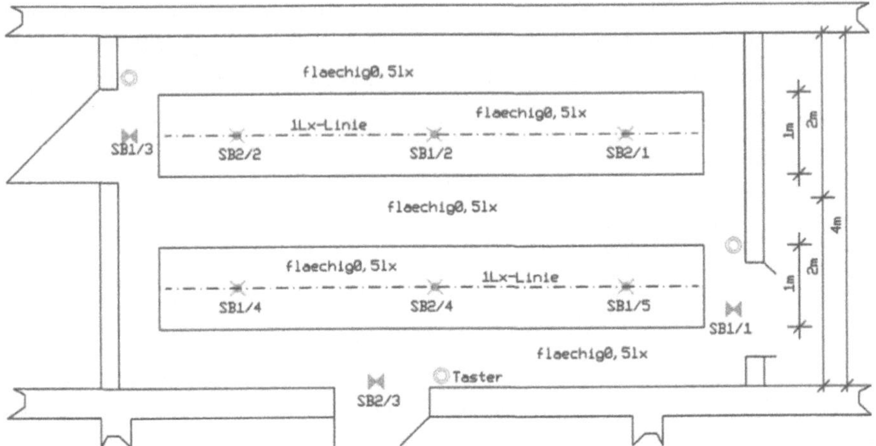


**Bild 3.4:** Systemzeichnung – Platzierung der Sicherheitsbeleuchtung nach Herstellerangaben

- Wird die adaptive Fluchtwegbeleuchtung gefordert, ist jedes Hinweisschild nach BSK festzulegen, das für die Entfluchtung der Personen aus dem Gebäude benötigt wird (siehe ausführliche Abhandlung in Kapitel 7).

  *Erklärung:* Bei der adaptiven Fluchtweglenkung ist das aus verschiedenen Bauteilen bestehende System entscheidend. Die technische Umsetzung dazu bietet sich mit der BMA an. Die Entfluchtung wird durch die Rot/Grün-Schaltung gelenkt. Ist ein Fluchtweg verraucht, werden die Hinweisleuchten mit dem automatischen Melder über den Koppler auf Rot geschaltet. Somit wird der Fluchtweg im Gefahrenfall als nicht nutzbar gekennzeichnet.

- Die Größe der Piktogramme ist aus den gegebenen Abständen nach Vorgabe der VDE festzulegen. Grundsätzlich sind die Größen für bestimmte Abstände genau festgelegt und genormt. Die Bestimmung ist nach der Formel: $l = z \cdot h$ zu berechnen. Darin bedeutet:

  $l$ Erkennungsweite (Entfernung senkrecht zum Zeichen, aus der eine sichere Erkennung des Zeicheninhalts möglich ist)
  $z$ Distanzfaktor: 200 bei hinterleuchteten Zeichen und 100 bei angestrahlten Zeichen
  $h$ Höhe des Rettungszeichens

  *Beispiel:* Bei einer Entfernung von 24 m wird die Höhe $h$ des hinterleuchteten Rettungszeichens wie folgt ermittelt: $h = l / z$ = 24.000 mm / 200 = 120 mm bzw. 12 cm.

  *Hinweis:* Die Höhe des hinterleuchteten Rettungszeichens bei einer Entfernung von 24 m muss mindestens 12 cm betragen. (Es gibt aber auch Größenvorgaben in den BSN, die dann umgesetzt werden müssen.) Die Abstände von zwei Rettungszeichen sind die 2-fache Strecke der angegebenen Entfernungsweite, für die die Leuchten ausgelegt sind. So ist ein max. Abstand von einer Leuchte mit Entfernungsweite 24 m zur zweiten Leuchte bei Blickkontakt 48 m zueinander (vgl. DIN EN 1838).

- Die Kennzeichnung der Rettungswege ist mit Pfeilen in die verschiedenen Richtungen als Hinweis für das gefahrlose Verlassen des Gebäudes genau normiert. Nach der Norm DIN Spec 4844-4 wird dabei ein Piktogramm mit Pfeilrichtung oben empfohlen. Da diese genannte DIN keine gültige Norm ist, besteht weder bei neuen Projekten noch im Bestand eine Anwendungs- oder Nachrüstpflicht. Der wesentliche Grund dazu ist, dass bei Pfeil nach oben die Gefahr besteht, dass Flüchtende hinter der Tür in einem Treppenhaus nach oben flüchten, obwohl der sichere Fluchtweg nach unten führt. Es gibt weitere Gründe, die gegen eine solche Kennzeichnung sprechen. Daher gibt es auch eine Ablehnung aus dem ZVEI-Fachausschuss und DIN-Normungsausschuss (vgl. INOTEC Handbuch 2019/20, S. 55).

- Der Ausfall einer Leuchte der Sicherheitsbeleuchtung darf einen Flucht- und Rettungsweg nicht total verdunkeln oder dessen Kennzeichnung unwirksam machen. Daher sind in diesen Bereichen mindestens zwei Leuchten der Sicherheitsbeleuchtung zu installieren (vgl. VDE V 0108-100-1:2018-12).

  *Hinweis:* Eine Sicherheitsleuchte muss zusätzlich zur Allgemeinbeleuchtung vorhanden sein. Es ist daher nicht erlaubt, in einem Raum wie z. B. einer Schleuse als Verbindung zu einem notwendigen Flur/Treppenraum nur eine Leuchte mit Umschaltweiche zu installieren, in der eine Lampe vorhanden ist. Hier muss zusätzlich eine Sicherheitsleuchte eingeplant werden, die vorzugsweise innerhalb der Betriebszeiten als Dauerleuchte funktioniert.

- Lampen der Sicherheitsbeleuchtung dürfen gemeinsam mit Lampen der allgemeinen Beleuchtung in derselben Leuchte untergebracht werden (vgl. VDE 0108-1:1989-10, S. 16). Es handelt sich dabei um eine kombinierte Sicherheitsleuchte. Die Leuchte kann in der Funktion von Dauer- oder Bereitschaftsschaltung betrieben werden. Es muss sich dabei aber um eine geprüfte Systemleuchte gemäß DIN EN 60598-2-22 handeln.

  *Hinweis:* Mit der Entscheidung kombinierte Sicherheitsleuchten einzusetzen, muss berücksichtigt werden, dass die notwendige Umschaltweiche für AV-/SV-Betrieb mit dem Elektronikbaustein der Einzelleuchtenerkennung im Mischbetrieb der Endstromkreise im Leuchtenkörper Platz findet. Der Einbau muss durch den Leuchtenhersteller erfolgen und darf nicht vom Installateur vor Ort erfolgen. Eine weitere zulässige Möglichkeit ist, den Überwachungsbaustein abgesetzt in einer Klemmdose zu platzieren. Bei abgesetzten Bausteinen kommt es oft zu Problemen beim geplanten Einbau in Zwischendecken mit geringer Hohlraumhöhe. Hier sind im Zuge der Planerbesprechungen die notwendigen Höhen zu fordern, damit der Einbau fachgerecht ausgeführt werden kann. Zu empfehlen ist eine Verwendung von Leuchten aus Kooperationen, was einer Systemleuchte gleichkommt.

- Bei kombinierten Sicherheitsleuchten für den Deckeneinbau ist die Einbautiefe anzugeben. Es ist im Zuge der Planung sicherzustellen, dass es zu keinen Kollisionen mit der TGA kommt. Im Verwaltungsbau wird man bei ersten Angaben, ohne genauere Festlegung eines Leuchtentyps, mit 12 cm Einbautiefe auskommen.
- Die installierte Anlage muss durch Zeichnungen mit Eintragung und Angabe der genauen Standorte dokumentiert sein. Inhaltlich müssen daraus alle elektrischen Betriebsmittel und Verteiler, auch die Dreiphasenüberwachungen in den AV-Verteilern ersichtlich sein. Zudem sind auch alle Sicherheitseinrichtungen mit Bezeichnung der Endstromkreise und der Schalt- und Überwachungseinrichtungen darzustellen. Die Übersicht aller Leuchten und deren Leistung ist im Raum bei der Zentrale in laminierter Form als Schema gut sichtbar anzubringen.

## 3.1 Abstände der Leuchten in verschiedenen Höhen

Je nach Größe des Objekts und der Höhe des Raums ergeben sich für die verschiedenen Leuchtentypen unterschiedlicher Leistungen für bestimmte Abstände, die es einzuhalten gilt, um die geforderte Beleuchtungsstärke von 1 lx bei Ausfall der Allgemeinbeleuchtung zu erreichen. In der nachfolgenden Tabelle sind diese Vorgaben für eine freistrahlende 2x3 W LED zusammengestellt.

**Tabelle 3.2:** Platzierung der Leuchten an der Decke

| **Raumhöhe m** | **Abstand Leuchte/Wand** | | **Abstand Leuchte/Leuchte** | |
|---|---|---|---|---|
| h | $Y_a$ | $X_a$ | $Y_b$ | $X_b$ |
| 2,5 | 4,2 | 4,2 | 9,1 | 9,1 |
| 3 | 4,6 | 4,6 | 10,5 | 10,5 |
| 4 | 5,2 | 5,2 | 12,7 | 12,7 |
| 5 | 5,2 | 5,2 | 14,0 | 14,0 |

(*Quelle:* RZB Leuchtenkatalog)

*Kommentar zur Tabelle:* Die Zahlenwerte in der Tabelle werden von den Herstellern angegeben. Diese sind in den Datenblättern für die einzelnen Typen der Sicherheitsleuchten enthalten. Die gemachten Abstände in X-Y-Richtung sind Maximalwerte, die einzuhalten sind. In Verkaufsräumen sind die Regalhöhen der Einrichtung zu berücksichtigen. Gegebenenfalls sind hier einzelne Flächen wie Regalflure als Raumflächen zu definieren und mit zusätzlichen Leuchten zu bestücken. Aus der Tabelle ist aber auch ersichtlich, dass für einen Raum mit 2,5 m Höhe und der raummittigen Anordnung im vierseitigen Abstand zur Wand von 4,2 m eine Leuchte der Sicherheitsbeleuchtung genügt, um den geforderten Wert von 1 lx zu erreichen. Bei dem genannten Hersteller gibt es für die Abstände keinen Unterschied zwischen Einzelbatterieleuchten und Zentralbatterieleuchten.

*Mitteilung:* In Verkaufsräumen mit einer Regalhöhe von bis zu 2 m und einer Raumhöhe ≥ 3 m können diese unberücksichtigt bleiben.

- Eine wesentliche Rolle für die Bestimmung der Leuchtenzahl spielt die Raumgeometrie. Diese ist maßgebend für die Wahl der Sicherheitsleuchte. Es macht einen Unterschied bei der Wahl der eingesetzten Leuchte, ob ein Flur zu beleuchten ist oder ein flächiger Raum.

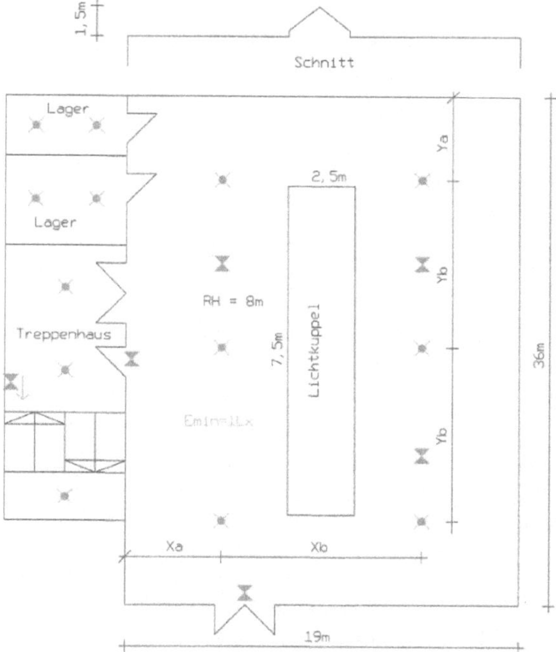


**Bild 3.5:** Systemzeichnung – Platzierung der Sicherheitsbeleuchtung nach Herstellerangaben

*Kommentar zur Systemzeichnung:* In der Abbildung ist als Beispiel für die große Fläche eine symmetrische Anordnung der Sicherheitsleuchten gezeichnet. Mit Berücksichtigung der Raumhöhe wird man danach die Leuchte wählen, deren Linsentechnik in LED-Ausführung den geforderten Wert nach der Norm erreichen wird. Leuchten in LED-Technik mit Leistungen von ca. 10…12 W können mit einem relativ großen Abstand zueinander und Höhen bis 12 m 1 lx Beleuchtungsstärke erreichen.

- Die im Bild 3.5 mitenthaltenen Hinweisleuchten sind unter Vorgabe der Fluchtwegkennzeichnung im BSN zu platzieren. Der Lichtanteil von Hinweisleuchten bleibt bei der Berechnung der Beleuchtungsstärke von 1 lx unberücksichtigt.

## 3.2 Bestimmung der Rettungszeichen für die Fluchtwegkennzeichnung

Die im BSN dargestellten Flucht- und Rettungswege sind mit einer Sicherheitsbeleuchtung auszurüsten, bei der der kürzeste Weg aus dem Gebäude mit Hinweisschildern in grün/weißer Farbe gekennzeichnet wird. Mitunter werden dazu auch nachleuchtende Schilder verwendet.

*Hinweis:* Der Einsatz von Piktogramm-Schildern findet oft Einsatz für die Kennzeichnung des 2. Rettungswegs. Die Besonderheit dazu ist, dass dieser Weg auch durch/aus einzelnen Räumen über das Fenster direkt ins Freie oder auch auf anleiterbare Dachanlagen erfolgt. Mit dem Prüfsachverständigen ist im Vorfeld zu klären, in welchem Umfang die Sicherheitsbeleuchtung durch die Kennzeichnung mit selbstnachleuchtenden Schildern hergestellt werden darf.

Dabei gibt es Vor- und Nachteile, die bei der Planung und Festlegung der Hinweisschilder zu beachten sind:

- Die Leuchtdichte von Rettungszeichenleuchten liegt bei 500 cd/m² für die weiße Kontrastfarbe in Dauerschaltung, wo hingegen das nachleuchtende Schild 150 cd/m² aufweist. Ein wesentlicher Nachteil der selbstnachleuchtenden Schilder ist zudem, dass diese nach 10 min so schwach sind, dass die Erkennungsweite nur noch ca. 5 m beträgt. *Erklärung:* Die Leuchtdichte ist die Lichtstärke als Basisgröße mit der Basiseinheit in Candela (cd). Damit wird der Lichtstrom bezogen auf den Raumwinkel angegeben.
- Rettungszeichenleuchten sind aufgrund ihrer Farbe leicht und eindeutig erkennbar. Bei Schildern mit lang nachleuchtenden Piktogrammen ist Grün als Sicherheitsfarbe nicht erkennbar und die Kontrastfarbe Weiß erscheint gelblich, wenn der Netzausfall eintritt.

- Die Erkennungsweite ist für Rettungszeichenleuchten mit einer Höhe von 20 cm bis 40 m Entfernung noch gut. Die selbstnachleuchtenden Piktogramme sind nur bis zur Hälfte der Entfernung erkennbar. Für die gleiche Entfernungsweite ist demnach die doppelte Größe einzusetzen.
- Um die Wirksamkeit der selbstnachleuchtenden Schilder zu gewährleisten muss das nachleuchtende Material ständig und ausreichend beleuchtet werden. Dabei gilt es zu bedenken, dass Lampen mit überwiegendem Rotanteil, wie Glühlampen und Natrium-Hochdrucklampen, dazu ungeeignet sind.

  *Hinweis:* Durch den Einsatz von LED-Leuchtmitteln wird sich dieses Problem nicht mehr ergeben, da bei Neuanlagen diese Leuchtmittel mit Rotanteil nicht mehr zum Einsatz kommen.

# 4 Sicherheitsbeleuchtung mit Zentralbatterieanlage (CPS)

Für die Unterbringung und den Betrieb einer Zentralbatterieanlage (CPS – Central Power System) muss ein Raum geplant werden. Die Anforderungen an den Raum sind in der EltBauV und in den Bauordnungen der einzelnen Länder genau vorgegeben. Ein Vergleich der beiden Texte und auch mit dem Abdruck in der MLAR:2018-10 ist empfehlenswert. Stellt man Differenzen fest, sollte die hochwertigere Forderung umgesetzt werden.

*Beispiel:* In der BayBO ist im Text für die Errichtung des Raums zum Einbau einer Zentralbatterieanlage die Türschwelle genannt. Im abgebildeten Text der MLAR:2018-10 ist die Türschwelle nicht mehr mit aufgeführt. Wird die mindere Ausführung umgesetzt, ist dafür eine Abweichung bei der zuständigen Genehmigungsbehörde zu beantragen.

Die jeweilige Größe mit dem exakten Raumbedarf ist objektspezifisch zu planen und abzustimmen. Für die jeweilige Raumanforderung gibt es Regeln und Vorgaben, die zum Zweck der Funktionalität immer zu berücksichtigen sind. Die Dimensionierung und Platzierung des Sicherheitsbeleuchtungsraums ist ein wesentlicher Bestandteil der Grundrissplanung und daher für die Entwicklung der Werkplanung von Anfang an in die Überlegungen mit einzubeziehen.

*Hinweis:* In der Planungsphase werden Grundlagen für einen zuverlässigen Betrieb der Anlagen und deren Instandhaltung geschaffen. Hier entstandene Fehler lassen sich später nur sehr schwer korrigieren. Ein wesentlicher Aspekt ist daher, auch die Einplanung von Reserveflächen mit dem Eigentümer zu besprechen.

Ein Raum zur Unterbringung einer Batterie sollte nach folgenden Kriterien ausgewählt werden:

- Schutz vor äußeren Gefahren, z. B. Feuer, Wasser, Erschütterung, Vibration, Ungeziefer;
- Schutz vor den Gefahren, die von der Batterie hervorgerufen werden, z. B. hohe Spannung, Explosionsgefahr, Gefahr durch Elektrolyt, Korrosion;
- Schutz vor Zutritt von unbefugten Personen;
- Schutz vor extremen Umwelteinflüssen, z. B. Temperatur, Luftfeuchte, Luftverschmutzung.

*Hinweis:* Aufgrund der Weiterentwicklung vorhandener Systeme sowie der technischen Normen besteht die Möglichkeit, dass die Anforderungen an Batterieanlagen sich zukünftig in den maßgeblichen bauordnungsrechtlichen Vorschriften hinsichtlich der zu erfüllenden Schutzziele ändern. In begründeten Einzelfällen können daher auch von den Vorschriften der EltBauV abweichende technische Lösungen gleichermaßen den Schutzzielanforderungen des geltenden Rechts genügen (vgl. MLAR:2018-10, S. 127).

- Die Platzierung des Raums kann frei im Gebäude sein an zentraler Stelle mit kurzen Leitungswegen in die jeweiligen Brandabschnitte und unter Einhaltung der Rettungsweglänge. Kritisch zu betrachten sind Zu- und Abluftführung ins Freie. Hierzu ist eine Abstimmung mit dem Versorgungstechniker im Hinblick auf die gewählte Raumentscheidung vorzunehmen. Eine Platzierung unmittelbar angrenzend an ein Treppenhaus ist nicht erlaubt. Hier muss eine Schleuse bzw. ein Vorraum geschaffen werden (vgl. EltBauV). Vor dem Schalt- und Steuerschrank sowie dem Batterieschrank ist ein Bewegungsfreiraum von 1,2 m zu planen. Generell muss aber ein unverstellter Fluchtweg von mindestens 600 mm Breite vorhanden sein.
- Das Gewicht der Anlage und das größte zu transportierende Bauteil zum Aufstellort ist ebenfalls zu berücksichtigen (siehe Abschnitt 4.9.5).
- Bei Gebäuden ohne Brandschutzanforderungen ist der Funktionserhalt mindestens in E30 auszubilden (MLAR:2018-10, S. 346). *Erklärung:* Ist in Gebäuden ohne Brandschutzanforderungen z. B. eine Sicherheitsbeleuchtung gefordert und wird diese aus wirtschaftlichen Gründen mit einer Zentralbatterieanlage errichtet, so sind die Vorgaben für die Installation E30 umzusetzen. Generell ist hier eine Abstimmung zwischen Prüfsachverständigen und Fachplaner rechtzeitig vorzunehmen.
- Für Anlagen, die zum Wandanbau geeignet sind, müssen zur Befestigung die Wände entsprechend vorbereitet sein. Seitens der Fachplanung ist das Gewicht mitzuteilen und anzugeben, in welcher Form man Wandverstärkungen, z. B. in den Leichtbauwänden, zu berücksichtigen hat. Gegebenenfalls sind Aufständerungen zu planen, die das Gewicht auf den Boden ableiten und dadurch die Wandbefestigung entlasten.
- Der Raum muss so groß sein, dass die elektrische Anlage ordnungsgemäß errichtet und betrieben werden kann (siehe hierzu Empfehlung nach Abschn. 9.2).
- Um die Funktion der sicherheitsgerichteten Verteiler elektrotechnisch zu gewährleisten, sind die maximal zulässigen Betriebstemperaturen der eingebauten Schalteinrichtungen auch im Brandfall einzuhalten. Zur Absicherung des Fachplaners sollte er die Produktdatenblätter der elektronischen Einbauten beachten.

- Das Raumvolumen sollte zur Reduzierung der mittleren Rauminnentemperatur ein Mindestvolumen von 15 m³ haben (vgl. MLAR:2018-10, S. 86). Bei dieser Empfehlung sind das Raumgrößen von B x T x H = 2 m x 3 m x 2,5 m oder bei den Abmessungen nach Bild 4.1 eine Raumhöhe von ca. 4,2 m. In Abstimmung mit dem Anlagenlieferanten, dem Architekten und dem Prüfsachverständigen wird man auch mit einem kleineren Raumvolumen das angestrebte Schutzziel erreichen. Gegebenenfalls ist der Raum dann in massiver Bauweise zu erstellen.

*Mitteilung:* Es gibt derzeit keine gesicherten Erkenntnisse, dass das erst im Brandfall aus Brandschutzplatten austretende gebundene Wasser innerhalb der Dauer des geforderten Funktionserhalts zu einem Kurzschluss führt und dadurch mit einem Ausfall in dieser Zeit zu rechnen ist. Auch die Erhöhung der Luftfeuchtigkeit führt nicht zu einer Belastung, die eine Spritzwasserbeständigkeit der elektrisch eingebauten Bauteile erfordert (vgl. MLAR:2018-10, S. 288).

- Werden Batterie- und Schaltschrank in getrennten Räumen eingebaut muss der Batterieraum nach der EltBauV hergestellt und der Verteilerraum nach MLAR mit Funktionserhalt E30 gebaut werden (vgl. MLAR:2018-10, S. 303). Ein besonderes Augenmerk ist dann auf die Kabelverbindung zwischen diesen beiden Anlagen zu legen. Diese muss kurzschlussfest eingebaut werden.

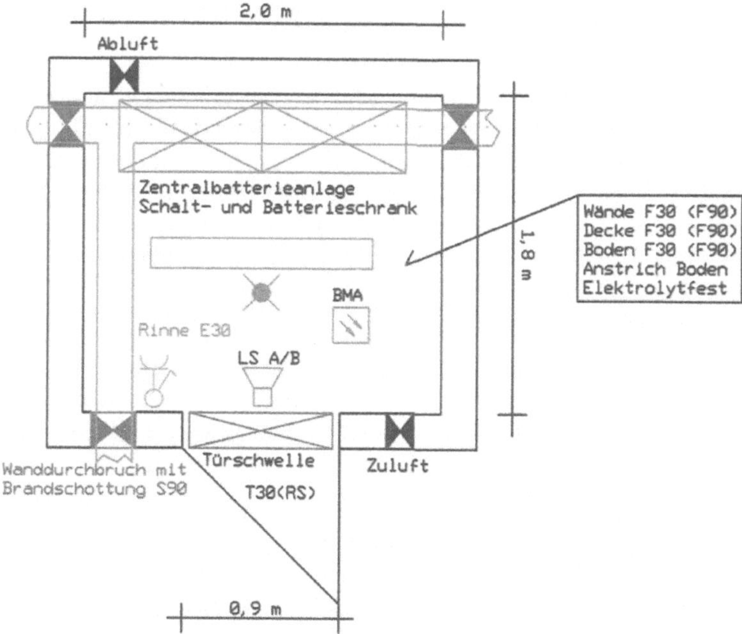


**Bild 4.1:** Systemzeichnung – Raum für Sicherheitsbeleuchtung mit Zentralbatterieanlage (DXF 010)

*Kommentar zur Systemzeichnung:* Die Abbildung stellt eine empfohlene Mindestanforderung an die Raumgröße dar und ist durch den Architekten bei der Grundrissplanung entsprechend vorzusehen. Die Nichtberücksichtigung des Raums kann einen unwirtschaftlichen Systemwechsel mit Einzelbatterien zur Folge haben. Bei einer großen Anzahl von Leuchten kann das zu hohen Folgekosten im Unterhalt führen, da Einzelbatterien einen Batteriewechsel alle 3-5 Jahre mit sich bringen. In der MLAR ist dafür eine Zeitspanne von 4 Jahren genannt.

- Es gibt Hersteller, die neben einer Batteriespannung von 216 V als Grundvariante auch Batteriespannungen mit 24 V, 42 V, 48 V, 60 V und 110 V für Zentralbatterieanlagen anbieten. Auch beim Einsatz dieser Spannungen ist der Raum für die Unterbringung der Zentralbatterieanlage zu planen. Die EltBauV fordert für Zentralbatterieanlagen einen eigenen Raum für die Unterbringung, unabhängig von der Batteriespannung. Sollte es hierzu eine andere Meinung geben, ist die Empfehlung, das mit dem abnehmenden Prüfsachverständigen zu klären.
- Wenn Raum-in-Raum-Lösungen, z. B. im Industriebau, erforderlich werden, ist darauf zu achten, dass auch hier die Decken als tragende und raumabschließende Bauteile ausreichend lang standsicher sind. Bei Raum-in-Raum-Lösungen sind Massivbauarten insbesondere für Decken zu bevorzugen.

Vom Architekten sind für die Planung des Raums folgende Forderungen aus den Bauvorschriften zu beachten (vgl. EltBauV, §§ 4, 5, 7):

- Der Raum für die Zentralbatterie muss von Räumen mit erhöhter Brandgefahr feuerbeständig, von anderen Räumen mindestens feuerhemmend getrennt sein. Dies gilt auch für Batterieschränke. Die Montage der Verteiler sollte möglichst auf einer Wand zu einem brandlastarmen Raum, z. B. notwendigen Flur, WC-Raum usw., erfolgen, um die Gefahr einer direkten Erwärmung der Wand hinter dem Verteiler zu reduzieren. Die Aufstellung von Batterieschränken muss mindestens 5 cm Abstand zur Wand haben, um einen Funktionserhalt E30 bei einem Brand im angrenzenden Raum zu haben.
- Der Raum muss frostfrei sein und/oder beheizt werden können. Bei Normalbetrieb darf die Temperatur im Raum max. 20 °C betragen (vgl. VDE 0100-560:2013-10, S. 13). Frostfreihaltung muss in jedem Fall gewährleistet sein. Gegebenenfalls ist ein Frostwächter zu installieren.

  *Hinweis:* Fenster bei außenliegenden Räumen sind möglich, eignen sich aber nicht als geforderte Belüftungseinrichtung. Im Sommer könnten die Temperaturen zu hoch werden und im Winter ist Frostfreiheit nicht gegeben. Generell gilt, dass Temperaturen im Bereich von $> 5$ °C bis $\leq 20$ °C keinen Einfluss für die

Lebenszeit der Batterie haben. In diesem Temperaturbereich verringert sich geringfügig die Batteriekapazität, was mit einem Aufschlag von 20 % zur ermittelten Leistung in der Planung zu kompensieren ist. Eine Verringerung der Lebenszeit von Batterien ist jedoch gegeben, wenn Temperaturen > 20 °C im Raum vorherrschen.

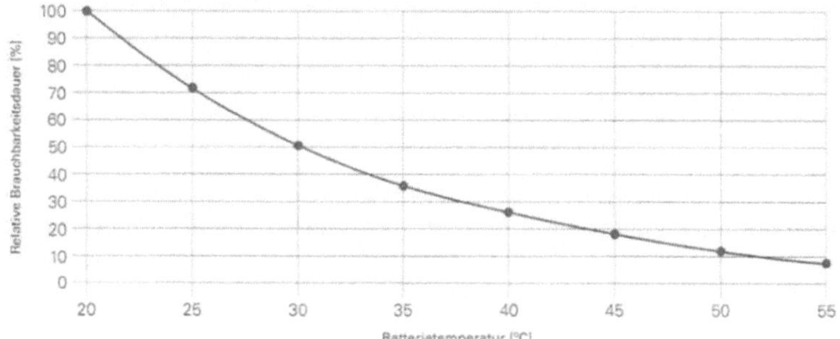


**Bild 4.2:** Die Lebensdauer von Batterieanlagen in Abhängigkeit von der Temperatur

*Kommentar zur Abbildung:* Die ideale Umgebungstemperatur für Batterieanlagen beträgt 20 °C. Diese Temperatur muss gegebenenfalls durch eine Klimatisierung erreicht werden. Da Klimaanlagen hohe Kosten bei der Installation und ständige Kosten im laufenden Betrieb verursachen, ist die Notwendigkeit exakt abzuwägen und nur zu fordern, wenn mit einer ständigen Überschreitung der zulässigen Temperatur zu rechnen ist.

- Öffnungen zur Durchführung von Kabeln sind mit nicht brennbaren Baustoffen zu schließen.

  *Hinweis:* Bei der Schlitzplanung sind Wand- und Deckendurchbrüche so zu dimensionieren, dass die Belegung mit Kabel- und Leitungen einen Anteil von 60 % nicht übersteigt. Erfolgt der Bau des Raums mit Trockenbau, müssen alle Wanddurchbrüche mit einer umlaufenden Leibung ausgebildet werden.

- Im Raum sollen Leitungen und Einrichtungen, die nicht zum Betrieb der elektrischen Anlagen erforderlich sind, nicht vorhanden sein (siehe Abschnitt 9.1).
- Der Rettungsweg innerhalb des elektrischen Betriebsraums bis zu einem Ausgang darf nicht länger als 40 m sein.
- Die Tür muss nach außen aufschlagen, in feuerbeständigen Trennwänden mindestens feuerhemmend und selbstschließend sein und in allen anderen Fällen aus nicht brennbaren Baustoffen bestehen. (Nach MLAR ist zu beachten, dass die Raumtür dem Funktionserhalt der eingebauten Anlage entsprechen muss).

- Wenn der Zugang nur befugten Personen gestattet ist, muss eine verschließbare Anti-Panik-Tür verwendet werden. Hierunter versteht man: nach außen zu öffnen und nur von außen abschließbar.
- Außen an der Tür zum Batterieraum ist ein Schild anzubringen, das auf ein Verbot von Feuer und Rauch im Raum hinweist.
- Der Fußboden sowie der Sockel für Batterien, muss gegen die Einwirkungen von Elektrolyten widerstandsfähig sein. An der Tür muss eine Schwelle vorhanden sein, die auslaufende Elektrolyte zurückhält. Der Anstrich an der Wand muss mindestens mit einer Aufkantung von 3 cm hergestellt werden. Es darf kein Gully im Boden des Raums eingebaut sein.

  *Hinweis:* Es gibt Hersteller, die darauf verweisen, dass auf die Schwelle verzichtet werden kann, da die Batterien in Schränken mit einer Wanne geliefert werden und somit auslaufende Elektrolyte aufgefangen wird. Hierzu gilt es festzuhalten, dass die Prüfsachverständigen auf die Schwelle nicht verzichten, mit der Begründung, dass diese im Baurecht gefordert ist.
- Der Fußboden des Batterieraums muss an allen Stellen für elektrostatische Ladungen einheitlich und ausreichend ableitfähig sein. Der gemessene Ableitwiderstand zu einem geerdeten Punkt muss 10 MΩ sein. Die Maßnahmen mit detaillierten Anforderungen dazu sind in der Richtlinie BGR 132 und im Arbeitsblatt J 31-1 der Arbeitsgemeinschaft Industriebau 2003-02, Pkt. 5.2 enthalten.

  *Hinweis:* Von den Herstellern der Batterieanlagen werden seit neuestem auch Gummimatten angeboten, die als Ersatz zu den vorschriftsmäßigen Bodenbeschichtungen eingebaut werden können. In der Regel sind diese kostengünstiger und erfüllen den in den Vorschriften geforderten Widerstandswert. Für den Anschluss der Gummimatte muss ein Erdungsanschluss im Raum eingeplant werden.
- Blei- und NiCd-Batterien sollten nicht im gleichen Raum untergebracht werden. Falls dies unvermeidbar ist, muss sichergestellt sein, dass es nicht zur Verwechslung von spezifischen Werkzeugen oder Elektrolyten kommt.
- Im Raum sind die Anlagen nach Bild 4.1 zu installieren, wobei die Forderungen im BSK maßgebend sind.
- Neben der Mindestraumgröße ist die Zu- und Abluftöffnung ein weiteres Detail, das dem Architekten anzugeben ist. Für die verschiedenen Kapazitäten nach Ausführung mit Nickel-Cadmium- bzw. Bleibatterie sind die Öffnungen aus nachfolgender Tabelle anzuwenden.

**Tabelle 4.1:** Zu- und Abluftöffnungen für Blei- bzw. NiCd-Batterien

| Kapazität | Bleibatterie 108 Zellen, 216 V | | | Nickel-Cadmium Batterie 180 Zellen, 216 V | | |
|---|---|---|---|---|---|---|
| Ah | $A$ = cm² | $Q$=m³/h | ϕ = cm | $A$ = cm² | $Q$=m³/h | ϕ = cm |
| 5,5 | 16,6 | 0,6 | 4,6 | 55,5 | 2,0 | 8,4 |
| 20 | 60,5 | 2,2 | 8,8 | 201,6 | 7,2 | 16,2 |
| 50 | 151,2 | 5,4 | 13,9 | 504 | 18,0 | 25,3 |
| 100 | 302,4 | 10,8 | 19,6 | 1008 | 36,0 | 38,8 |
| 200 | 604,8 | 21,6 | 27,8 | 2016 | 72,0 | 50,7 |

*Kommentar zur Tabelle:* Die Querschnittsgrößen in der Tabelle ergeben sich aus den Berechnungsvorgaben aus dem Fachbuch *VDE 0100 und die Praxis* (vgl. Kiefer 2017, S. 654). Für Zwischengrößen der Kapazitäten sind die Öffnungen entsprechend umzurechnen. Die ermittelten Öffnungen nach Kiefer liegen über denen der Angabe eines Herstellers für die verschiedenen Batterietypen, aber auch über der Angabe der AMEV als Vorgabe für öffentliche Gebäude (vgl. AMEV 2020, S. 59). Für die Anwendung nach Tabelle 4.1 bedeutet das eine Auslegung auf der sicheren Seite. Ist für die Auslegung der Belüftung der Luftvolumenstrom $Q$ in m³/h anzugeben, so ist der berechnete Querschnittswert $A$ aus Tabelle 4.1 mit dem Faktor 28 zu dividieren ($Q = A / 28$).

- Die Zuluft für den Raum muss unmittelbar oder über besondere Lüftungsleitungen dem Freien entnommen, die Abluft unmittelbar oder über besondere Lüftungsleitungen ins Freie geführt werden. Lüftungsleitungen, die durch andere Räume führen, sind so herzustellen, dass Feuer und Rauch nicht in andere Räume übertragen werden können. Öffnungen von Lüftungsleitungen zum Freien müssen Schutzgitter haben (Forderung aus § 5 in Verbindung mit § 7, Abs. 4).
- Als Alternative mit Abweichungsantrag ist die Belüftung über die RLT-Anlage der Zuluftanlage möglich. Brandschutz- und Rückschlagklappen sind erforderlich (vgl. MLAR:2018-10, S. 346). Unberührt davon bleibt die Abluft, die direkt ins Freie geführt werden muss.

*Hinweis:* Die Größe des Luftvolumenstroms ist vorzugsweise durch natürliche Lüftung sicherzustellen. Batterieräume erfordern eine Zu- und Abluftöffnung mit einem Mindestquerschnitt $A$. Zu- und Abluft müssen an einer gut geeigneten Stelle angebracht sein, um die günstigsten Bedingungen für einen Luftaustausch zu erzielen, d. h. Öffnungen an gegenüberliegenden Wänden oder ein Trennabstand von mindestens 2 m, wenn sich die Öffnungen in derselben Wand befinden. Zudem soll die Zuluft möglichst sauber sein und in Bodennähe eintreten. Die Luft soll über die Zellen streichen. Die Batterien sind deshalb so aufzustellen, dass das beim Laden und Entladen entstehende Gasgemisch durch Belüftung (natürlich oder künstlich) so verdünnt wird, dass es seine Explosionsfähigkeit verliert.

- Ist eine natürliche Lüftung nicht möglich, müssen Ventilatoren eingesetzt werden. Die Ansteuerung muss von der Batterieanlage erfolgen. Ventilator und auch Schalt- und Steckgeräte dürfen nicht im Nahbereich von 0,5 m zu den Batterien platziert werden. Kann der Abstand nicht eingehalten werden, sind diese Bauteile in Ex-Ausführung zu installieren (vgl. MLAR:2018-10, S. 342).
- Lüftungsanlagen müssen gegen die Einwirkung von Elektrolyten widerstandsfähig sein.

  *Hinweis:* Unter Elektrolyten versteht man Säure und Laugen, die je nach Typ in den Zellen der Batterie enthalten sein können.
- Durch die Lüftung eines Batterieraums oder Batterieschranks soll die Wasserstoffkonzentration unterhalb der Schwelle von 4 % vol Wasserstoffanteil (untere Explosionsschwelle) gehalten werden.
- Bei einem Batterie- bzw. Zentralenwechsel ist auch die Zu- und Ablufteinrichtung anzupassen, insbesondere dann, wenn eine Blei- durch eine NiCd-Batterie getauscht wird.
- Batterien und ihre Betriebsbedingungen müssen regelmäßig in Übereinstimmung mit den Anforderungen des Herstellers auf einwandfreie Funktion und Sicherheit geprüft werden. Dazu gehört die Spannungsmessung jedes einzelnen Blocks über die gesamte, erforderliche Nennbetriebsdauer der Sicherheitsbeleuchtung (vgl. DIN EN IEC 62485-2).

Merkmale von verschiedenen Batterietypen als Entscheidungshilfe zur richtigen Wahl sind nachfolgend aufgeführt:

- Verschlossene Batterie Typ Primus: Geeignet für den Einsatz sowohl für kurze als auch für lange Entladezeiten. Empfohlen dort, wo geringer Platzbedarf besonders wichtig ist.
- Geschlossene Batterie Typ OGI: Geeignet für Kurzzeitentladung bis zu 3 Stunden. Ideal für den teilzyklischen Einsatz, auch geeignet für Starterbatterien.
- Geschlossene Batterie Typ OpzS: Geeignet für Langzeitentladungen von 1 h bis weit über 10 h.
- Geschlossene NiCd-Batterie: Geeignet für den Einsatz von hoher Verfügbarkeit. Kein plötzlicher Totalausfall und unempfindlich gegen kurzfristige Temperaturschwankungen von –50 °C bis +60 °C.

*Erklärung:* Bei der verschlossenen Bauart ist ein Elektrolytausgleich nicht möglich und auch nicht notwendig. Bei der geschlossenen Bauart ist es möglich, diese einfach zu öffnen, um den fehlenden Elektrolyten mit destilliertem Wasser auszugleichen bzw. die Dichte und Temperatur der Elektrolyten messen zu können. Der Elektrolytausgleich ist bei modernen wartungsarmen Batterietypen in Erhaltungsladung nur etwa alle 3 Jahre erforderlich.

*Hinweis:* Unter sicherheitstechnischen Aspekten sollte immer einer NiCd-Batterie oder zumindest einer geschlossenen Bleibatterie der Vorzug gegeben werden. Aus Kosten- und Platzgründen sind auch verschlossene Bleibatterien erwägenswert. Weitere Batterietypen, die jedoch in sicherheitstechnischen Anlagen nicht zur Anwendung kommen, sind Lithium-Ionen-Akkus. Untersuchungen dazu haben ergeben, dass abhängig vom Ladezustand Brandgefahren entstehen können. Derzeit werden derartige Akkus in sicherheitstechnischen Anlagen daher nicht eingesetzt (vgl. MLAR:2018-10, S. 338).

Für die Dimensionierung der Kabel- und Leitungsanlage ist für die Betrachtung der Kurzschlussströme, im Zusammenhang mit der Leitungslänge der Innenwiderstand des Batterieblocks, der als $Z_V$ in der Formel für die max. Leitungslänge einzusetzen ist, beim Hersteller bzw. im Zuge der Ausschreibung abzufragen.

Nach Rückfrage bei einem Hersteller (Änderungen vorbehalten) ergeben sich für Zentralbatterieanlagen mit den nachfolgenden Leistungen die jeweiligen Innenwiderstände $R_i$:

**Tabelle 4.2:** Innenwiderstand verschiedener Batteriegrößen (216 V)

| Batterie | Ausführung | Leistung | $R_i$ / Zelle | Anzahl Zellen | $R_i$ gesamt |
|---|---|---|---|---|---|
| Blei | verschlossen | 4,1 kW | 0,83 mΩ | 108 St. | 0,0806 Ω |
| Blei | verschlossen | 2,5 kW | 1,08 mΩ | 108 St. | 0,117 Ω |
| Blei | geschlossen | 2,1 kW | 1,35 mΩ | 108 St. | 0,146 Ω |
| NiCd | geschlossen | 2,5 kW | 0,65 mΩ | 180 St. | 0,117 Ω |

*Kommentar zur Tabelle:* Grundsätzlich kann man festhalten: Je größer die Leistung einer Zentrale ist, desto kleiner ist der Innenwiderstand $R_i$ des Batterieblocks. Für die Auslegung der Endstromkreise mit den Querschnitten bezogen auf die Länge der Leitung ist für jede Größe der Batterie beim Hersteller der Innenwiderstand abzufragen und zum rechnerischen Nachweis entsprechend einzusetzen. Der von der 216-V-Batterie erzeugte Kurzschlussstrom liegt bei ca. 1.700 A.

## 4.1 Planung der Kabel-/Leitungsanlage für die Sicherheitsbeleuchtung mit Zentralbatterieanlage

Die Versorgung der Sicherheitsleuchten aus zentraler Stelle ist nach den vorgegebenen Brandabschnitten aus dem Brandschutznachweis zu planen. Für das festgelegte Schutzziel gilt, egal wo es brennt, es darf nur der eine betroffene Brandabschnitt ausfallen (vgl. MLAR:2018-10, S. 303).

Für die Projektierung bedeutet das mit der Platzierung des Batterieblocks einen Ort zu wählen, von dem aus die wirtschaftlichste Kabel-/Leitungsanlage mit höchster Anforderung von Funktion und Sicherheit gewährleistet wird.

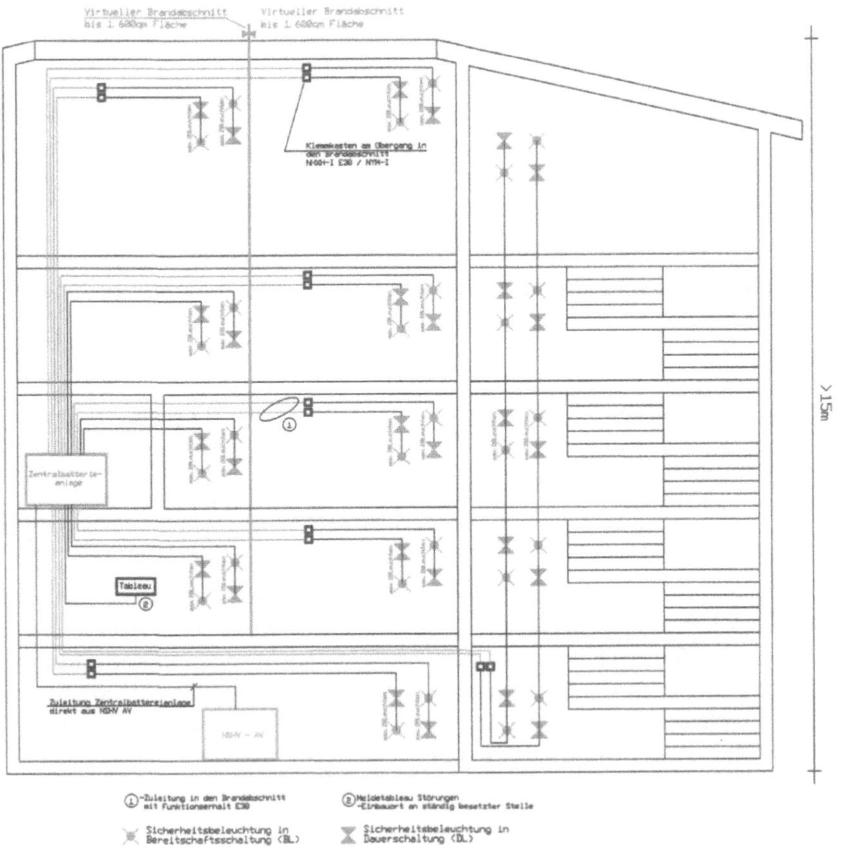


**Bild 4.3:** Systemzeichnung – Zentralbatterieanlage (DXF 120)

*Kommentar zur Systemzeichnung:* Mit einer Platzierung der Zentralbatterieanlage in einem Mittelgeschoss des Gebäudes ist es möglich, die um den Raum angrenzenden Brandabschnitte mit konventionellen Leitungen für die Sicherheitsleuchten zu versorgen.

Aus der Zeichnung ist zu erkennen, dass der darunter, der darüber und der seitliche Brandabschnitt als unmittelbar angrenzende Brandabschnitte von der Zentrale weg konventionell verkabelt werden können und das geforderte Schutzziel trotzdem erreicht wird. Alle sonstigen Brandabschnitte, die mit einer Sicherheitsbeleuchtung aus der Zentrale im betreffenden Gebäude versorgt werden, müssen mit funktionserhaltenden Kabel E30 bis in den Brandabschnitt bzw. bis zur jeweils ersten Leuchte versorgt werden.

## 4.2 Projektierung der Sicherheitsbeleuchtung mit Zentralbatterieanlage

Grundlage für die Projektierung der Sicherheitsbeleuchtung aus der Forderung im Brandschutznachweis für ein Gebäude ist es, die Anlage in den Grundrissplänen einzuplanen. Aus dieser Planung sind unter Berücksichtigung der Brandabschnitte die Anzahl der Stromkreise mit der Belegung der Sicherheitsleuchten festzulegen. Weiterführend ergibt sich daraus die zu installierende Leitungsanlage mit der erforderlichen Leistung für die Zentralbatterie, welche die Grundlage für den funktionierenden Betrieb ist. Die folgende Abbildung stellt eine Anlage im Mischbetrieb mit Einzelleuchtenüberwachung dar. Hier können sowohl Bereitschafts- und Dauerleuchten gemeinsam auf einem Stromkreis betrieben werden.

Das folgende Schema ist mit 48 St. abgehenden Stromkreisen gerechnet. Zentralbatterieanlagen sind in ihrer Auslegung nahezu unbegrenzt. Somit kann mit einer Vielzahl von Endstromkreisen und Leuchten geplant werden. Aus wirtschaftlicher und technischer Sicht gibt es aber Grenzen die zu anderen Lösungen führen werden.

Eine Variante ist mit Unterverteiler (UV) / Unterstation (US) zu planen, die wiederum aus der Zentrale versorgt werden und somit bei der Auslegung der Batteriekapazität zwingend berücksichtigt werden müssen. Damit kann sich nach wirtschaftlicher Betrachtung eine Kostenreduzierung durch eine reduzierte Kabelanlage ergeben. Die technische Notwendigkeit wird sich dann ergeben, wenn lange Kabelstrecken den normativen Spannungsfall und die zeitlich vorgeschriebenen Abschaltbedingungen im Fehlerfall nicht mehr gewährleisten. Diese Form der Planung mit UV ist im Bild 4.8 dargestellt.

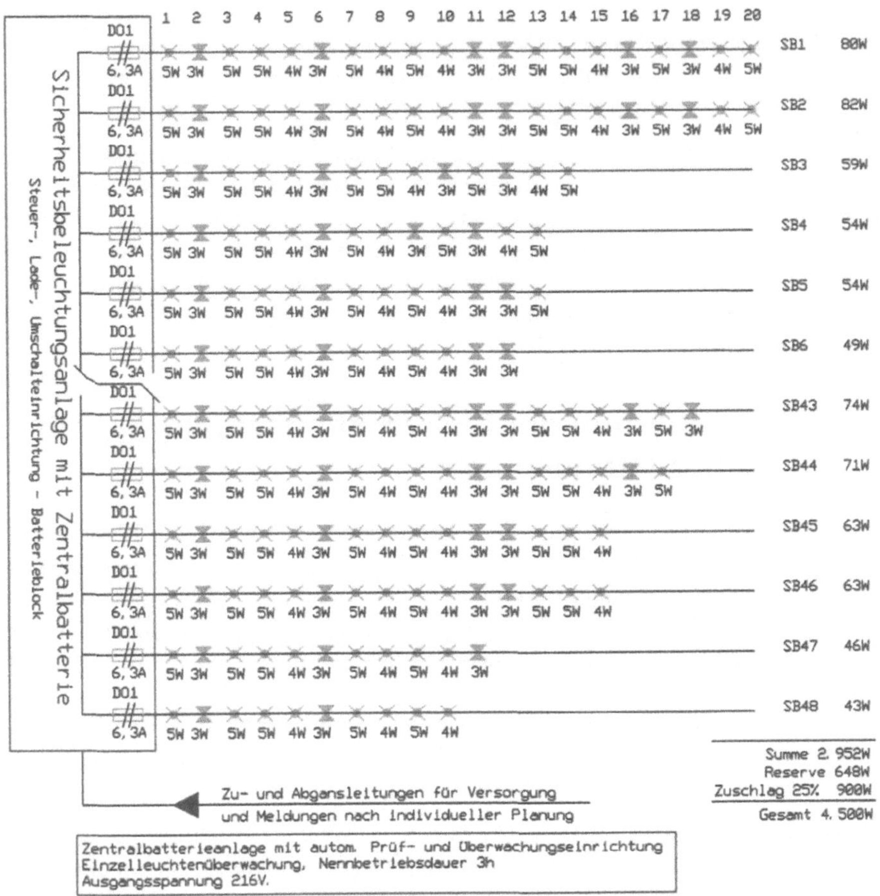


**Bild 4.4:** Systemzeichnung – Schema Zentralbatterieanlage (DXF 101)

*Kommentar zur Systemzeichnung:* Die schematische Darstellung ist unabdingbar. Die Belegung der Stromkreise mit der max. zulässigen Anzahl von 20 St. je Stromkreis darf nicht überschritten werden. Zudem wird man damit auch die Beschriftung jeder Leuchte mit Verteilerabgang, Stromkreisnummer und Leuchtennummer übersichtlich und fehlerfrei durchführen können. Ein wichtiges Kriterium ist auch, nicht alle Stromkreise mit der möglichen Anzahl von Leuchten zu belegen. Es sind Reserven sowohl für eine Erweiterung der Leuchtenanzahl und der damit verbundenen Leistung einzuplanen. Die weiteren Leitungen, die bei der Planung als Schnittstelle zu verschiedenen Anlagen und Einrichtungen geplant werden müssen, sind ohne Gewähr auf Vollständigkeit in der Systemzeichnung Bild 4.12 dargestellt.

Eine weitere Möglichkeit für die Projektierung der Anschlussleistung ist die verschiedenen Leuchtentypen festzulegen und in Tabellenform zu erfassen. Neben der Leistung für die Bestimmung der Batteriekapazität hat man hier gleich auch eine Massenaufstellung für die Übernahme in das Leistungsverzeichnis der Ausschreibung bzw. der Angebotserstellung durch die Bieter.

**Tabelle 4.3:** Leistungsermittlung für Berechnung Batteriekapazität

| Leuchtentyp | Hinweis DL-Scheibenleuchte | Hinweis DL-Wandleuchte | Einbau BL-Leuchte | Anbau BL-Leuchte |
|---|---|---|---|---|
| **Anschlussleistung DC** | **3,6 W** | **3,6 W** | **4,5 W** | **6,2 W** |
| **Leuchtenzahl KG** | 40 St. | 12 St. | 8 St. | 15 St. |
| **Leuchtenzahl EG** | 70 St. | 4 St. | 110 St. | 5 St. |
| **Leuchtenzahl 1.OG** | 50 St. | 4 St. | 90 St. | -- |
| **Leuchtenzahl TRH** | 20 St. | -- | 30 St. | -- |
| **Leuchtenzahl Garage** | -- | 4 St. | -- | 40 St. |
| **Leuchtenzahl Gesamt** | 180 St. | 24 St. | 238 St. | 60 St. |
| **Leistungsaufnahme** | **648 W** | **86,4 W** | **1071 W** | **372 W** |
| **Summe Leistung** | | | | **2177,4 W** |

*Kommentar zur Tabelle:* Die Ermittlung der Anschlussleistung für die Versorgung der Sicherheitsbeleuchtung ist Grundlage zur Bestimmung der Batteriekapazität. Mit der ermittelten Leistung ist nach der zu überbrückenden Zeit von 1 h, 3 h oder 8 h die Größe des Batterieblocks festzulegen. Nicht zu vergessen ist die Einrechnung der Alterungsreserve von 25 % bei der Ausstattung mit Blei-Batterien. Die Auflistung nach Tabellenform kann noch mit mehr Spalten detaillierter ausgearbeitet werden. Es ergeben sich damit mehrere Positionen für die Erstellung der Ausschreibungsunterlagen.

## 4.3 Berechnung der Batteriekapazität

Zur Ermittlung der Batteriekapazität ist die Wirkleistung der zu versorgenden Leuchte maßgebend. Im DC-Betrieb gibt es keine Phasenverschiebung, womit ausschließlich der angegebene Leistungswert *P* in die Berechnung für die Bestimmung der Kapazität eingeht.

Gibt es einzelne Stromkreise, die in Dauerbetrieb mit der gesamten Anzahl der Leuchten betrieben werden, ist die Absicherung auf die Strombelastung zu prüfen. Auskunft dazu geben für die geplanten Leuchten die Datenblätter der Hersteller. Als Beispiel dazu wird für eine LED-Leuchte angegeben: Anschlussleistung AC/DC – 13,2 VA / 6,7 W. Mit Kenntnis dieser Daten kann die Stromkreissicherung bestimmt werden, damit der sichere Betrieb gewährleistet ist.

*Wichtig:* Nach Ausarbeitung der Schemazeichnung mit den ermittelten Wirkleistungen der einzelnen Stromkreise ist eine Abstimmung mit dem Hersteller vorzunehmen. Manche Hersteller berechnen die Batteriekapazität mit den Scheinleistungen (VA) der eingesetzten Leuchten und nicht wie erwähnt mit den Wirkleistungen (W).

Bei systematischer Planung mit Anfertigen eines Schemas nach Bild 4.4 kann die notwendige Anzahl der Leuchten nach Art des Erfordernisses in Bereitschaftsschaltung und Dauerlichtschaltung oder geschalteten Leuchten und die damit verbundene Leistung der Anlage ermittelt werden. Hier kann auch gleich der 25 %-Aufschlag für Alterung mitberücksichtigt werden.

*Mitteilung:* Die Alterungsreserve von 25 % ist nach EN 50171 bei der Berechnung der Batterieleistung vorzusehen. Als Erklärung dazu wird davon ausgegangen, dass bei bestimmungsgemäßem Betrieb der Bleibatterien in der Regel mit einem Kapazitätsverlust von bis zu 2,5 % pro Jahr zu rechnen ist, was bei der vorgeschriebenen Mindestlebenszeit von 10 Jahren 25 % entspricht. Es muss gewährleistet sein, dass am Ende der Lebensdauer die Nennspannung der Batterie bei Nennlast einen Wert von 90 % nicht unterschreitet.

Ein besseres Verhalten zeigen hier geschlossene NiCd-Batterien, die am wenigsten anfällig gegen hohe und niedrige Umgebungstemperaturen sind. Sie sind im Temperaturbereich von -40 °C bis +50 °C einsetzbar. Umgebungstemperaturabweichungen führen entsprechend der Herstellerangaben nur in weit geringerem Maße zur Minderung der Kapazität. Wird dieser Batterietyp eingesetzt, ist ein eventuell erforderlicher Kapazitätszuschlag direkt mit dem Anlagenlieferanten abzustimmen und entsprechend einzurechnen.

Nach Ermittlung der Batterieleistung für die zu versorgende Last ist nach Vorgabe der Bemessungsbetriebsdauer (in h) die Batteriekapazität zu bestimmen.

Im nachfolgenden *Beispiel* erfolgt die Berechnung für die Zeit von 3 h.

Kapazität der Batterie:

$$C_n = I_E \cdot t_E$$

$C_n$ = Bemessungskapazität für n-stündiges Entladen
$I_E$ = Endladestrom
$t_E$ = Endladezeit

Der Endladestrom ergibt sich aus der Leistung durch die Spannung:

$$I_E = P / U = 3.600 \text{ W} / 216 \text{ V} = 16{,}667 \text{ A}$$

Daraus ergibt sich eine Kapazität von:

$$C_n = I_E \cdot t_E = 16{,}667 \text{ A} \cdot 3 \text{ h} = 50{,}00 \text{ Ah}$$

*Ergebnis:* Unter Berücksichtigung von Reserven und eventueller Erweiterungen ist die Batterie aus den Herstellerlisten auszuwählen. Die Normgrößen sind in Tabellen der Hersteller angegeben, nach denen die dem Zweck geforderte Anlage zu wählen ist.

## 4.4 Ermittlung der Ladeeinrichtung

Gemäß EN 50171 müssen entladene Batterien innerhalb von 12 Stunden wieder auf 80 % der entnommenen Kapazität geladen werden. Bei der Ermittlung des notwendigen Ladestroms braucht die Alterungsreserve nicht mitberücksichtigt werden.

Für die Berechnung des Ladestroms ($I_L$) gilt: $I_L = C_n$ / 12 h. Im Beispiel zu der davor berechneten Kapazitätsgröße ergibt das einen Ladestrom von:

$I_L$ = 16,667 A · 3 h / 12 h = 4,167 A.

Einzusetzen ist für diesen Mindestwert das nächstgrößere Ladeteil, welches der Hersteller für die von ihm vertriebene Anlage benötigt. Hersteller setzen Ladeteile in 2,5-A-Schritten in den Anlagen ein. Demzufolge würde man nach dem errechneten Ladestrom von 4,167 A zwei Ladeteile mit je 2,5 A benötigen.

## 4.5 Batteriekapazität mit unterschiedlichen Betriebszeiten

Grundlage für die Berechnung der Batteriekapazität ist die Nennbetriebsdauer nach der Forderung im BSN oder bei nicht konkreter Vorgabe nach Tabelle 1.2. Hiernach kann es sein, dass die Sicherheitsbeleuchtungsanlage innerhalb des Objekts mit unterschiedlichen Zeiten für die Funktion bei Stromausfall auszulegen ist. Das klassische Beispiel dazu ist eine Verkaufs-/Versammlungsstätte mit 3 h und eine eingebaute Tiefgarage / ein Parkdeck mit 1 h. Aus wirtschaftlicher Sicht kann es durchaus sinnvoll sein, eine Anlage zu installieren. Bei der Planung ist das entsprechend zu berücksichtigen. Der genaue Aufbau ist im Schema darzustellen.

*Kommentar zur folgenden Systemzeichnung:* Die Zuordnung im Schema ist nach den zeitlichen Anforderungen der Endstromkreise für die verschiedenen Nennbetriebszeiten innerhalb des Gebäudes zu planen. Die Endstromkreise können dann so programmiert werden, dass eine gestaffelte Wegschaltung nach den zeitlichen Vorgaben entsprechend Tabelle 1.2 erfolgt. Es darf dabei aber zu keiner Durchmischung der Endstromkreise zwischen den verschiedenen Nennbetriebszeiten kommen, was bei der Planung zu beachten ist.

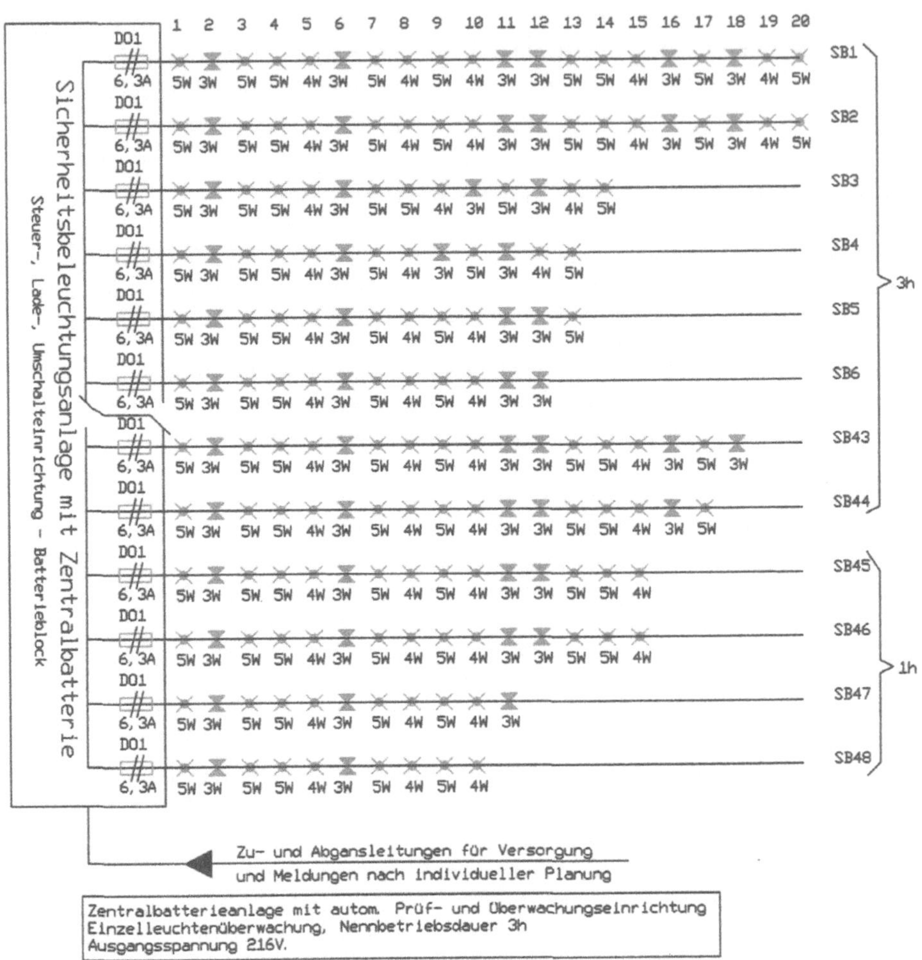


**Bild 4.5:** Systemzeichnung – Schema Zentralbatterieanlage mit verschiedenen Betriebszeiten (DXF 101)

## 4.6 Batteriekapazität nach der Wahl der Leuchtmittel

Bei der Festlegung der Leuchtmittel für die Sicherheitsbeleuchtung kann man aus zwei Varianten wählen. Die Unterscheidung dazu ist, mit Variante 1 eine eigenständige Sicherheitsleuchte zu installieren. Hier kommen bei Neuanlagen ausschließlich

LED-Lampen zum Einsatz. Dem Zweck entsprechend hat man eine große Auswahl in der Linsentechnik der LED-Module mit wesentlichen Vorteilen:

- Das Licht wird entsprechend weit verteilt.
- Die vorgeschriebene Gleichmäßigkeit wird auch bei großen Montageabständen erreicht.
- Die zum Einsatz kommenden LED-Leuchtmittel haben einen geringen Eigenverbrauch.

*Beispiel 1:* Bei der Ausleuchtung eines notwendigen Flurs mit einer Raumhöhe von 3 m und einer Breite von 2 m wird man mit einer 2x3-W-LED-Leuchte bei einem Montageabstand von 15 m die geforderte Beleuchtungsstärke mit 1 lx erreichen.

Eine weitere Möglichkeit, als Variante 2, die auch zur Ausführung kommen kann, ist eine Allgemeinleuchte als Sicherheitsleuchte zu verwenden. Voraussetzung ist die Bestückung der Allgemeinleuchte mit einem Vorschaltgerät, das für den AC/DC-Betrieb geeignet ist. Hierzu gibt es folgende Nachteile gegenüber einer eigenständigen Sicherheitsleuchte, die zu bedenken sind:

- Bei Leuchten mit Doppelfunktion ist die Lichtverteilung im Notbetrieb nicht optimal.
- Es ergeben sich geringere Montageabstände für die Einhaltung der vorgeschriebenen Gleichmäßigkeit.
- Der Einsatz von Leuchtmitteln größerer Leistung bzw. eine höhere Leuchtenanzahl ist verbunden mit einer größeren Vorhaltung an Batteriekapazität.

*Beispiel 2:* Bei der Ausleuchtung eines notwendigen Flurs mit den Abmessungen aus Beispiel 1 wird sich der Montageabstand auf 8 m reduzieren, um die geforderte Beleuchtungsstärke mit 1 lx zu erreichen.

Eine technische Verbesserung dazu ergibt sich beim Einsatz von dimmbaren LED-Treibern. Diese können DC-Spannung erkennen und sind bei DC-Betrieb mit bis zu 15 % des Ausgangsstroms einstellbar. Dieser Wert kann bei einem Fabrikat bis zu 100 % für einen zuverlässigen DC-Betrieb sichergestellt werden.

***Fazit:*** Gibt es keine Anforderung seitens der Architektur, die Sicherheitsbeleuchtung mit Objektleuchten zu installieren, und hat man als Fachplaner die freie Wahl, eine der beiden Varianten einzusetzen, ist aus wirtschaftlichen und technischen Gesichtspunkten die Variante 1 zu installieren.

## 4.7 Batteriekapazität mit zeitlich begrenzter Helligkeit

Bei Sportveranstaltungen ist die Sicherheit der Teilnehmer dann gegeben, wenn ein Wettkampf/Training bei Ausfall der Allgemeinbeleuchtung geordnet beendet werden kann. Das Beleuchtungsniveau der entsprechenden Wettkampfklassen wird als Prozentsatz dafür angegeben und muss durch den Einsatz der Sicherheitsbeleuchtungsanlage gewährleistet werden.

Die Zeitdauer, festgelegt für die einzelnen Sportarten, ist in der DIN EN 12193 vorgegeben und in Tabelle 1.1 enthalten. Hier ist auch die Beleuchtungsstärke zugeordnet zu den Sportarten nachzulesen.

Die Beleuchtungsstärke wird z. B. für einen regionalen Wettkampf (Klasse II) beim Reiten mit 5 % der Normbeleuchtungsstärke von 300 lx mit 15 lx im SV-Betrieb für eine Zeitdauer von 120 s vorgegeben.

Diese Vorgabe gilt es planerisch umzusetzen und ist bei der Auslegung der Batteriekapazität zu berücksichtigen, was auch mit der folgenden Schemazeichnung dargestellt ist.

*Kommentar zur folgenden Systemzeichnung:* Die technische Umsetzung ist durch die planerische Vorbereitung mit dem Anfertigen einer Schemazeichnung die zielführendste Vorgehensweise. Wichtig ist, dass die Räume mit den erhöhten Anforderungen als eigene Stromkreise erfasst werden. Als Möglichkeit der Realisierung wäre hier als Zuordnung der betroffenen Stromkreise ein Zeitlichtgerät mit Dimmer-Funktion denkbar. Die Möglichkeiten sind mit dem Hersteller der Anlage abzustimmen.

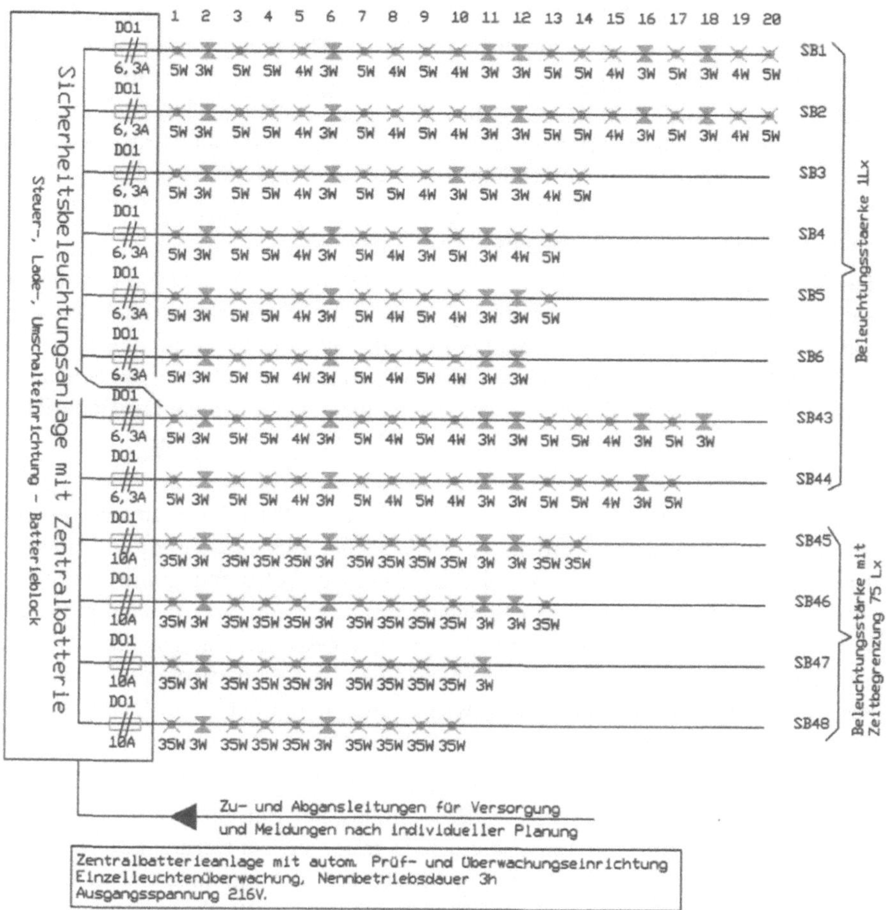


**Bild 4.6:** Systemzeichnung – Schema Zentralbatterieanlage mit unterschiedlichen Helligkeiten (DXF 101)

## 4.8 Anlagenaufbau von der NSHV bis zur Sicherheitsleuchte

Die Zeichnungen nach Bild 4.3 und 4.7 zeigen die einfachsten Varianten der Verkabelung mit Berücksichtigung der verschiedenen BA, die für nahezu jedes Gebäude bei Beginn der Planung exakt festzulegen sind. Ein wesentliches Kriterium ist auch die Festlegung der Leitungswege, hier besonders über die Wegstrecke durch verschiedene BA und zu erwartenden Querungen der sonstigen TGA.

- Das Zuleitungskabel, z. B. als NHXMH-Leitung, muss aus der NSHV-AV zur Zentrale der Batterieanlage für die Sicherheitsbeleuchtung verlegt werden. Ist nach der TAB des Versorgers das TT-System aufzubauen, muss am Abgang in der NSHV ein RCD-Schalter zur Unterstützung der Schutzmaßnahme eingebaut werden. Da nicht zu erwarten ist, dass hier Steckdosen verbaut werden, kann ein RCD mit $I_{FN}$ 300 mA zur Anwendung kommen. Zu empfehlen ist, dass der RCD mit einem Meldekontakt betrieben wird, damit eine Auslösung unmittelbar an der ständig besetzten Stelle mit oberster Priorität aufläuft.
- Ist eine NEA installiert, muss die Abgangssicherung in der NSHV-SV enthalten sein, wenn Sicherheitsstromversorgung für Sicherheitsbeleuchtung nach den Vorgaben in den Abschnitten 1.3.1 bis 1.3.11 gefordert wird. Das Zuleitungskabel ist mit Funktionserhalt E30 zu verlegen. Die Widerstandsveränderung bei Brandeinwirkung mit 850 °C im längsten Brandabschnitt ist einzurechnen. Die Batteriekapazität kann dann unabhängig von der geforderten Betriebszeit auf 1 h reduziert werden.
- In Gebäuden mit 24-h-Betrieb kann die Nennbetriebsdauer der Ersatzstromquelle von 8 h auf 3 h reduziert werden, wenn die Sicherheitsbeleuchtung in Dauerbetrieb (Bereitschaftsleuchten) mit der allgemeinen Beleuchtung mit geschaltet wird, als örtliche Schaltgeräte Leuchttaster installiert sind, von denen mindestens einer von jedem Standort aus auch bei Ausfall der AV-Leuchten sichtbar ist, und sich die Sicherheitsbeleuchtung bei Speisung aus der Ersatzstromquelle nach einer einstellbaren Zeit selbstständig wieder ausschaltet (Zeitlichtsteuergerät mit Tasterbetrieb) (vgl. VDE V 0108-100-1:2018-12).

  *Hinweis:* Das Schaltgerät in Flucht- und Rettungswegen am Beispiel eines Beherbergungsbetriebs ist für die AV-Beleuchtung der Präsenzmelder. Dieser hat weitgehend den Taster ersetzt. Sollte eine Betriebszeitreduzierung auf 3 h umgesetzt werden, ist mit dem Hersteller die Möglichkeit der automatischen Schaltung zu diskutieren und mit dem Prüfsachverständigen abzustimmen, damit die Bescheinigung der Wirksamkeit auch ausgestellt werden kann. Gibt es seitens des Prüfsachverständigen für eine Steuerung mit Präsenzmelder keine Zustimmung, muss die Batteriekapazität auf die gesamte Betriebszeit ausgelegt sein. Im Beispiel für eine Beherbergungsstätte sind das 8 h.
- Werden Zeitlichtsteuergeräte für die Beleuchtungsschaltung eingesetzt, kann die Batteriekapazität von 8 h auf 3 h, z. B. in einer Beherbergungsstätte, reduziert werden. Bei der Verkabelung der Taster ist folgendes zu beachten:

  Erfolgt die Verkabelung der Taster aus der Zentrale, ist für jeden Schaltkreis ein Zeitlichtsteuergerät zu planen und bis zum ersten Taster des dazugehörigen Schaltkreises in den BA ein funktionserhaltendes Kabel zu verlegen.

Erfolgt die Verkabelung der Taster aus dem dezentral platzierten Zeitlichtsteuergerät von einer AV-UV des jeweiligen BA, muss die Verbindungsleitung aus der Zentrale zur jeweiligen AV-UV mit einem funktionserhaltenden Kabel installiert werden.

- Der Querschnitt für die Zuleitung aus der NSHV zur Zentrale der Anlage ist unter Berücksichtigung der ermittelten Batterieleistung nach der vom Hersteller vorgegebenen Absicherungstabelle zu wählen. Selektivität von der Sicherung der Netzeinspeisung zur Zentralensicherung innerhalb der Steuerung und wiederum zu den Abgangssicherungen der jeweiligen Endstromkreise muss gegeben sein.

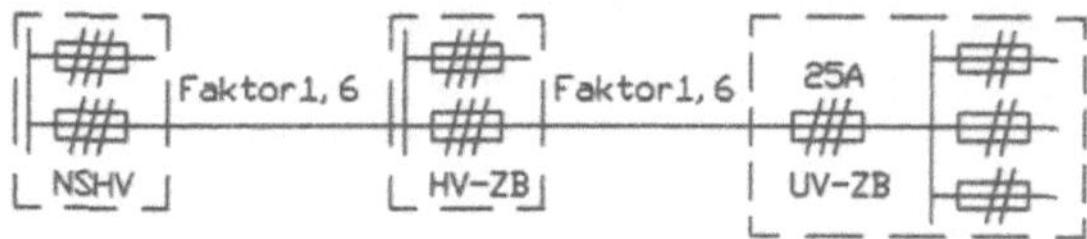


**Bild 4.7:** Systemzeichnung – Abstufung für Selektivität (DXF 101)

*Kommentar zur Systemzeichnung:* Nach Darstellung der Abbildung ist zu erkennen, dass durch Rückwärtsrechnung die Absicherung in der NSHV zu bestimmen ist. Beim Einsatz von Sicherungen wird man zur Berechnung mit dem Faktor 1,6 die vorgeschriebene Selektivität erreichen. Ausgehend von der Absicherung in der Unterzentrale, die vom Hersteller der Batterieanlage vorzugeben ist, muss bei diesem Beispiel in der NSHV mindestens eine 63-A-Sicherung eingesetzt werden. Herstellerbedingte Angaben dazu sind auch aus Tabelle 4.4 ersichtlich.

- Ist eine NEA vorhanden und die Zentralbatterieanlage soll damit versorgt werden, womit eine Reduzierung der Batteriekapazität auf 1 h erlaubt ist, muss die Selektivität genau geprüft werden. Wird für die Absicherung der Sicherheitsbeleuchtungsanlage in der NSHV-SV eine 63-A-Sicherung eingesetzt, muss auch die Leistungsgröße der NEA dafür ausgelegt sein.
- Der Mindestquerschnitt für Endstromkreise beträgt 1,5 mm². Endstromkreise dürfen nicht durch feuergefährdete und in keinem Fall durch explosionsgefährdete Bereiche geführt werden (vgl. VDE 0100-560:2013-10, S. 14).

  *Hinweis:* Garagen und Ölfeuerungsräume werden als feuergefährdete Betriebsstätte behandelt (vgl. Kiefer, S. 100). Demnach sind Endstromkreise durch diese Räume innerhalb eines Brandabschnitts mit Funktionserhalt E30 zu verlegen.
- Die Endstromkreise müssen von der Zentrale/Unterstation bis in den Brandabschnitt in Funktionserhalt E30 verlegt sein. Ausgenommen davon ist der unmittelbar an den Batterieraum angrenzende BA. Bei Leuchten-Einzelüberwachung

sind das zwei Stromkreise im Mischbetrieb. E30 gilt auch für Steuerstromkreise zum Schalten von Zeitlichtgeräten mit Tasterbetrieb. Die Festlegung der Brandabschnitte muss im Brandschutzplan gezeichnet sein (Bild 1.1). Als Brandabschnitte gelten im Regelfall die vertikalen Brandwände mit den horizontalen Geschossdecken. Zudem gelten Treppenräume als eigene Brandabschnitte. Ein meist nicht gezeichneter, aber zu beachtender Brandabschnitt, ist der virtuelle (Bild 2.4).

- Erfolgt der Aufbau der Sicherheitsbeleuchtungsanlage aus einem zentralen Batterieblock mit Unterverteiler, die durch den BA mit 1.600 m² begrenzt sind und nur die Sicherheitsleuchten in den BA versorgt, darf dieser Verteiler ohne Funktionserhalt eingebaut werden. Dieser kann dann auch in dem Elektroraum platziert werden, in dem auch der AV-Verteiler untergebracht ist.

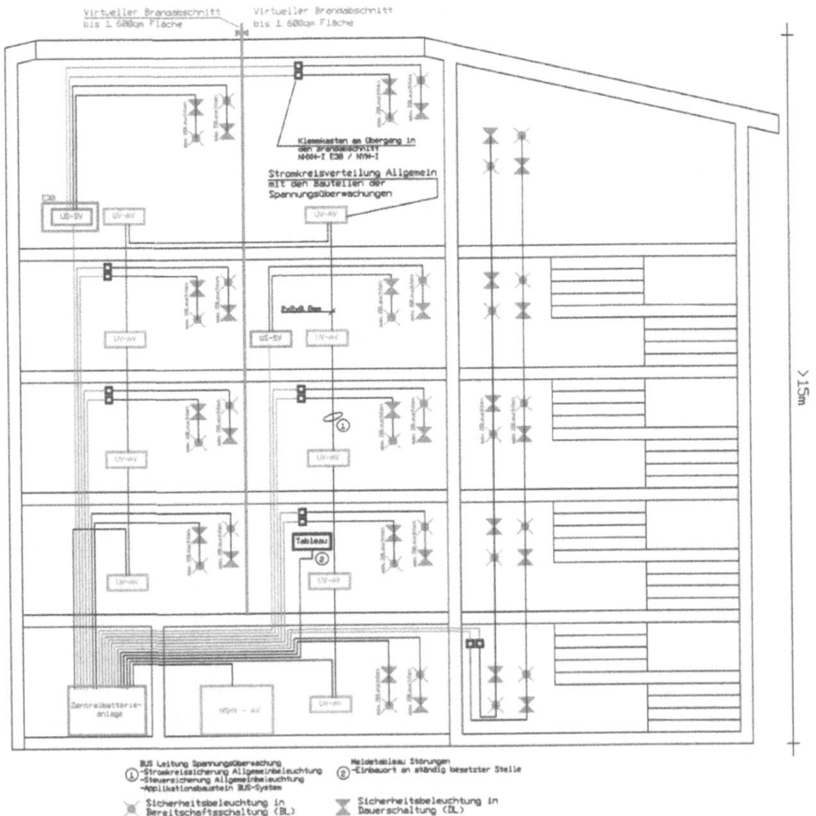


**Bild 4.8:** Systemzeichnung – Zentralbatterieanlage mit Unterverteiler (DXF 016)

*Kommentar zur Systemzeichnung:* Aus der Abbildung ist die Installation der Leitungsanlage unter Berücksichtigung des natürlichen und virtuellen Brandabschnitts ersichtlich. Zudem sind auch die Anforderungen an den Einsatz von Unterstationen in Brandabschnitten dargestellt, aus dem wiederum brandabschnittsübergreifend verteilt wird.

- Der Aufbau mit Unterverteiler erfordert die richtige Kabelauslegung im Zusammenhang von der Absicherung in der Zentrale und der Absicherung in der Unterstation, damit neben der Lastübertragung auch Selektivität als wichtiges Element eingehalten werden kann.

**Tabelle 4.4:** Kabelquerschnitt – 1-phasig 216 V – zwischen HV und UV

| Unterstation UV | Sicherung HV | Sicherung UV | 4 mm² | 6 mm² | 10 mm² | 16 mm² | 25 mm² |
|---|---|---|---|---|---|---|---|
| 1000 W | 25A | 16A | 78 m | 117 m | 194 m | 311 m | 486 m |
| 2000 W | 25A | 16A | 39 m | 58 m | 97 m | 156 m | 243 m |
| 3000 W | 25A | 16A | 26 m | 39 m | 65 m | 104 m | 162 m |
| 4000 W | 50A | 25A | | 29 m | 49 m | 78 m | 122 m |
| 6000 W | 63A | 35A | | | 32 m | 52 m | 81 m |

*Kommentar zur Tabelle:* Aus wirtschaftlicher Sicht ist bei großflächigen Gebäuden und unzähligen Brandabschnitten mit Unterverteiler/Unterstationen zu planen. Von manchen Herstellern werden dazu Anlagen vertrieben. Die wesentlichen Kriterien dazu sind, den Spannungsfall zu bedenken und den Kabelquerschnitt mit dem Faktor $F_V$ für den Funktionserhalt E30 zu multiplizieren. Diese Faktoren $F_V$ sind im Kapitel 10 ausführlich abgehandelt.

*Hinweis:* Die in der Tabelle enthaltenen Werte sind auf einen Spannungsfall $U_V$ = 1,5 % bei 25 °C und Verlegeart C ohne Funktionserhalt (E0) gerechnet. Sind noch größere Leistungen mit noch längeren Wegstrecken zu versorgen, ist das möglich. Hierzu ist herstellerbedingt Rücksprache zu halten. Zu empfehlen ist, die Planung vor Ausschreibung und Umsetzung mit dem Prüfsachverständigen abzustimmen.

- Für die Absicherung der Endstromkreise werden bei den Anlagenherstellern zunehmend G-Sicherungseinsätze eingebaut. Dazu geben die Listen der Sicherungshersteller in den unterschiedlichen Stufen die Ströme an, die im Fehlerfall oder bei Überlastung eine Abschaltung des fehlerbehafteten Stromkreises bewirken:

**Tabelle 4.5:** Abschaltstrom von Feinsicherungen

| Nennstrom $I_N$ | $4 \cdot I_N$ | $10 \cdot I_N$ |
|---|---|---|
| 80 mA – 1,25 mA | max. 60 ms | max. 30 ms |
| 1,6 A – 16 A | max. 300 ms | max. 30 ms |

- Es ist nicht erlaubt, dass die Leuchten verteilt auf verschiedene Brandabschnitte an demselben Stromkreis betrieben werden. Auch dann nicht, wenn ein funktionserhaltendes Kabel E30 verlegt ist (vgl. MLAR:2018-10, Pkt. 5.3.2a vs. INOTEC Planungshandbuch, S. 66). Die Dauer des Funktionserhalts der Leitungsanlage muss mindestens 30 min betragen bei Sicherheitsbeleuchtungsanlagen. Ausgenommen sind Leitungsanlagen, die der Stromversorgung der Sicherheitsbeleuchtung nur innerhalb eines Brandabschnitts in einem Geschoß oder nur innerhalb eines Treppenraums dienen.

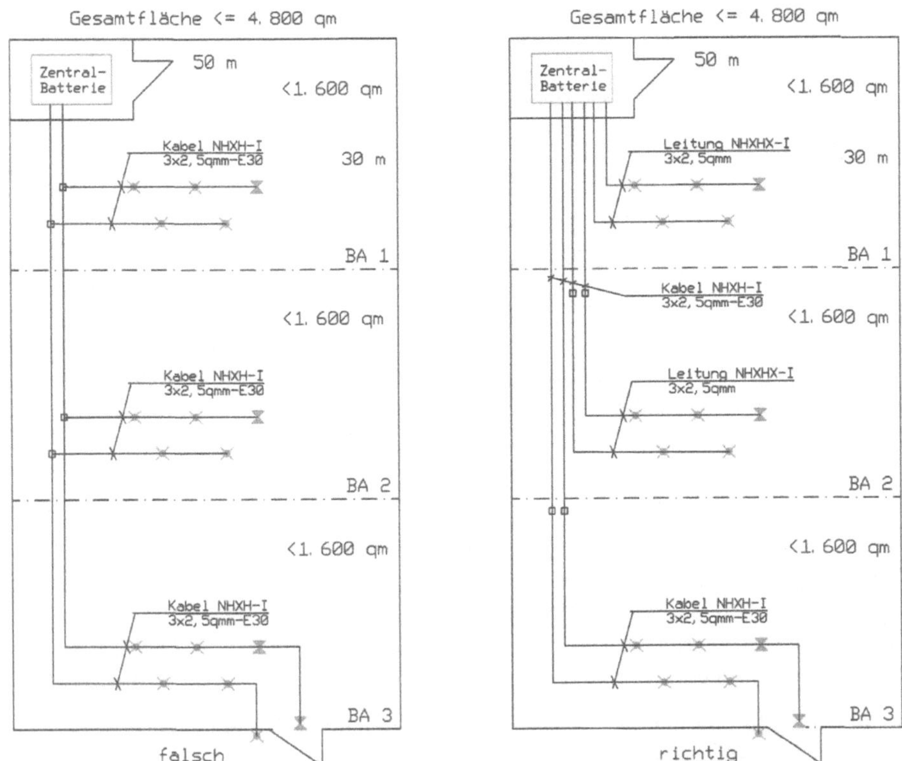


**Bild 4.9:** Systemzeichnung – Leitungsanlage von der Zentrale zur Leuchte (DXF 106)

*Kommentar zur Systemzeichnung:* Die beiden Abbildungen sollen nochmals verdeutlichen, dass die Leitungs-/Kabelverlegung ohne Kompromisse unter Berücksichtigung der vorgegebenen Brandabschnitte ausgeführt werden muss. Wird die funktionserhaltende Kabelverlegung brandabschnittsübergreifend ausgeführt, ist der durchgängige Funktionserhalt nicht mehr gegeben und daher nicht erlaubt.

- Zu Diskussionen kommt es immer wieder hinsichtlich der Frage, ob die Sicherheitsbeleuchtung im Außenbereich beim Ausgang an den innenliegenden Stromkreis angeschlossen werden darf. Genau genommen handelt es sich um einen eigenen BA, für den ein zusätzlicher Stromkreis einzuplanen ist. Die Regel ist hier, dass seitens des Prüfsachverständigen ein Anschluss von nur einer Leuchte an den innenliegenden Stromkreis zugestimmt wird. Eine Abstimmung im Zuge der Planerstellung mit dem abnehmenden Ingenieur ist hier ratsam.
- Gibt es im BSN die Auflage, bis zu einem Sammelplatz auf dem Gelände die Sicherheitsbeleuchtung zu errichten, ist das als eigener BA zu behandeln und es sind zwei Stromkreise direkt aus dem Raum der Zentralbatterieanlage zu installieren. Die Herausforderung dabei ist, eine Lösung zu entwickeln, bei der ein Übergang von funktionserhaltenden Kabel in Erdkabel vorschriftsmäßig erfolgt. Für Kabelanlagen im Erdreich ist zusätzlich Abschnitt 10.2.13 zu beachten.
- Die Anzahl der Leuchten je Stromkreis ist mit 20 St. begrenzt. Jede Leuchte und dazugehörige Schaltungskomponente muss mit einem roten Schild, Mindestdurchmesser 30 mm gekennzeichnet sein. Zudem ist eine Belastung mit 60 % bezogen auf den Nennstrom der Sicherung vorgegeben (vgl. VDE 0100-560:2013-10, S. 16). Dazu ergeben sich aus den gängigen Sicherungen in der Zentrale folgende Werte:

**Tabelle 4.6:** Zulässige Belastung der Endstromkreise in Ampere und Watt

| **Stromkreissicherung in A** | **2** | **3,15** | **4** | **6,3** | **10** |
|---|---|---|---|---|---|
| 60 % Belastung in A | 1,2 | 1,89 | 2,4 | 3,78 | 6 |
| max. Leistung in W (VA) | 264 | 415,8 | 528 | 816 | 1320 |

*Kommentar zur Tabelle:* Zu den Werten in der Tabelle sind auch die Einschaltströme zu berücksichtigen. Zu empfehlen ist hierzu die Anlage als Systembauweise zu liefern und zu installieren. Mit dem Einzug der LED-Leuchten sind die Anlagen in Bezug auf die Kapazität kleiner geworden. LED-Leuchten haben aber einen hohen Einschaltstrom.

- Gerade im industriellen Bereich ist es teilweise erforderlich, einzelne Verbraucher mit größeren Leistungen zu betreiben. Sind das Verbraucher > 1320 W muss das mit dem Hersteller des eingesetzten Fabrikats abgestimmt sein. Zudem muss hier auch der abnehmende Prüfsachverständige mit eingebunden werden, da diese Leistung über der nach Norm maximal zulässigen Absicherung für Endstromkreise liegt.

- Der ungünstigste Stromkreis mit der längsten Strecke, der Maximalbelegung an Leuchten ist auf Einhaltung des zulässigen Spannungsfalls und des Kurzschlussstroms an der am weitesten entfernten Leuchte zu prüfen. Ein Kurzschluss in einem Stromkreis darf die Versorgung von Leuchten anderer Stromkreise nicht unterbrechen (vgl. VDE 0100-560:2013-10, S. 16). Leitungslängen von 300 m pro Stromkreis sind keine Seltenheit. 216-V-Batterieanlagen haben einen Kurzschlussstrom von ca.1.700 A und damit einen Innenwiderstand von ca. 130 mΩ. Der zugehörige Wert ist aber immer beim Hersteller des eingesetzten Fabrikats abzufragen. Generell gilt aber: Je größer die Kapazität, desto kleiner der Innenwiderstand (siehe hierzu Abschnitt 4.9.4).

*Wichtig:* Für den Batteriebetrieb darf nach DIN EN 50171 am Ende der Betriebsdauer die Ausgangsspannung nicht geringer sein als 90 % der Nennspannung. Dies ergibt bei 216-V-Anlagen den Wert 194,4 V DC.

**Tabelle 4.7:** Leitungslängen nach den Kriterien der Abschaltbedingungen und dem Spannungsfall

| **Leistung (W)** | **120** | **200** | **400** | **200** | **300** | **400** | |
|---|---|---|---|---|---|---|---|
| ***A*** **mm²** | 1,5 | 1,5 | 1,5 | 2,5 | 2,5 | 2,5 | |
| **$l_{max}$(m) $U_v$ 3%** | 680 | 460 | 240 | 630 | 480 | 290 | **G=3,15 A** |
| **$l_{max}$(m) $i_a$** | 552 | 552 | 552 | 921 | 921 | 921 | **$I_a$=12,6 A** |
| **$l_{max}$(m) $i_a$** | 274 | 274 | 456 | 456 | 708 | 708 | **G=6,3 A** |
| **$l_{max}$(m) $U_v$ 3%** | 160 | 110 | 240 | 185 | 340 | 290 | **$I_a$=25,2 A** |
| ***A*** **mm²** | 1,5 | 1,5 | 2,5 | 2,5 | 4 | 4 | |
| **Leistung (W)** | **600** | **800** | **600** | **800** | **600** | **800** | |

*Kommentar zur Tabelle:* Bei Neuanlagen werden ausschließlich Leuchten in LED-Technik installiert. Die Absicherung in den Zentralen erfolgt je Stromkreis bei einer Anzahl von 20 St. Leuchten mit Feinsicherungen des Typ G 3,15 A bzw. G 6,3 A. Daraus ergibt sich, wie der Tabelle zu entnehmen ist, dass die Stromkreise mit einer geringen Leistung belastet werden. Somit ist es notwendig, die Leitungslänge zu ermitteln und rechnerisch nachzuweisen, dass der funktionierende Betrieb gewährleitet ist.

- Die Spannungsfall-Berechnung erfolgte mit einer gleichmäßigen Lastverteilung auf die Länge mit angenommen Leistungen je Absicherung, verteilt auf die max. Anzahl von 20 Leuchten je Stromkreis. Maßgebend für die Berechnung ist der Spannungswert am Ende der Betriebsdauer. Vom unteren Wert ausgehend mit 194,4 V DC ist der 3%-Spannungsfall für die installierte Leitungslänge zu berechnen. Eine dafür anzuwendende Formel ist in VDE 0100-520:2013-06, Anhang G enthalten.

Hiernach gilt:

$U_v = b\,(\rho \cdot l/A \cdot \cos\varphi + \lambda \cdot l \cdot \sin\varphi)\, I_B$

$U_v$ Spannungsfall in V
b Faktor 2 bei einphasigen Stromkreisen
ρ spezifischer Widerstand bei 20 °C: 0,0225 Ωmm²/m (Cu) bzw. 0,036 Ωmm²/m (Al)
$l$ Leitungslänge in m
$A$ Leiterquerschnitt in mm²
λ Blindwiderstand des Leiters, der mit 0,00008 Ω/m angenommen wird
$\cos\varphi = 0{,}8$ (Annahme); $\sin\varphi = 0{,}6$ (Annahme)
$I_B$ Betriebsstrom in A

Zum gleichen Ergebnis wird man auch mit der Spannungsfall-Formel kommen:

$U_v = (2 \cdot l \cdot I_B) / (\chi \cdot A)$ (siehe Kapitel 2 Spannungsfall)

*Hinweis:* Bei Feinsicherungen des Typ G ist der Abschaltstrom mit $4 \cdot I_N$ von den Sicherungsherstellern angegeben. Für die Berechnung der Werte aus Tabelle 2.1 kann mit der Formel gerechnet werden: $l_{max} = [(c_{min} \cdot U_N / \sqrt{3} \cdot I_a) - Z_V] / 2 \cdot Z'_L$ (siehe Kapitel 2: max. Leitungslänge nach dem Abschaltstrom).

- Bei Altanlagen sind max. 12 St. Leuchten je Stromkreis zugelassen. Dies ist bei Neuverkabelung und Erhalt der alten Zentrale zu berücksichtigen. Gegebenenfalls kann es aber sein, dass hier noch 4 Stromkreise in den BA verlegt worden sind. Es könnten dann 48 Leuchten betrieben werden.
- Wird die Altanlage erneuert und die Leuchtenanzahl je Stromkreis von 12 St. auf bis zu 20 St. ausgebaut, ist die max. Leitungslänge zu prüfen. Soll zudem die dynamische Fluchtweglenkung nachgerüstet werden, ist die Adernzahl des vorhandenen Leitungsnetzes daraufhin zu prüfen (siehe auch Kapitel 7).
- Wird die Anlage von 24 V auf Anlagen > 60 V umgerüstet, ist zu prüfen, ob ein Schutzleiter bei der ursprünglichen Installation der Endstromkreise mit verlegt wurde. Fehlt dieser, ist eine Nachrüstung durch Neuinstallation der Leitungsanlage bzw. die Montage von Leuchten der Schutzklasse 2 mit dem Prüfsachverständigen und dem Eigentümer zu diskutieren.
- In Räumen, die mit einer BL- oder DL-Leuchte bestückt sind, müssen bei mehr als zwei Leuchten diese von zwei verschiedenen Stromkreisen versorgt sein (redundanter Aufbau). Die Beleuchtung eines Bereichs des Rettungswegs muss von zwei oder mehr Leuchten erfolgen, so dass der Ausfall einer Leuchte den Rettungsweg nicht total verdunkelt oder die Kennzeichnung des Rettungswegs unwirksam macht (VDE V 0108-100-1:2018-12, S. 9).

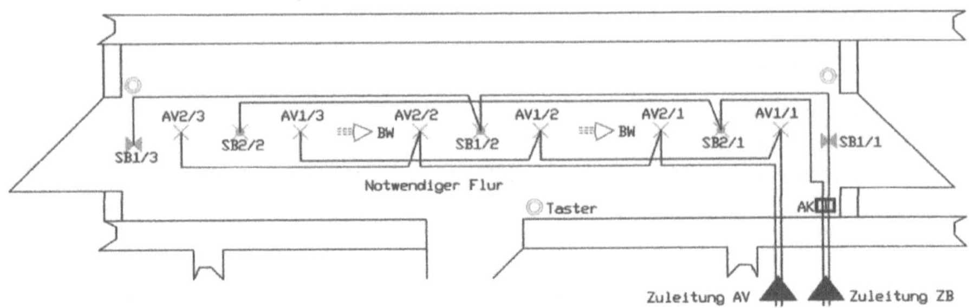


**Bild 4.10:** Systemzeichnung – Notwendiger Flur mit Sicherheitsbeleuchtung (DXF 102)

*Kommentar zur Systemzeichnung:* Aus der Beschriftung der Leuchten ist die Zuordnung der einzelnen AV-Leuchten zu den unterschiedlichen Stromkreisen ersichtlich. Dasselbe gilt für die SB-Leuchten, die ebenfalls auf zwei Stromkreise verteilt und abwechselnd zu platzieren sind. Am Übergang mit dem Abzweigkasten AK kann der Leitungswechsel von Funktionserhalt auf konventionell vorgenommen werden. Zu bedenken ist, dass innerhalb eines notwendigen Flurs halogenfreie Leitungen der Kategorie $B2_{ca}$ zu verlegen sind, wenn die Gebäudezuordnung (siehe Tabelle 10.8) das erfordert.

- Sind in einem Raum zwei Leuchten der AV-Stromversorgung installiert, müssen diese von zwei verschiedenen Stromkreisen eingespeist und auf zwei RCD-Schalter verteilt werden, wenn die geforderte Sicherheitsbeleuchtung in Bereitschaftsbetrieb installiert ist (vgl. VDE 0100-718:2014-06, S. 8). Die Verteilung der Leuchten auf die beiden Stromkreise ist abwechselnd vorzunehmen, was mit der Beschriftung der AV-Kreise in Bild 4.9 dargestellt wird. Es ist auch möglich, die beiden Leuchtenkreise mit unterschiedlichen Schaltfunktionen zu installieren. Neben einer manuellen Schaltung mit Tastern kann auch eine automatische Funktion mit Bewegungsmelder ausgeführt werden. Denkbar ist auch der Betrieb eines Kreises mit der GLT.

*Hinweis:* Ist nach den örtlichen Gegebenheiten ein geringes Risiko nach der Risikobeurteilung festgestellt, so kann ein Endstromkreis der AV-Beleuchtung ausreichen. Die Nutzungsbedingung muss dann sein: geringe Personendichte und einfache Evakuierung (vgl. VDE 0100-718:2014-06, S. 8).

Wird die Schaltung mit Präsenzmelder ausgeführt, kann die Installation eines zweiten AV-Stromkreises verlangt werden, auch wenn das Risiko als gering eingestuft wird.

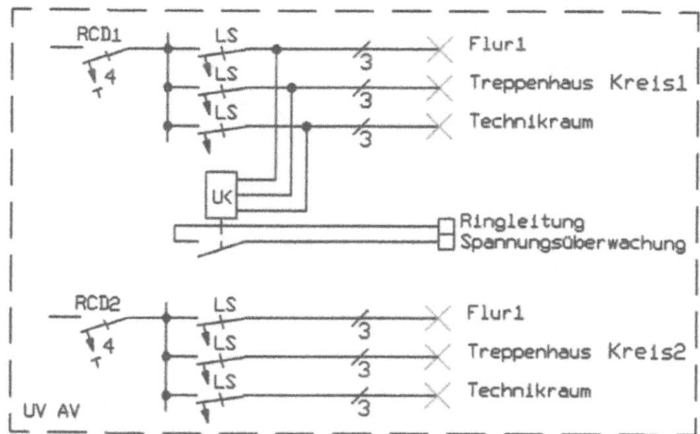


**Bild 4.11:** Systemzeichnung – Verteilung der AV-Leuchten auf 2 Stromkreise und 2 RCD (DXF 102)

*Kommentar zur Systemzeichnung:* Nach der Darstellung in der Zeichnung müssen nicht alle, sondern nur ein Stromkreis der Allgemeinbeleuchtung eines Raums/ Flucht- und Rettungswegs überwacht werden. Die Abbildung zeigt neben dieser Forderung auch die Verteilung der beiden Stromkreise auf zwei RCD-Gruppen.

- In Räumen, in denen Sicherheitsbeleuchtung in Bereitschaftsbetrieb gefordert ist, muss die Stromversorgung der allgemeinen Beleuchtung für einen Bereich im Endstromkreis überwacht werden, d. h. einer der zwei AV-Stromkreise muss an einer Spannungsüberwachung angeschlossen sein (vgl. VDE 0100-560: 2013-10, S. 17, 560.9.5), in Verkaufsräumen mit großen Flächen 30 % bzw. 1/3 der installierten Beleuchtungsstromkreise. Neben der Spannungsüberwachung kann in Kombination dazu der Automatenfall mit geprüft werden; dieser ist aber für sich alleine nicht anzuwenden.

*Hinweis:* Aufgabe der Spannungsüberwachung ist es, die Umschaltung vom Normalbetrieb zum Notbetrieb und wieder zurück automatisch auszuführen. Die Schaltung in den Notbetrieb erfolgt, wenn die Versorgungsspannung für mindestens 0,5 s unter die 0,6-fache Bemessungsversorgungsspannung fällt. Weist die Versorgungsspannung wieder einen Wert > 0,85-fache der Bemessungsversorgungsspannung auf, so ist auf den Normalbetrieb automatisch zurückzuschalten.

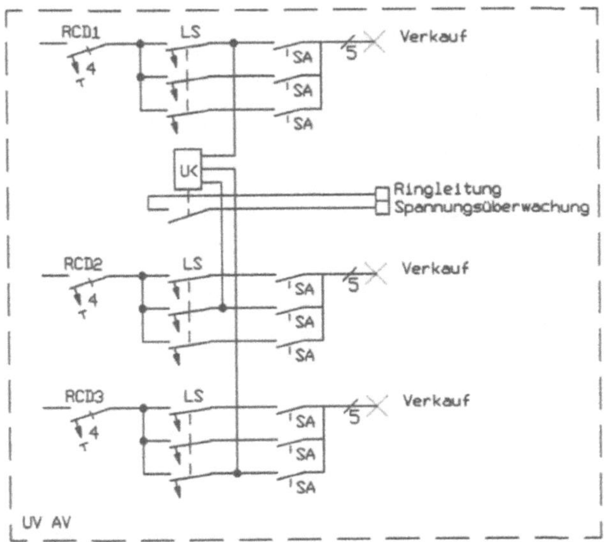


**Bild 4.12:** Systemzeichnung – Spannungsüberwachung von 30 % der Leuchten im Raum (DXF 102)

*Kommentar zur Systemzeichnung:* Die Überwachung mit 30 % der installierten Stromkreise in einem Raum ist in verschiedenen Ausführungen möglich. Eine Möglichkeit ist mit der Systemzeichnung dargestellt.

- Folgende weitere Anlageteile in den AV-Verteilungen sind in die Überwachung miteinzubeziehen:
  - Spannungsüberwachung nach LS-Automaten der Stromkreise für Räume, in denen Bereitschaftsleuchten installiert sind,
  - Meldekontakt von LS-Automaten für Steuerstromkreise der geschalteten AV-Beleuchtung,
  - Diagnosebausteine für die Überwachung von Bus-Systemen, z. B. KNX,
  - Steuersicherungen der Beleuchtung sind an die Spannungsüberwachung anzuschließen, wenn Schaltungen in Räumen, in denen Sicherheitsleuchten sind, durchgeführt werden.
- Für die Spannungsüberwachung sind zu den betreffenden AV-Verteilern Ring- oder Stichleitungen zu verlegen; Stichleitungen herstellerbedingt gegebenenfalls mit Funktionserhalt E30, Ringleitungen ohne Anforderung. Eine Abstimmung hierzu ist zwingend mit dem Hersteller der Zentrale vorzunehmen. Der Prüfsachverständige ist in die Entscheidungsfindung einzubeziehen.

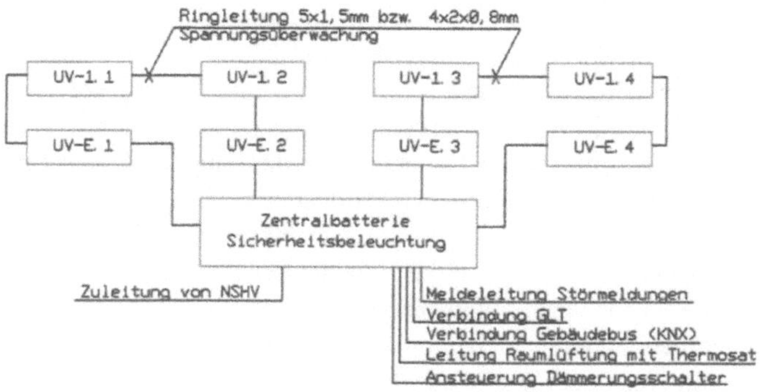


**Bild 4.13:** Systemzeichnung – Aufbau der Ringleitung für Spannungsüberwachung (DXF 102)

*Kommentar zur Systemzeichnung:* Für AV-Stromkreise der Beleuchtung, die in Räume verlegt werden, die mit einer Sicherheitsbeleuchtung ausgestattet sind, muss die Spannung in den Stromkreisverteilungen überwacht werden. Dazu sind die verschiedenen Verteilungen über eine Ringleitung mit der Steuerung der Zentralbatterieanlage zu verbinden. Bei der Ausführung der Verlegung gibt es keine Anforderung an den Funktionserhalt (vgl. VDE 0100-560.8.2:2013-10, S. 16). Es soll aber eine Verlegung ausgeführt werden, bei der Hin- und Rückleitung getrennt voneinander sind. Eine weitere Möglichkeit ist die Verbindung der Verteiler mit der Zentrale über Stichleitungen. Stichleitungen müssen mit Funktionserhalt E30 verlegt werden. Bei neueren Anlagen werden die Stichleitungen mit Bus-Technik von den Herstellern vorgegeben. Hier kann gegebenenfalls der Funktionserhalt nicht mehr erforderlich sein.

- Steuerungs- und Bussysteme der Sicherheitsbeleuchtung müssen unabhängig von Steuerungs- und Bussystemen der allgemeinen Beleuchtung sein. Eine Kopplung beider Systeme ist nur mittels Schnittstelle zulässig, die eine galvanische Trennung beider Bussysteme voneinander sicherstellt.

  *Hinweis:* Eine Störung der Steuerungs- und Bussysteme der allgemeinen elektrischen Anlagen darf die Funktion der Sicherheitsbeleuchtung nicht beeinträchtigen. Die Störung des Bussystems muss das Einschalten der Bereitschaftsleuchten zur Folge haben (vgl. VDE V 0108-100-1:2018-12 vs. 0100-560.5.4). Damit ist auch ein DALI-Controller zu überwachen. Wird das DALI KNX Gateway eingesetzt, ist der KNX-Diagnosebaustein das ideale Gerät für die Überwachung.

- Die Absicherung der Endstromkreise muss 2-polig erfolgen (L/N). Endstromkreise der Sicherheitsbeleuchtung aus einer Zentral- oder Gruppenbatterieanlage dürfen keine RCD-Schalter enthalten.

- Zentralbatteriesysteme neuester Genration versorgen zuverlässig Sicherheits- und Rettungszeichenleuchten mit Energie in 230 V AC und 220 V DC. Die Anlage überprüft sich automatisch selbst und überwacht jede einzelne der angeschlossenen Leuchten, bis zu 20 St. je Stromkreis, einfach über die Zuleitung. Dabei kann die Schaltungsart jeder angeschlossenen Leuchte über das Steuerteil des Zentralensystems innerhalb eines 50…60-Hz-Versorgungsnetzes frei programmiert werden. Das bedeutet, dass in ein und demselben Stromkreis der Mischbetrieb von Dauerlicht, geschaltetem Dauerlicht und Bereitschaftslicht möglich ist. Eine zusätzliche Datenleitung ist für diese Funktionen der Programmierung zwischen Zentrale und der einzelnen Leuchte nicht notwendig. Bei konkreter Forderung nach der adaptiven Fluchtwegsteuerung ist aus der Zentrale für die Hinweisleuchten eine Steuerleitung im Stich mit zu verlegen (siehe Kapitel 7) oder es sind durchgängig 5-polige Leitungen zu planen, wovon dann zwei Adern für die adaptive Fluchtweglenkung zur Verfügung stehen.

## 4.9 Varianten der Zentralbatterieanlagen

Bei der Planung einer Sicherheitsbeleuchtungsanlage setzt man sich zuerst mit dem Gebäude auseinander, um für den Bauherrn unter Einhaltung der normativen Vorgaben die wirtschaftlichste Anlage zu erarbeiten. Die Techniken auf dem Markt sind bedingt durch die Philosophie der Hersteller vielfältig und bieten nahezu für jeden Gebäudetyp eine praktikable Lösung an. Nachfolgend hierzu zwei weitere Beispiele zu den davor abgehandelten als Anregung einer strukturierten Planung.

### 4.9.1 Zentralbatterieanlage in LOOP-Technik, ohne Funktionserhalt

Bei der Installation klassischer Industriehallen aus Stahl und Blech ist die gängige E30-Herstellung nicht immer umzusetzen. Für einen solchen Fall ist eine Technik nach dem LOOP-Prinzip entwickelt worden. Möglich wird dieses Prinzip durch eine zweite Einspeisung und eine AV/SV-Umschalteinrichtung. Unter konsequenter Einbeziehung der AV-Versorgung kann weitestgehend auf E30-Verkabelung und auf E30-Verteiler verzichtet werden. Die Versorgung der Sicherheitsbeleuchtung wird dabei auf die zwei getrennten Systeme AV- und SV-Stromversorgung verteilt. Voraussetzung ist, dass die AV- und SV-Leitungsstränge voneinander getrennt sind und auch die beiden Hauptverteiler von AV und SV in separaten, baulich voneinander getrennten Betriebsräumen untergebracht werden.

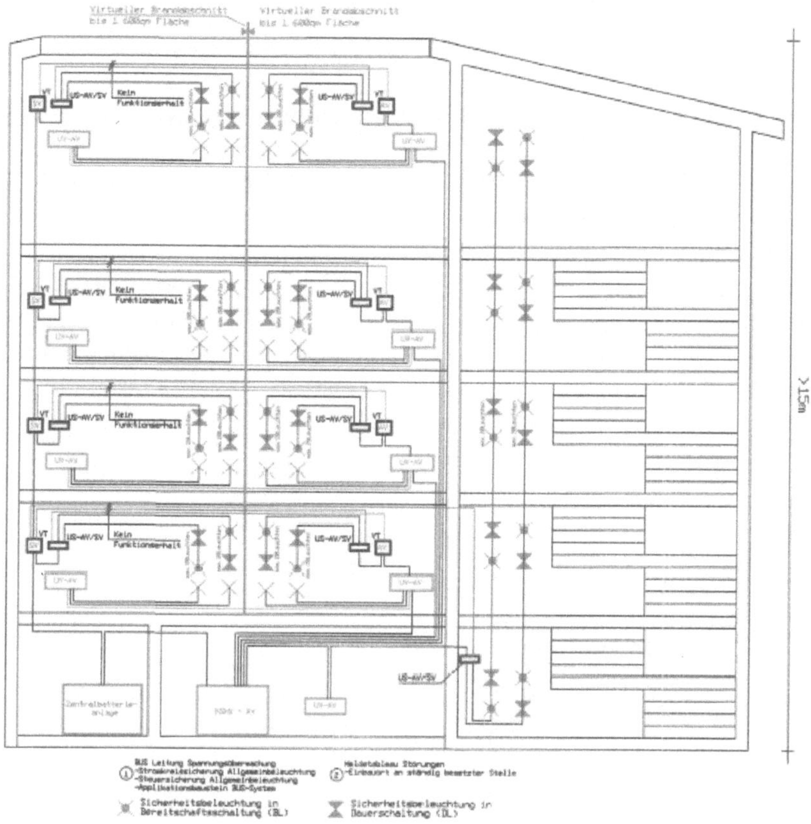

**Bild 4.14:** Sicherheitsstromversorgung in LOOP-Technik

*Kommentar zur Systemzeichnung*: Die räumliche Trennung der beiden Systeme stellt eine besondere Herausforderung an die Planung dar. Bei großen Flächen mit mehreren konventionellen und virtuellen Brandabschnitten oder bei einer Bauweise, bei der der Funktionserhalt nicht durchgängig vorhanden ist, wird diese Technik eine wirtschaftliche und vorschriftsmäßige Installation erfüllen.

*Nachteil:* Die Unterbringung der US und VT. Hier müssen Lösungen gefunden werden, die den Ansprüchen des Bauwerks und dem planenden Architekten genügen. Gegebenenfalls ist das bei der Schlitzplanung zu berücksichtigen, notwendige Aussparungen sind festzulegen und anzugeben.

*Hinweis:* Die Verkabelung nach LOOP-Technik entspricht einer Verkabelung mit Funktionserhalt E30, erfolgt aber ausschließlich mit konventionellen Leitungen. Sie findet nur Anwendung, wenn die Gebäudekonstruktion die Voraussetzungen für diese Art der Technik erfüllt. Hier ist zwingend der Prüfingenieur einzubinden.

## 4.9.2 Zentralbatterieanlage mit AV/SV-Unterstationen je Ebene

Der dezentrale Aufbau mit Zentrale und Unterstationen kann eine wirtschaftliche und sinnvolle Lösung bei mehrgeschossigen und großflächigen Gebäuden sein.

Ein Vorteil wird hier der geringere Installationsaufwand für die Leitungsanlage sein. Dies betrifft insbesondere den Anteil der Kabel mit E30-Funktionserhalt. Im Gegensatz dazu wird von dem ein oder anderen der große Anteil von technischen Geräten kritisch gesehen, dessen Nachteil, eine höhere Störanfälligkeit im laufenden Betrieb, nicht gänzlich von der Hand zu weisen ist.

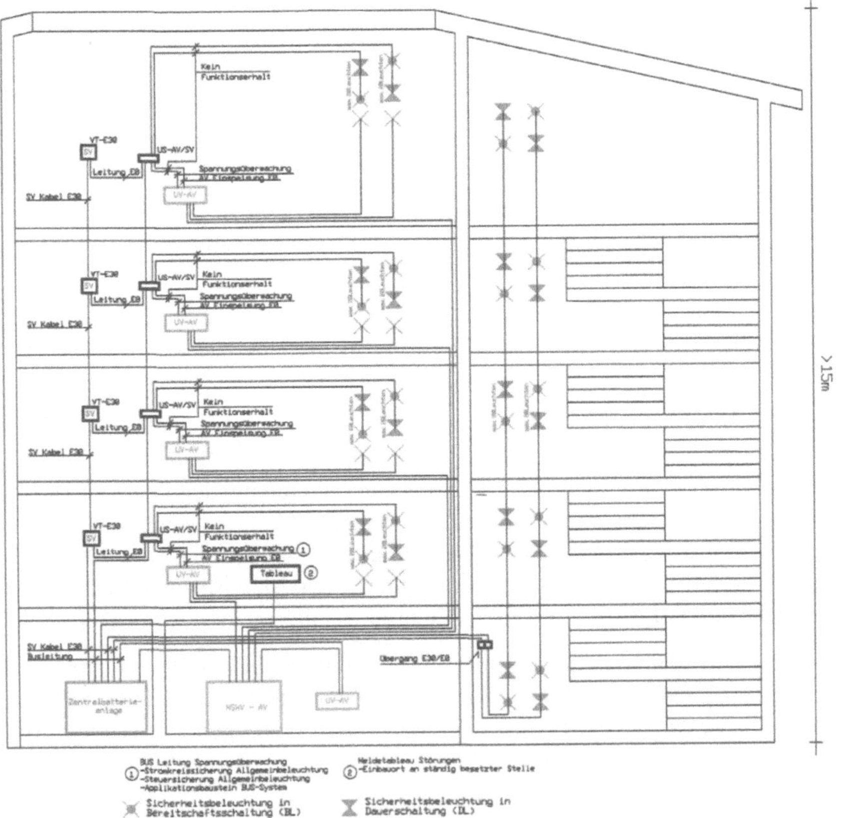


**Bild 4.15:** Sicherheitsstromversorgung mit BA-Unterstation

*Kommentar zur Systemzeichnung*: Der Aufbau dieser Technik kann aus der Zentrale mit Einzelabgängen je Ebene oder mit einer gemeinsamen Strangversorgung über alle Ebenen aufgebaut werden. In der Abbildung ist die zweitgenannte Technik dargestellt. Wichtig ist auch, dass im jeweiligen BA eine AV-Unterverteilung installiert ist, aus der die AV-Versorgung für die Unterstation zur Verfügung steht.

Eine Unterstation für die zu versorgenden Sicherheitsleuchten beschränkt sich auf zwei Stromkreise mit je 20 St. Sicherheitsleuchten im Mischbetrieb. Werden in den Ebene mehr als 40 Sicherheitsleuchten installiert, muss eine zweite Unterstation eingeplant werden. Ein notwendiges Treppenhaus muss direkt aus der Zentrale versorgt und hier bis in den Treppenraum mit Kabel E30 Funktionserhalt ausgeführt werden.

### 4.9.3 Zentralanlage mit externer Stromversorgung

Mit Einführung der neuen Norm VDE V 0108-100-1 sind als Erleichterung zunehmend mehr Gebäudetypen aus einer Ersatzstromquelle mit Umschaltzeiten $\leq 15$ s für die Sicherheitsbeleuchtung zulässig. Die Entscheidung trifft der Fachplaner zusammen mit dem Gebäudeeigentümer unter einer besonderen Betrachtung von Panikrisiko und Gefährdungsbeurteilung. Als Stromquelle kann man daher auch Notstromaggregate verwenden, die zur Sicherheitsstromversorgung oftmals vorhanden sind, um sonstige Anlagen großer Leistungen, z. B. Sprinklerpumpe, zu versorgen. Damit kann man Zentralanlagen ohne Batterieblock für die Sicherheitsbeleuchtung einbauen. Techniken dieser Art sind auf dem Markt. Die Anlagen unterscheiden sich im Wesentlichen dadurch, dass der Zentralenschrank aus dem AV-Netz und SV-Netz versorgt wird. Die Technik, die von den Herstellern eingebaut ist, funktioniert so, dass das AV-Netz für Überwachungszwecke benötigt wird, die Verbrauchsversorgung erfolgt sowohl bei Netz- als auch bei Ersatzbetrieb über die Ersatz-Einspeisung an der CPS.

*Hinweis:* Bei der Betrachtung der Selektivität zwischen der Absicherung Aggregat und der Absicherung der CPS-Zentrale gilt die Faustformel:

Absicherung = Generatorleistung · 0,33 (Faktor)

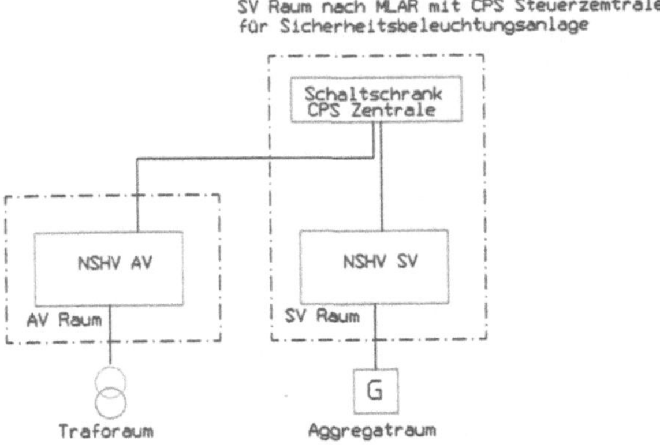


**Bild 4.16:** Sicherheitsstromversorgung mit NEA

*Kommentar zur Systemzeichnung:* Die Zeichnung zeigt, dass mit dem Entfall der Batterie die Aufstellung der Zentralsteuerung im Raum mit der NSHV SV erfolgen kann, aus der auch die weiteren im Gebäude betriebenen Sicherheitsanlagen versorgt werden. Es ist demnach kein separater Raum für die brandabschnittsübergreifende Versorgung der Sicherheitsleuchten mit all den aufwendigen Einplanungen einer separaten Zu- und Abluft erforderlich. Grundsätzlich muss hier auch der Prüfsachverständige im Vorfeld involviert sein.

## 4.9.4 Prüfung des ungünstigsten Endstromkreises

Die Funktion der Sicherheitsbeleuchtung ist nur gegeben, wenn drei Bedingungen erfüllt sind:

- **1. Bedingung:** Das automatische Umschalten bei Stromausfall muss in der vorgegebenen Zeit erfolgen.
- **2. Bedingung:** Sämtliche Leuchten eines Stromkreises müssen über die Zeitdauer, die nach den Vorschriften gefordert ist, problemlos funktionieren.
- **3. Bedingung:** Tritt in einem Stromkreis ein Fehler auf, bei dem es zu einer unzulässig hohen Berührungsspannung kommt, muss die Abschaltung in der nach DIN VDE 0100-430 vorgegebenen Zeit von 0,4 s gewährleistet sein. Grundsätzlich darf nur der fehlerbehaftete Stromkreis ausfallen.

Dies bedeutet, dass der zulässige Spannungsfall, die Strombelastung der Leitung und der Schleifenwiderstand bestimmte Werte nicht überschreiten dürfen. Aufgrund der geringen Absicherung der Stromkreise, ist die Strombelastung bei den in der Regel verwendeten Leitungsquerschnitten ohne Bedeutung. Von Bedeutung sind daher der Spannungsfall mit max. 3 %, sowie der Schleifenwiderstand $Z_s$ in Ω, der sich aus dem Innenwiderstand der Stromquelle $R_i$, sowie aus dem Leitungswiderstand $R_L$, von Hin- und Rückleitung, zusammensetzt.

*Erfahrung aus der Praxis:* Bei Sonderbauten mit mehreren Brandabschnitten und großen Flächen von bis zu 1600 m² je Brandabschnitt werden in der Regel zwei Stromkreise gelegt, die die Leuchten der Sicherheitsbeleuchtung versorgen. Entsprechend der Vorschrift sind die Leuchten abwechselnd auf zwei Stromkreise zu verteilen, so dass unter Umständen sehr lange Leitungsstrecken erforderlich werden. Um den Vorschriften gerecht zu werden und die Funktion zu gewährleisten, ist der rechnerische Nachweis zu erbringen, dass die vorgegebenen Kriterien der Bedingung 3 erreicht werden. Von manchen Sicherheitsprüfingenieuren wird daher verlangt, rechnerisch zu belegen, dass mit der Verkabelung die ausgeführt wurde, der nach DIN/VDE vorgegebene Spannungsfall $U_v$ und die zulässige Schleifenimpedanz $Z_s$ zur Einhaltung der Abschaltbedingungen gewährleistet sind. Berechtigt ist diese Forderung bei großen Flächen, wenn die beiden Stromkreise mit der Anzahl der zugelassenen 20 Leuchten belegt sind und durch Leitungslängen von 300 m und bei längeren Zuleitungen bis in den Brandabschnitt auch 350 m keine Seltenheit sind. Hierzu gibt es 4 Möglichkeiten, die der Planer zu prüfen hat, um die günstigste bzw. wirtschaftlichste Lösung umzusetzen.

- Die Querschnitte der Verkabelung sind so auszuwählen, dass die beiden Forderungen eingehalten werden.
- Die Verkabelungsstruktur ist so aufzubauen, dass sich die Leitungslänge durch Aufteilung in Stiche reduziert. (Bei gemischten Systemen nur in Absprache mit dem Hersteller, da hier eventuell die Linienstruktur beibehalten werden muss.)
- Die Anzahl der Stromkreise in die Brandabschnitte ist so zu erhöhen, dass sich die Leistung auf die zulässige Länge reduziert.
- Der Aufbau der Zentralbatterieanlage erfolgt mit dezentralen Unterverteilungen (UV) / Unterstationen (US) in den Brandabschnitten.

Zur Entscheidungsfindung reicht es aus, nur die Stromkreise rechnerisch zu prüfen, bei denen erkennbar ist, dass durch sehr lange Leitungswege der sichere Betrieb gefährdet ist.

Eine Möglichkeit dazu ist, mit Excel die Berechnung zu erstellen und als Nachweis für die korrekte Ausführung der Dokumentation beizugeben. Damit ist auch die Gewissheit für den Planer in nachvollziehbarer Form vorhanden, im Vorfeld die Anlage richtig ausgelegt zu haben.

Berechnung des Spannungsfall und der Abschaltbedingungen in Stromkreisen der Sicherheitsbeluchtung
10 W - 1,5 mm²
1. Berechnung Spannungsfall Uv in Volt und % mit Leitungswiderstand $R_L$

| Leuchte n | 1 | 2 | 3 | 4 | 5 | 6 | 7 | 8 | 9 | 10 | 11 | 12 | 13 | 14 | 15 | 16 | 17 | 18 | 19 | 20 | Gesamt |
|---|---|---|---|---|---|---|---|---|---|---|---|---|---|---|---|---|---|---|---|---|---|
| Länge l in m | 80m | 20m | 20m | 20m | 20m | 20m | 20m | 20m | 20m | 20m | 20m | 20m | 20m | 20m | 20m | 20m | 20m | 20m | 20m | 20m | 460m |
| Leistung P in W | 10W | 10W | 10W | 10W | 10W | 10W | 10W | 10W | 10W | 10W | 10W | 10W | 10W | 10W | 10W | 10W | 10W | 10W | 10W | 10W | 200W |
| Leistung P gesamt | 200W | 190W | 180W | 170W | 160W | 150W | 140W | 130W | 120W | 110W | 100W | 90W | 80W | 70W | 60W | 50W | 40W | 30W | 20W | 10W | |
| Summe l x P | 16000 | 3800 | 3600 | 3400 | 3200 | 3000 | 2800 | 2600 | 2400 | 2200 | 2000 | 1800 | 1600 | 1400 | 1200 | 1000 | 800 | 600 | 400 | 200 | 54000 |
| Spannung U in V | 195V | 195V | 195V | 195V | 195V | 195V | 195V | 195V | 195V | 195V | 195V | 195V | 195V | 195V | 195V | 195V | 195V | 195V | 195V | 195V | 195V |
| Querschnitt A in mm² | 1,5 | 1,5 | 1,5 | 1,5 | 1,5 | 1,5 | 1,5 | 1,5 | 1,5 | 1,5 | 1,5 | 1,5 | 1,5 | 1,5 | 1,5 | 1,5 | 1,5 | 1,5 | 1,5 | 1,5 | |
| Leitfähigkeit S | 56S | 56S | 56S | 56S | 56S | 56S | 56S | 56S | 56S | 56S | 56S | 56S | 56S | 56S | 56S | 56S | 56S | 56S | 56S | 56S | 56S |
| Spannungsfall Uv | 1,95V | 0,46V | 0,44V | 0,42V | 0,39V | 0,37V | 0,34V | 0,32V | 0,29V | 0,27V | 0,24V | 0,22V | 0,20V | 0,17V | 0,15V | 0,12V | 0,10V | 0,07V | 0,05V | 0,02V | 6,59V |
| Spannungsfall % | | | | | | | | | | | | | | | | | | | | | 3,38% |
| Leitungswiderstand RL | 1,99Ω | 0,48Ω | 0,48Ω | 0,48Ω | 0,48Ω | 0,48Ω | 0,48Ω | 0,48Ω | 0,48Ω | 0,48Ω | 0,48Ω | 0,48Ω | 0,48Ω | 0,48Ω | 0,48Ω | 0,48Ω | 0,48Ω | 0,48Ω | 0,48Ω | 0,48Ω | 10,95Ω |

2. Berechnung der Abschaltbedingungen

2.1 Tabelle Absicherung

| Stromkreis | Abschaltstrom |
|---|---|
| Sicheung in A | t = 0,4 s |
| 2 A | 20 A |
| 4 A | 38 A |
| 6 A | 62 A |
| 10 A | 96 A |

Abschaltstrom Feinsicherungen siehe Tabelle 3.6

2.2 Tabelle Innenwiderstand

| Innenwidersand Stromquelle | |
|---|---|
| 24 V | 0,34 |
| 110V | 0,58 |
| 230 V | 0,98 |

2.3 Erklärung der Formel für den Spannungsfall*

Uv = 2*(l*P)/A/X/U

Uv = Spannungsfall in V
l = Länge in m
P = Leistung in W
A = Querschnitt des Leiters in mm²
x = Leitwert des Materials (56 für Kupfer)
U = Spannung der Stomquelle in V

*Zum gleichen Ergebnis kommt man auch mit der Formel:

Uv = b(ρ*1/A*cosφ+λ*1*sinφ)$I_B$

Erklärung: VDE 0100-520:2013-06, Anhang G

2.4 Erklärung der Formeln für max Leitungslänge:

$l_{max}$ = [(c_min*U_0/√3*I_a)-Z_V]/2*Z_L

Erklärung: Kapitel 10 mit Tabelle 10.1

Innenwiderstände der verschiedenen Batterietypen

| Batterietyp | Ri/Zelle | Zellenzahl | Spannung/Zelle | Ri gesamt |
|---|---|---|---|---|
| Blei geschlossen | 0,005 | 108 | 2,23 V | 0,54 |
| Blei verschlossen | 0,005 | 108 | 2,27 V | 0,54 |
| NiCd | 0,0025 | 180 | 1,42 V | 0,45 |

**Bild 4.17:** Maske der Berechnung für Spannungsfall in V und %

*Kommentar zur Abbildung:* Grundlage der Berechnung ist die Eingabe der Daten, damit als Ergebnis durch die hinterlegten Formeln für den Spannungsfall der normgerechte Wert steht. Die Daten, die dafür aus der Entwurfsplanung zu ermitteln sind:

- Die Leitungslängen von der Abgangssicherung bis zur ersten Leuchte im Stromkreis und aller Verbindungsleitungen zwischen den Leuchten von 1 bis *n.*
- Die Leistung jeder einzelnen Leuchte.
- Den Querschnitt der Leiter für die verschiedenen Streckenlängen.
- Die Spannung der Zentralbatterieanlage bezogen auf die Mindestspannung nach längstens 10 Betriebsjahren, welche für eine 216-V-Anlage bei mind. 195 V sein muss.
- Die Angaben zum Innenwiderstand des Batterieblocks, der beim Hersteller der Zentralbatterieanlage abzufragen und als Nachweis für das Berechnungsergebnis auf dem Datenblatt der Maske mit einzutragen ist.

Die anzuwendenden Formeln, die für den Spannungsfall in der Maske zu hinterlegen sind:

$U_V = (2 \cdot L \cdot I_B)/(\chi \cdot A)$ oder $U_v = b(\rho \cdot l/A \cdot \cos\varphi + \lambda \cdot l \cdot \sin\varphi) I_B$

Beide Formeln führen in der Anwendung zum gleichen Ergebnis und sind im Kapitel 2 sowie 4 ausführlich beschrieben.

Im zweiten Schritt ist dann die Länge in Bezug zur Abschaltung im Fehlerfall zu berechnen. Dazu ist mit Kenntnis der Länge und den Daten aus Tabelle 2.1 mit der folgenden Formel die Berechnung durchzuführen:

$l_{max} = [(c_{min} \cdot U_N / \sqrt{3} \cdot I_a) - Z_V] / 2 \cdot Z'_L$

Die Erklärung der Formel ist im Kapitel 2 ausführlich abgehandelt.

*Hinweis:* Die Daten für den ungünstigsten Stromkreis können auch der ausführenden Firma zur Verfügung gestellt werden. Kommt es zur Erkenntnis, dass nach den örtlichen Gegebenheiten die vorgegebenen Grenzwerte bei der Installation nicht eingehalten werden, ist es ein Leichtes, neue Lösungen zu entwickeln, um den Vorschriften gerecht zu werden.

## 4.9.5 Das Gewicht der Anlage für den Architekten

Ein wesentlicher Faktor für die Zuarbeit an den Architekten nach erfolgter Platzierung des Raums im Gebäude für die Zentralbatterieanlage ist das Gewicht. Von wesentlicher Bedeutung ist dieser Wert bei einer Platzierung in einem Geschoss oberhalb der Bodenplatte. Das Gewicht richtet sich nach der Kapazität und ist abhängig von der verwendeten Batterie, die zum Einsatz kommen soll. Eine Übersicht dazu ist der folgenden Tabelle zu entnehmen. Es zeigt, dass es dazu große Unterschiede gibt, aber auch bei größeren Anlagen, dass diese Gewichte nicht unerheblich sind und vom Statiker daher beachtet werden müssen.

**Tabelle 4.8:** Gewicht von Batterieanlagen nach den verschiedenen Batterietypen

| **OGiV – verschlossene Blei-Batterie, Lebenserwartung 10…12 Jahre** | | | | | |
|---|---|---|---|---|---|
| 20 Ah | 32 Ah | 50 Ah | 65 Ah | 85 Ah | 90 Ah |
| 155 kg | 250 kg | 360 kg | 460 kg | 580 kg | 630 kg |
| 100 Ah | 120 Ah | 180 Ah | 200 Ah | 240 Ah | |
| 720 kg | 900 kg | 1300 kg | 1440 kg | 1800 kg | |
| **OPzS – geschlossene Blei-Batterie, Lebenserwartung 12…14 Jahre** | | | | | |
| 50 Ah | 100 Ah | 150 Ah | 200 Ah | 250 Ah | 300 Ah |
| 630 kg | 810 kg | 1200 kg | 1500 kg | 2100 kg | 2300 kg |
| 350 Ah | 420 Ah | 490 Ah | 600 Ah | 700 Ah | |
| 3000 kg | 3500 kg | 4000 kg | 4900 kg | 5200 kg | |
| **SBLE – geschlossene Nickel-Cadmium-Batterie, Lebenserwartung >20 Jahre** | | | | | |
| 15 Ah | 40 Ah | 62 Ah | 95 Ah | 110 Ah | 185 Ah |
| 440 kg | 904 kg | 940 kg | 1251 kg | 1389 kg | 2004 kg |

*Kommentar zur Tabelle:* Die Tabelle ist ein kleiner Auszug aus einer Vielzahl von Kapazitätsgrößen mit verschiedenen Batterietypen und verschiedenen Herstellern. Es soll damit gezeigt werden, wie wichtig es ist, das Gewicht rechtzeitig zu ermitteln und dem Architekten mitzuteilen. Maßgebend sind auch die Gewichtsunterschiede nach den vergleichbaren Kapazitätsgrößen mit den verschiedenen Batteriearten wie der verschlossenen Blei-Batterie 65 Ah mit 460 kg zur geschlossenen Nickel-Cadmium-Batterie 62 Ah mit 940 kg. Da Zentralbatterieanlagen im Laufe der Jahre auch getauscht werden, ist bei der Planabstimmung mit dem Bauherrn, darauf zu verweisen, dass für eine Umrüstung die Gewichtsbelastung einer Decke großzügig ausgelegt wird, um hier keine Einschränkungen hinnehmen zu müssen. Die Angabe der Lebenserwartung für die verschiedenen Batteriearten bezieht sich immer auf eine konstante Temperatur von 20 °C im Aufstellraum.

# 5 Gruppenbatterieanlagen mit unterschiedlichen Leistungen und Batteriespannungen (LPS)

Der vornehmliche Entscheidungsgrund dazu ist, dass die Zentrale der Gruppenbatterieanlage (LPS-System, Low Power Supply System) unter bestimmten Voraussetzungen in einem Brandabschnitt ohne die besonderen Anforderungen, die für Zentralbatterieanlagen umzusetzen sind, eingebaut werden kann.

Für die Unterbringung gilt, dass Batterien in geschützten Räumen unterzubringen sind. Falls es aus Sicht der Elektrofachplanung für erforderlich gesehen wird, sind elektrische oder abgeschlossene elektrische Betriebsräume zu fordern.

Vorschriftskonforme Unterbringungsmöglichkeiten sind:

- getrennte Räume für Batterien in Gebäuden,
- besondere, abgetrennte Bereiche in elektrischen Betriebsräumen,
- Schränke oder Behälter innerhalb oder außerhalb von Gebäuden,
- Batteriefächer in Geräten.

*Hinweis:* Die Unterbringung von ortsfesten Batterien ist gemäß EN IEC 62485-2 von der Batteriespannung abhängig. Es wird dazu nach drei Spannungsbereichen unterschieden, was auch in der MLAR:2018-10 (S. 340) übernommen ist:

- Batterien ≤ 60 V DC stellen keine besonderen Anforderungen bei der Platzierung im Gebäude. Denkbar ist somit die freie Platzierung im Gebäude mit Ausnahme von notwendigen Rettungswegen, die zu beachten sind.
- Batterien > 60 V DC bis 120 V DC erfordern die Unterbringung mit eingeschränktem Zugang, wie z. B in einem elektrischen Betriebsraum (vgl. VDE 0510-2, 5.1). Denkbar ist dafür der Einbau in Elektroräume, Technikräume oder auch sonstige Räume, die nur dem Betriebspersonal zugänglich sind.
- Batterien > 120 V DC müssen in einem abgeschlossenen elektrischen Betriebsraum untergebracht werden. Die sichere Variante für den vorschriftsmäßigen Einbau ist, hier einen Raum zu fordern, der nach der EltBauV hergestellt wird.

Als elektrische Betriebsstätten bzw. abgeschlossene elektrische Betriebsstätten gelten:

- besondere Räume für Batterien innerhalb von Gebäuden,
- besondere abgetrennte Betriebsbereiche in elektrischen Betriebsstätten,

- Schränke oder Behälter innerhalb oder außerhalb von Gebäuden, sowie
- Batteriefächer in Geräten, wie Kombi-Schränke (vgl. VDE 0510-2, 10).

Gruppenbatterieanlagen sind zentrale Stromversorgungssysteme mit Leistungsbegrenzung der angeschlossenen Last.

Der wesentliche Unterschied zur Zentralbatterieanlage ist nach VDE 0100-560 die Begrenzung der angeschlossenen Verbraucher. Die Vorgaben aus der VDE hierzu sind:

- Betriebsdauer 3 h – Anschlussleistung 500 W
- Betriebsdauer 1 h – Anschlussleistung 1.500 W (vgl. VDE 0108 – 100)

Gruppenbatterieanlagen gewinnen zunehmend an Bedeutung durch eine hochwertige Technik und kompakte Bauweise, geschuldet auch dem ausschließlichen Einsatz von LED-Leuchten.

Im Widerspruch zu den oben aufgeführten Einbaurichtlinien zu Gruppenbatterieanlagen gibt es noch immer die nachfolgenden Vorgaben in den Normen und der Literatur. Um bei der Planung keine Fehler zu begehen, ist eine Abstimmung mit dem Prüfsachverständigen vorzunehmen und zu dokumentieren.

- Beim Einsatz von Gruppenbatterieanlagen gilt nach gängiger Meinung, dass die Zentrale ohne Anforderung im zugehörigen Brandabschnitt platziert werden kann, wenn sich die Versorgung der Sicherheitsleuchten auf den Brandabschnitt beschränkt. Zu klären ist hier aber die Zu- und Abluft, die von manchen Prüfsachverständigen in Bezug zur EltBauV gefordert wird. Maßgebendes Kriterium ist, wie nachfolgend auch dargelegt, die Batteriespannung, mit der die Zentrale betrieben wird.
- Bauordnungsrechtlich wird der Aufstellort einer Gruppenbatterieanlage der einer Zentralbatterieanlage gleichgesetzt. Das heißt, wenn für die Unterbringung keine Erleichterung oder Abweichung herbeigeführt wird, ist formal ein eigener Raum für den Einbau notwendig. Die Weiterentwicklung der LPS-Systeme macht weitere Betrachtungen hierzu erforderlich (vgl. MLAR:2018-10, S. 339).

  *Hinweis:* Wird im Hinblick auf die Weiterentwicklung versucht, abweichende Kriterien zur Vorgabe nach der EltBauV umzusetzen, ist im Einzelfall der Weg zur Erfüllung der bauordnungsrechtlichen Schutzziele im Planungsprozess zu hinterfragen. In begründeten Fällen kann daher auch von den Vorschriften der EltBauV eine abweichende technische Lösung gleichermaßen den Schutzzielanforderungen des geltenden Rechts genügen.

- Für den Nachweis der Einhaltung der Schutzziele sind folgende Punkte in der Planung zu beachten bzw. zu dokumentieren:
  - Dokumentation der tatsächlich geplanten bzw. vorhandenen technischen Randbedingungen nach VDE 0510-2:2001-12,
  - Berechnung der Be- und Entlüftung unter Beachtung dieser Daten (siehe MLAR:2018-10, Teil N-V),
  - gegebenenfalls Nachweis der Fugendurchlässigkeiten durch Berechnung (siehe MLAR:2018-10, Teil N-V d),
  - gegebenenfalls Nachweis der Fugendurchlässigkeit durch Messung im Rahmen von Blower-Door-Test gemäß den ENEV-Nachweisen bzw. Door-Fan-Prüfmethode gemäß VdS 2380:2016-06 für Feuerlöschanlagen mit nicht verflüssigten Inertgasen (vgl. MLAR:2018-10, S. 341).
- Werden Gruppenbatterieanlagen mit einer Spannung $\leq$ 60 V DC installiert, kann der Einbau frei ohne Raum im jeweiligen BA erfolgen.

*Hinweis:* Die Grenze eines BA darf 1.600 m² nicht überschreiten, d. h., es darf nur die horizontale Ebene versorgt werden und auch kein Treppenhaus, das als notwendiges Treppenhaus in den Plänen des BSK ausgewiesen ist.

## 5.1 Wesentliche Vorteile einer Gruppenbatterieanlage gegenüber einer Zentralbatterieanlage

Die Weiterentwicklung der Technik von Gruppenbatterieanlagen kann auch bei größeren Gebäuden eine wirtschaftliche Lösung sein, auch mit mehreren Einheiten verteilt auf die jeweiligen BA, um die Schutzziele umzusetzen.

Hier die Vorteile, die für eine Gruppenbatterie sprechen und als Entscheidung gegen eine Zentralbatterieanlage aufgeführt werden:

- Der dezentrale Aufbau mit Gruppenbatterieanlagen bietet eine größere Funktionssicherheit für das Gebäude gegenüber einer Zentralbatterie, bei dessen Ausfall das gesamte Gebäude ohne Sicherheitsbeleuchtung ist.
- Eine Störung der Verkabelung zu den nachgeschalteten Unterstationen führt zu einem Gesamtausfall bei der Zentraltechnik, wohingegen bei der Gruppentechnik durch den dezentralen Aufbau keine Verkabelung erforderlich ist.
- Ein Systemausfall bei der Zentraltechnik führt zum Gesamtausfall der Sicherheitsbeleuchtung. Bei der Gruppentechnik fällt in der Regel nur der eines BA aus.

- Gruppenbatterieanlagen werden zunehmend mit 24 V betrieben. Zentralbatterieanlagen fast ausschließlich mit Spannungen von 216 V DC. Damit ergibt es keine Gefahr im Betrieb und für Servicearbeiten.
- Im Prinzip gelten für Gruppenbatterieanlagen die gleichen Anforderungen wie bei der Zentralbatterieanlage. Der Einbau der dafür notwendigen Zentrale muss in einem Raum erfolgen, wenn die Anlage brandabschnittsübergreifend gebaut wird. Erfolgt die Installation innerhalb eines Brandabschnitts, kann der Raum u. V. entfallen.
- Sofern Gruppenbatterien wartungsfrei, bezogen auf das Elektrolyt, sind, die Lade- und Kontrolleinrichtung hinreichend betriebssicher, eine regelmäßige Prüfung auf Erreichen der notwenigen Ladekapazität möglich ist, so dass die erforderliche Mindestbetriebsdauer für den Betrieb der angeschlossenen sicherheitstechnischen Anlagen und Einrichtungen garantiert werden kann, besteht die Möglichkeit, diese Gruppenbatterie außerhalb von Aufstellräumen gemäß den Vorschriften der EltBauV aufzustellen. Dazu ist eine Abweichung gemäß § 67 MBO zu beantragen. Dazu ist ein ausreichender Schutz der Rettungswege vor Bränden der Batterien zu berücksichtigen und zu erläutern, wie die Batterieanlage dann zur Kompensation aufgestellt werden soll (vgl. MLAR:2018-10, S. 318).

## 5.2 Planung der Kabel-/Leitungsanlage für Sicherheitsbeleuchtung mit Gruppenbatterieanlage

Die Versorgung der Sicherheitsleuchten aus einem dezentralen Sicherheitsbeleuchtungssystem mit integrierten Batterien ist nach den vorgegebenen Brandabschnitten aus dem Brandschutznachweis zu planen. Für das festgelegte Schutzziel gilt, egal wo es brennt, es darf nur der eine betroffene Brandabschnitt ausfallen (vgl. MLAR:2018-10, S. 303).

Durch den dezentralen Aufbau mit einer Anlage in jedem Brandabschnitt wird das vorgegebene Schutzziel erreicht. Für die Verkabelung der Sicherheitsbeleuchtung bedeutet das, es können ausschließlich Leitungen ohne Anforderung an den Funktionserhalt installiert werden.

Ist neben den horizontalen Brandabschnitten auch ein vertikaler Brandabschnitt in Form eines Treppenhaues mit Sicherheitsbeleuchtung auszustatten, kann die Lösung für eine wirtschaftliche Schutzzielforderung die Installation von Einzelbatterieleuchten sein (vgl. MLAR:2018-10, S. 303).

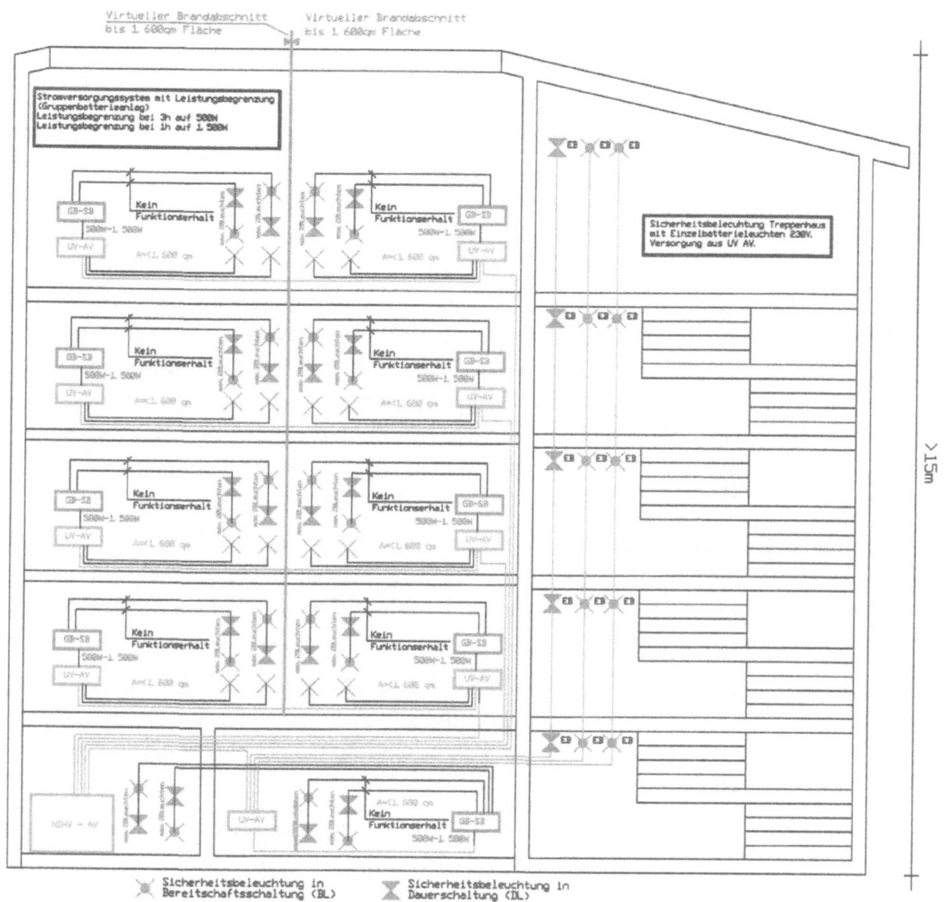


**Bild 5.1:** Systemzeichnung – Gruppenbatterieanlage (DXF 40)

*Kommentar zur Systemzeichnung:* Innerhalb der Brandabschnitte ist mit dezentralen Sicherheitsbeleuchtungssystemen über die jeweils maximal zulässige Fläche von $\leq$ 1.600 m² gewährleistet, dass beim Ereignis Brand die Sicherheitsbeleuchtung nur immer im betroffenen Brandabschnitt ausfällt.

- Aus der Zeichnung ist zudem zu erkennen, dass der notwendige Funktionserhalt von 30 Minuten auch ohne eine funktionserhaltende Kabelanlage erreicht wird.
- Die Besonderheit ist die Installation der Sicherheitsbeleuchtung mit Einzelbatterieleuchten im Treppenhaus. Wäre hier die Entscheidung, diese Leuchten an die Gruppenbatterie anzuschließen, würden für diese Anlage die Forderungen an die

Errichtung wie bei einer Zentralbatterie greifen, mit allen Konsequenzen, die sich daraus ergeben.

## 5.3 Grundsätze für die Projektierung der Gruppenbatterieanlage

Die Projektierung der Sicherheitsbeleuchtung, die sich aus der Forderung im Brandschutznachweis (BSN) für ein Gebäude ergibt, ist analog wie bei einer Zentralbatterieanlage durchzuführen. Neben der Beachtung der BA nach den Vorgaben aus dem BSN ist danach die max. Batterieleistung mit der max. Anzahl von Stromkreisen zu beachten. Weiterführend ergibt sich daraus die zu installierende Leitungsanlage mit der erforderlichen Leistung für die Gruppenbatterie, welche die Grundlage für den funktionierenden Betrieb ist. Die Abbildung stellt eine Anlage im Mischbetrieb mit Einzelleuchtenüberwachung dar. Hier können sowohl Bereitschafts- als auch Dauerleuchten gemeinsam auf einem Stromkreis betrieben werden.

*Hinweis:* Die nachfolgenden Ausführungen zu Gruppenbatterieanlagen in den verschiedenen Größen nach den Leistungen, Spannungen beziehen sich auf die am Markt zur Verfügung stehenden Anlagen, innerhalb der Grenzen eines BA, der nicht überschritten werden darf.

Das folgende Schema ist mit 12 abgehenden Stromkreisen gezeichnet. Gruppenbatterieanlagen sind in ihrer Auslegung auf die genannte Leistung nach den Vorgaben aus der VDE begrenzt. Somit muss mit einer begrenzten Anzahl von Endstromkreisen und Leuchten geplant werden.

*Kommentar zur folgenden Systemzeichnung:* Im Zuge der Entwurfsplanung ist das abgebildete Schema die Grundlage für die technische Ausführung der Zentrale. Zudem gibt es allen Beteiligten der für Herstellung, Planung und Installation Verantwortlichen eine gewisse Sicherheit und Nachvollziehbarkeit, bei der Umsetzung alles richtig gemacht zu haben.

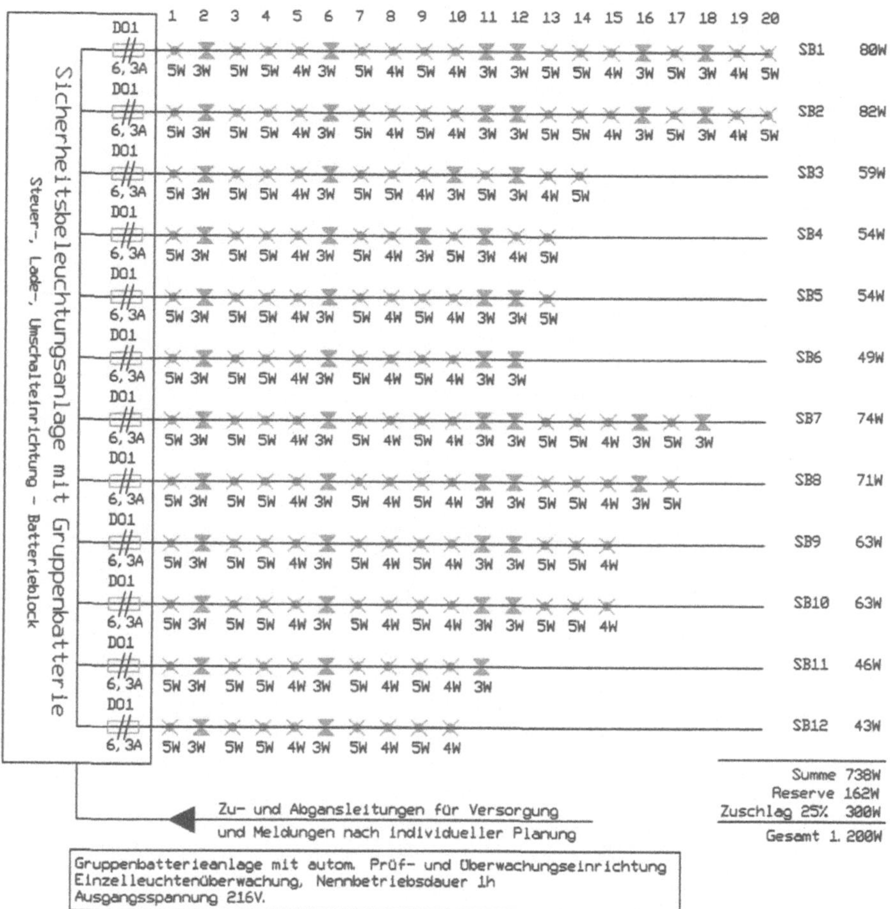


**Bild 5.2:** Systemzeichnung – Gruppenbatterieanlage mit begrenzter Leistung (DXF 101)

- Wird ein BA aus einer separat zugeordneten Gruppenbatterieanlage versorgt und werden die Grenzen des BA nicht überschritten, kann das Zuleitungskabel aus der AV-UV versorgt werden, die ebenfalls in diesem BA platziert ist. Deckt die Gruppenbatterieanlage mehr als einen BA ab, kann verlangt werden, dass der Anschluss der AV-Stromversorgung an der NSHV-AV erfolgen muss. Hier ist die Empfehlung, sich im Zuge der Planung mit dem Prüfsachverständigen abzustimmen.

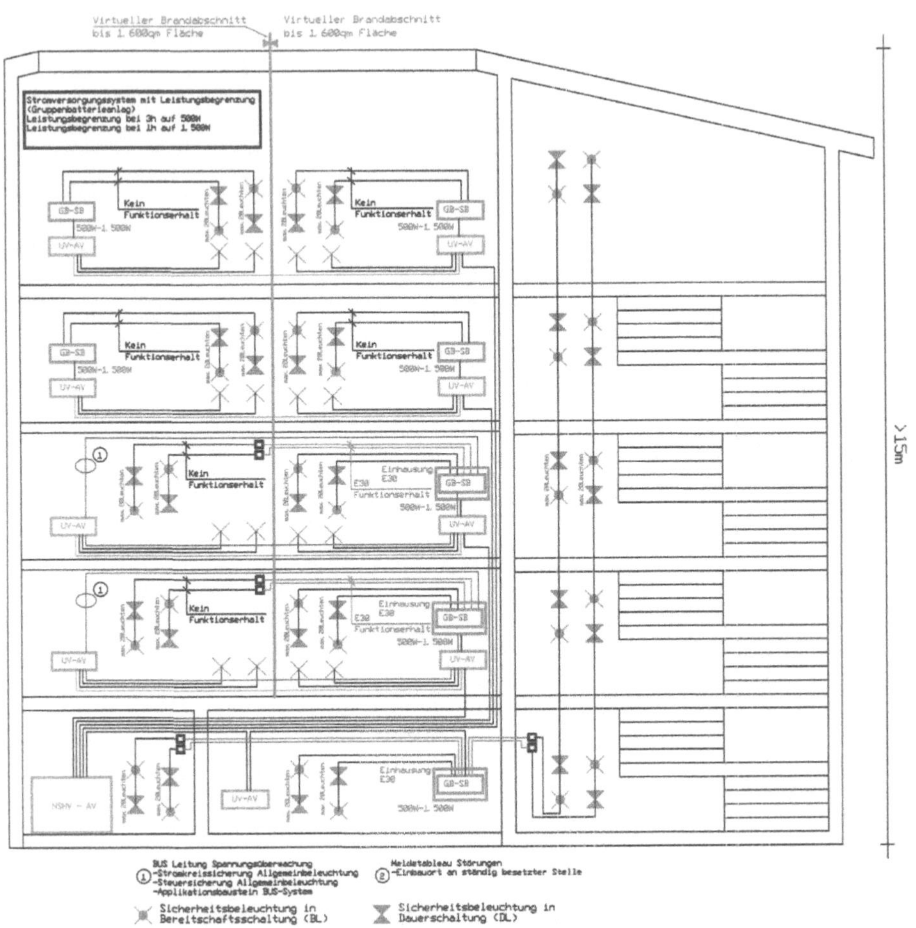


**Bild 5.3:** Systemzeichnung – Installation mit Gruppenbatterie über die Grenzen eines Brandabschnitts (DXF 102)

*Kommentar zur Systemzeichnung:* Bauordnungsrechtlich wird der Aufstellort einer Gruppenbatterieanlage der einer Zentralbatterieanlage geleichgesetzt. Das heißt, wenn für die Unterbringung keine Erleichterung als Abweichung herbeigeführt wird, muss ein eigener Raum für den Einbau geschaffen werden (vgl. MLAR:2018-10, S. 339). Mit Bild 5.3 soll diese Problematik nochmals aufgezeigt werden.

## 5.4 Gruppenbatterieanlage kleiner Leistung, Ausgang 230 V

Neben der Variante mit begrenzter Leistung und individueller Planung der Anzahl von Stromkreisen bieten Hersteller auch Kleinanlagen in Gruppenbatterieanlagentechnik an, bei der neben der Leistung auch die Zahl der abgehenden Stromkreise begrenzt ist.

Das folgende Schema ist mit 4 abgehenden Stromkreisen gezeichnet. Herstellerbedingt ist bei dieser Technik neben der Zahl der Stromkreise auch die Leistung je Stromkreis und die Gesamtleistung begrenzt. Entsprechend der Darstellung darf ein Stromkreis mit maximal 100 W bei 20 St. Leuchten belegt werden. Zudem muss beachtet werden, dass die Gesamtleistung den Wert von 200 W, verteilt auf die 4 Stromkreise nicht überschreitet. Bei dieser Anlagenplanung können bis zu 250 Anlagen, zugeordnet innerhalb der einzelnen Brandabschnitte, installiert werden. Die Kommunikation und Überwachung untereinander erfolgt über IP. Somit kommt diese Variante der Sicherheitsbeleuchtungstechnik der einer Zentralbatterieanlage gleich. Der Vorteil ist, dass die Endstromkreise ohne Anforderung an den Funktionserhalt ausgeführt werden können. Es ist strikt darauf zu achten, mit der Installation die Grenzen der Brandabschnitte einzuhalten.

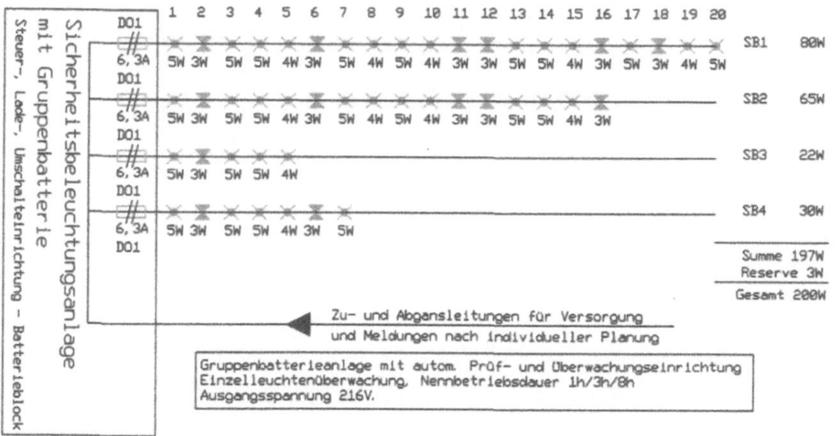


**Bild 5.4:** Systemzeichnung – Gruppenbatterie als kleine Einheit für dezentralen Aufbau (DXF 107)

*Kommentar zur Systemzeichnung:* Der dezentrale Aufbau hat den Vorteil, dass durch die Platzierung innerhalb eines BA der Funktionserhalt der Leitungsanlage außer

Acht gelassen werden kann. Zudem arbeiten diese Anlagen mit 230 V AC/DC an den Endstromkreisen. Hierdurch keine Herstellerbindung an die angeschlossenen Leuchten. Dadurch auch keine überdimensionierten Querschnitte bei längeren Strecken zur Einhaltung des zulässigen Spannungsfalls. Als Batterie wird hier nur eine 12-V-Batterie eingesetzt.

## 5.5 Gruppenbatterieanlage kleiner Leistung, Ausgang 24 V

Das folgende Schema ist mit 4 abgehenden Stromreisen gezeichnet. Herstellerbedingt ist bei dieser Technik neben der Zahl der Stromkreise auch die Leistung je Stromkreis und die Gesamtleistung begrenzt. Entsprechend der Darstellung darf ein Stromkreis hier mit max. 3 A je Sicherung belastet werden. Die Kommunikation und Überwachung untereinander erfolgt ebenfalls über IP. Somit kommt diese Variante der Sicherheitsbeleuchtungstechnik auch der einer Zentralbatterieanlage gleich. Der Vorteil ist, dass die Endstromkreise ohne Anforderung an den Funktionserhalt ausgeführt werden können. Es ist strikt darauf zu achten, mit der Installation die Grenze des Brandabschnitts einzuhalten.

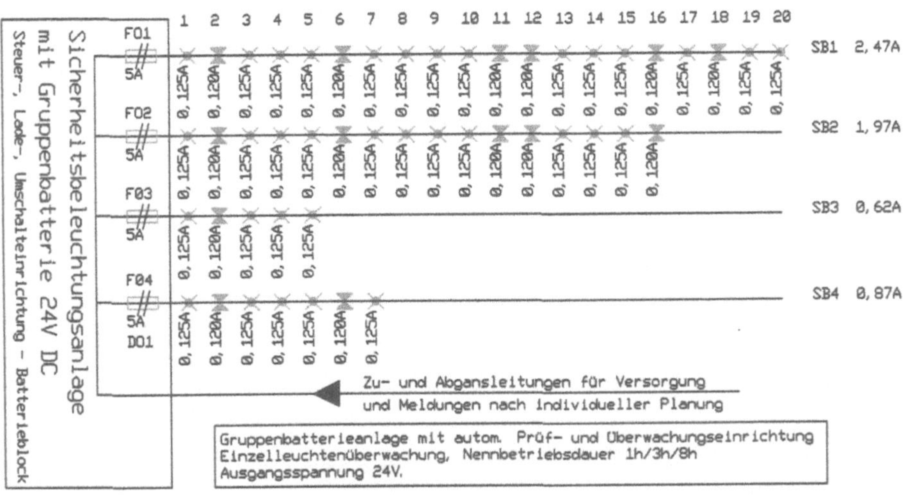


**Bild 5.5:** Systemzeichnung – Gruppenbatterie als kleine Einheit für dezentralen Aufbau (DXF 110)

*Kommentar zur Systemzeichnung:* Der Einsatz von Anlagen mit 24-V-Spannungen und dezentralem Aufbau ergibt Sinn in kleinflächigen Gebäuden. Hier insbesondere bei architektonisch anspruchsvoller Gestaltung mit hohen Räumen wie Galerien usw. Empfehlenswert ist bei dieser Technik, die Ströme der einzelnen Leuchten im Schema mit aufzunehmen, um die 60%-Last einzuhalten. Aus wirtschaftlicher Sicht bietet sich diese Technik auch durch einen vereinfachten Batterietausch an.

- Durch die 24-V-Technik und der geringen Absicherung der Stromkreise ist es ratsam, die Anlage als Systemkomponenten bestehend aus Zentrale und den LED-Leuchten mit den sonstigen Feldgeräten von einem Hersteller zu beziehen und zu installieren.
- Ein wesentliches Kriterium ist mit der Wahl für eine Gruppenbatterieanlage mit einer Ausgangspannung von 24 V Batteriespannung die Endstromkreise in Bezug auf einen maximalen Spannungsfall von 3,5 % auszulegen. Hier empfiehlt es sich, den Anlagenhersteller in die Pflicht zu nehmen und abgestimmt auf dessen Anlage das Leitungsnetz entsprechend zu installieren.

Nachfolgend ist in Tabellenform der Zusammenhang von Absicherung, Querschnitt und Länge bezogen auf einen maximalen Spannungsfall von 3,5 % vorgegeben für eine Ausgangspannung von 24 V.

**Tabelle 5.1:** Leitungslängen nach den Kriterien der Abschaltbedingungen und dem Spannungsfall

| Strom $I_B$ (60 %) | Querschnitt | Länge |
|---|---|---|
| 3 A | 1,5 mm² | 49 m |
| 2 A | 1,5 mm² | 74 m |
| 1 A | 1,5 mm² | 147 m |
| 3 A | 2,5 mm² | 82 m |
| 2 A | 2,5 mm² | 123 m |
| 1 A | 2,5 mm² | 245 m |

*Kommentar zur Tabelle:* Die angegebenen Längen mit den Querschnitten sind vom Hersteller für eine Absicherung von 5 A je Stromkreis und der maximalen Belastung von 60 % mit 3 A unter Berücksichtigung eines Spannungsfalls von 3,5 % berechnet.

- Die geforderte Überbrückungszeit von 1 h / 3 h / 8 h durch die 24-V-Batterie mit der angeschlossenen Leistung erfolgt durch die richtig dimensionierte Batteriekapazität. Die wird vom Hersteller auf Grundlage der Zuarbeit durch den Fachplaner bestimmt. Grundlage ist die ausgearbeitete Schemazeichnung dazu.
- Werden Gruppenbatterieanlagen mit einer Spannung ≤60 V DC installiert, kann der Einbau frei ohne Raum im jeweiligen BA erfolgen (vgl. MLAR:2018-10, S. 303).

- Bevorzugter Einsatz dieser kleineren Gruppenbatterieanlagen sind ungeregelte, häufig kleinere Sonderbauten, wie Kindertagesstätten, kleinere Büro- und Verwaltungsgebäude. Diese Anlagen sind eine gute Alternative zu instandhaltungsintensiven Einzelbatterieleuchten (vgl. MLAR:2018-10, S. 338).

Bei der Be- und Entlüftung der Räume, in denen Gruppenbatterieanlagen mit Batteriespannungen < 60 V DC untergebracht werden, ist Folgendes zu berücksichtigen:

- Die Hersteller von LPS-Systemen für die Sicherheitsbeleuchtung arbeiten häufig mit 24-V-Technik, in Analogie zu den Systemen für Brandmelde- und Alarmierungsanlagen. Entscheidend für Lüftungsberechnungen sind dabei die Anwendung von verschlossenen Blei-Batterien (OGiV) und die aufgrund der gewählten Spannungsebene (24-V-Technik) geringe Zellenzahl. Der Batterietyp OGiV hat einen deutlich geringeren Faktor als OPzS. Die Zellenzahl, mit der die Spannung berechnet wird, geht als direkter Faktor in die Berechnung ein und hat daher ebenfalls einen wesentlichen Einfluss auf das Berechnungsergebnis.
- Die erforderlichen Lüftungsöffnungen für LPS-Anlagen in der Praxis liegen zwischen 0,1 $cm^2$ und 15 $cm^2$. Der erforderliche Luftvolumenstrom liegt zwischen 0,01 $m^3/h$ und maximal 1,0 $m^3/h$. Dies sind in der Lüftungstechnik kaum messbare Luftmengen während der praktischen Baustellenanwendung.
- Die für die Be- und Entlüftung benötigten derart geringen Luftmengen könnten schutzzielorientiert abweichend zu Batterieanlagen mit größeren Luftmengen an die allgemeine Raumlüftung angebunden werden. Hierfür ist jedoch die Abweichung bzw. Erleichterung zu benennen und im Rahmen des Baugenehmigungsverfahrens zu dokumentieren.

## 5.6 Ermittlung des freien Luftvolumens für Batterieanlagen 24 V

Zur Vermeidung einer explosionsgefährlichen Atmosphäre ist gem. TRBS 2152-2 ein ausreichendes, freies Luftvolumen des Aufstellungsraums/-bereichs erforderlich, in dem die Batterien untergebracht sind.

Für Räume unter Erdgleiche als ungünstigster Fall ist eine Luftwechselzahl von $ß=0,4^{-1}$ anzusetzen. Das entspricht einem Faktor von 2,5 ($0,4^{-1}=1/0,4$).

Demnach muss das Volumen des Aufstellraums/-bereichs größer als das 2,5-Fache des Gerätevolumens sein.

Als Beispiel die Berechnung der Lüftungsöffnung in Abhängigkeit des dezentralen Notlichtsystems mit Batterien 24 V/48 Ah:

Raumgröße (HxBxT): $V_{\text{Raum}} = 2{,}5 \text{ m x } 1{,}0 \text{ m x } 1{,}0 \text{ m} = 2{,}5 \text{ m}^3$

Gerät (HxBxT): $V_{\text{Gerät}} = 0{,}8 \text{ m x } 0{,}4 \text{ m x } 0{,}21 \text{ m} = 0{,}0672 \text{ m}^3$

$$V_{\text{frei}} = V_{\text{Raum}} - V_{\text{Gerät}} = 2{,}43 \text{ m}^3$$

Bei der Beurteilung erforderlicher Lüftungsmaßnahmen für Batterien sollte eine Bewertung der realen Umgebungsbedingungen (freies Luftvolumen des Aufstellraums, Undichtigkeit von Türen, Fenstern etc.) einer rein pragmatischen Betrachtung immer im Vordergrund stehen. Besonders bei der Verwendung dezentraler Gruppenbatterieanlagen mit 24-V-Batterien übersteigen die baulichen Voraussetzungen in der Praxis bei Weitem die normativen Anforderungen an die Be- und Entlüftung der eingesetzten Batterien. Zusätzliche Lüftungsmaßnahmen wären daher aus technischer und fachlicher Sicht nicht nachvollziehbar und würden zu keiner Verbesserung des Schutzziels führen (vgl. Handbuch INOTEC – 2019/20, S. 75).

*Hinweis:* Um die Funktion der sicherheitsgerichteten Verteiler bzw. die elektronische Steuerung einer Gruppenbatterie zu gewährleisten, sind die maximal zulässigen Betriebstemperaturen für den Betrieb unter erhöhten Temperaturen und Luftfeuchtigkeit für die geplante Raumgröße mit dem Hersteller abzustimmen.

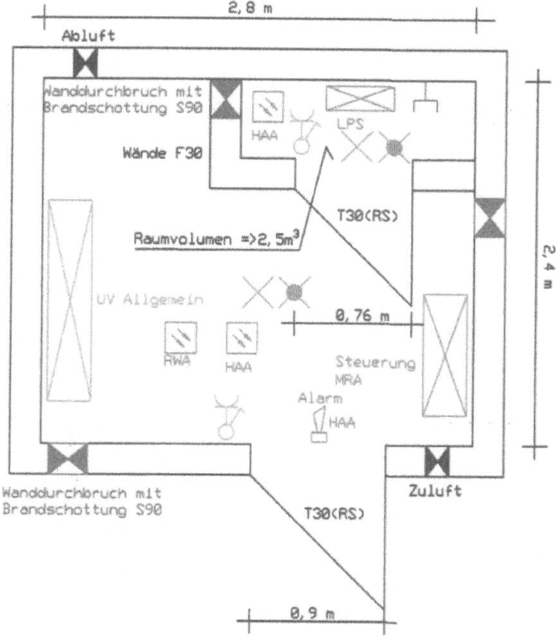


**Bild 5.6:** Systemzeichnung – Raum in Raum für LPS (DXF 090)

*Kommentar zur Systemzeichnung:* Die Zentrale mit Einhausung E30 im Raum kann als Alternative zu einem Brandschutzgehäuse umgesetzt werden. Wichtig: Die Zentrale muss so montiert werden, dass davor ein Bewegungsraum von 75 cm vorhanden ist. Das Bedienen und Warten muss ungehindert möglich sein.

Mit der Darstellung nach Bild 5.6 soll eine Möglichkeit gezeigt werden, eine Gruppenbatterie innerhalb eines Raums mit Berücksichtigung eines entsprechendem Volumens fachgerecht zu installieren, wenn eine Einhausung seitens des Prüfsachverständigen verlangt wird. Die Alternative wäre der Einbau in einem E30-Brandschutzgehäuse. Die Entscheidung, welche dieser beiden Einbauvarianten umgesetzt wird, ist nach wirtschaftlichen Kriterien zu treffen.

## 5.7 Lüftungsnachweis über Fugendurchlässigkeit für Batterieanlagen

Eine gute Lösung mit wirksamer, natürlicher Lüftung ist ein durch den Entwurfsverfasser geplanter Aufstellraum mit einem öffenbaren Fensterelement und einer Zugangstür.

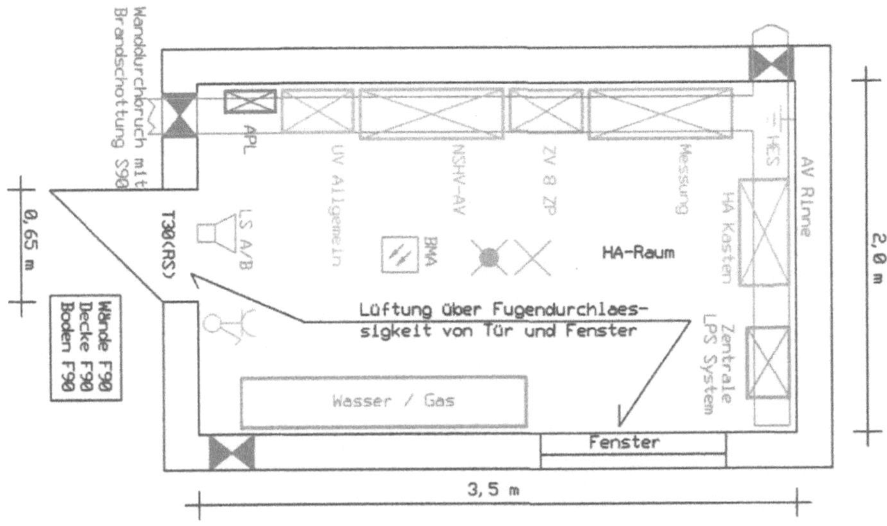


**Bild 5.7:** Systemzeichnung – HA-Raum mit LPS-Zentrale (DXF 121)

*Kommentar zur Systemzeichnung:* Die Ausplanung des Raums mit der Bestückung der verschiedenen Anlagen ist auch mit dem Versorger abzustimmen. Hier sind die vorgeschriebenen Abstände zu Hausanschlussübergabekästen und Zähleranlagen zwingend einzuhalten.

Erfolgt der Einbau einer Gruppenbatterieanlage in einem Hausanschluss-/Elektroraum mit Fenster, ist im Rahmen der Planung der Nachweis der Fugendurchlässigkeit für Öffnungsabschlüsse zu belegen.

- Bei der Nachweiserbringung kann für die Zuluft über die Tür mit folgendem Wert gerechnet werden: Für ein dichtschließendes, einflügliges Türelement kann mit einer Leckrate von 9 $m^3/h$ gerechnet werden. In der Regel liegt dieser Wert unter dem tatsächlichen Wert einer dichtschließenden Rauchschutztür.
- Bei der Nachweiserbringung kann für die Abluft über ein Fenster mit folgendem Wert gerechnet werden: Für ein Fensterelement in der Außenwand kann mit einer Leckrate von 0,75 $m^3/h$ bezogen auf einen Meter Fugenlänge gerechnet werden.

Damit ist die Fugendurchlässigkeit von Tür- und Fensterelementen wesentlich größer als der erforderliche Luftvolumenstrom für Batterien. Es ist somit sichergestellt, dass eine explosionsgefährdete Wasserstoffkonzentration in der Raumluft vermieden wird.

***Fazit:*** Im Gegensatz zu den Zentralbatterieanlagen, für die nach EltBauV immer ein Raum geplant werden muss, gibt es für Gruppenbatterieanlagen in der MLAR Erleichterungen, sofern der Versorgungsbereich die Grenzen eines BA von 1.600 $m^2$ nicht überschreitet.

Diese Erleichterung betrifft den Aspekt der Sicherheit. Hier ist durch die oben ausgeführte Nachweiserbringung für die Gewährleistung einer Mindestraumbelüftung die Erlaubnis erteilt, die Zentrale einer Gruppenbatterie auch in allgemeinen Technikräumen einzubauen.

Im Gegensatz dazu gibt es aber auch noch den Aspekt der Batterielebenszeit. Nach der Norm sind hier 10 Jahre zu gewährleisten, was bei einer Raumtemperatur mit 20 °C von den Herstellern auch garantiert wird. Mit der Erlaubnis nach MLAR, Batterieanlagen auch in Technikräumen zu platzieren, gilt es zu bedenken, dass diese Räume für 25 °C ausgelegt werden und kurzzeitig auch Temperaturen von 30 °C zulässig sind. Erfolgt der Einbau der Batterieanlage dennoch in solchen Räumen, ohne wirksame Maßnahmen um eine kontinuierliche Raumtemperatur von 20 °C zu erhalten, ist das dem Bauherrn mitzuteilen. Die Mitteilung ist damit zu verbinden, dass sich die Lebenszeit der Batterie erheblich reduziert und mit einem Tausch des Batterieblocks alle 5 bis 7 Jahre (siehe Bild 4.2) zu rechnen ist.

Damit ist abzuwägen, ob in diesem Raum nicht eine Klimaanlage einzuplanen ist, um alle Aspekte für den funktionierenden und sicheren Betrieb zu erreichen.

Die Empfehlung bei Anwendung einer solchen Lösung ist, den Raum nicht in der Südausrichtung des Gebäudes zu platzieren, was die Wärmeproblematik zusätzlich verschlechtern wird.

# 6 Sicherheitsbeleuchtung mit Einzelbatterieleuchten

Die Anforderungen, die bei der Installation von Einzelbatterieanlagen zu berücksichtigen sind, ergeben sich aus Bild 6.1. Dabei werden auch hier die Leuchten in Dauer- und Bereitschaftsschaltung betrieben. Die Verkabelung für die Stromversorgung der Einzelbatterieleuchten ist vom dem jeweiligen BA zugeordneten AV-Verteiler auszuführen. Dazu sind Leitungen ohne Anforderung an den Funktionserhalt zu verlegen. Die gezeichnete Störmeldeüberwachungsleitung ist ausgehend von der Zentrale im Stich unter Einhaltung der max. Länge von Leuchte zu Leuchte durchzuschleifen. Für die Störmeldeleitung gibt es keine Einhaltung von Grenzen zum BA, aber die technisch mögliche Anzahl an Leuchten, die überwacht werden können, ist begrenzt. Zu beachten ist aber, dass Leitungen mit der entsprechenden Euroklasse nach Tabelle 10.8 in den verschiedenen Räumen verlegt werden. Für Fluchtwege gilt bei jedem Gebäudetyp Kategorie $B2_{ca}$.

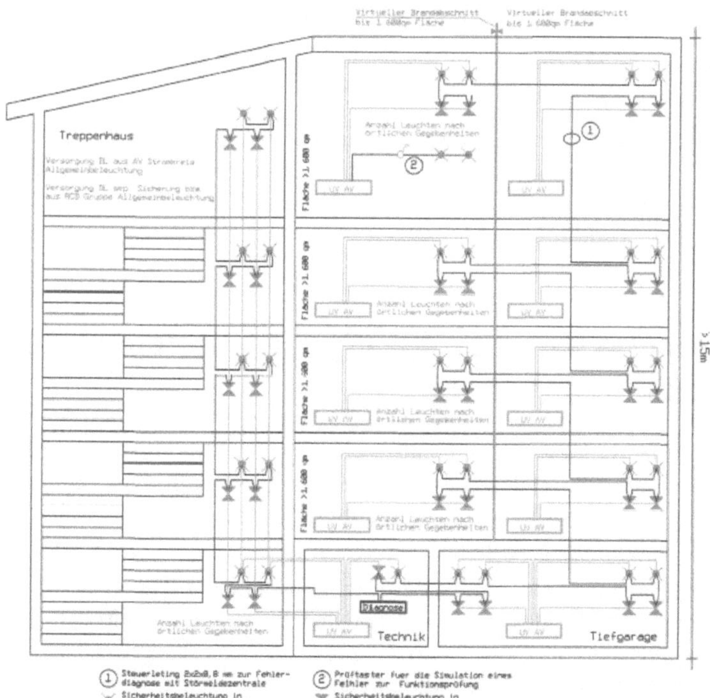


**Bild 6.1:** Systemzeichnung – Sicherheitsbeleuchtung mit Einzelbatterien und zentraler Überwachung

*Kommentar zur Systemzeichnung:* Die Zeichnung ist in der Darstellung völlig wertneutral und soll zeigen, wie der technische Aufbau bzw. Einbau in einem Gebäude zu erfolgen hat. Die wirtschaftliche Betrachtung wird mit der Anzahl der Leuchten unter Umständen zum Ergebnis kommen, die Anlage mit einer Zentral- oder mehreren Gruppenbatterieanlagen zu errichten. Die Grenzen mit Stückzahlen zu bestimmen, ist von Fall zu Fall nach den örtlichen Gegebenheiten vorzunehmen. Bei Anlagen mit mehr als 25 bis 30 St. Sicherheitsleuchten wird man gegebenenfalls mit Zentralentechnik eine kostengünstigere Lösung, auch im Hinblick auf die mehrjährige Laufzeit, erhalten. In der MLAR wird bei kleinen Objekten nach örtlichen Gegebenheiten und einem einfachen Tausch der Batterien eine Anzahl von 50 St. Einzelbatterieleuchten als vernünftige Lösung angesehen.

## 6.1 Wesentliche Kriterien für Einzelbatterieleuchten in Dauerschaltung

In den meisten Gebäudetypen werden die Hinweisleuchten zur Kennzeichnung der Flucht- und Rettungswege in Dauerschaltung betrieben. Dazu gilt:

- Absicherung auf der RCD-Gruppe, aus der auch die AV-Leuchten versorgt werden, in dessen Bereich die Batterieleuchten platziert sind,
- Verlegung einer n-poligen Leitung, damit eine Zentralschaltung außerhalb der Geschäftszeiten möglich ist, was auch erlaubt und aus wirtschaftlichen Gründen umzusetzen ist. Weitere Adern können für die zentrale Störmeldung mitberücksichtigt werden. Die Abstimmung mit dem Hersteller der Systemkomponenten ist anzuraten.

## 6.2 Wesentliche Kriterien für Einzelbatterieleuchten in Bereitschaftsschaltung

- Absicherung mit der Sicherung, aus der auch die AV-Leuchten versorgt werden, in dessen Bereich die Batterieleuchten platziert sind. Die Aufteilung auf zwei Stromkreise, wenn für die Allgemeinbeleuchtung im Raum/Flur mehr als eine Leuchte installiert wird, ist ebenfalls zu beachten.

  *Hinweis:* Ein häufiger Fehler ist, dass Bereitschaftsleuchten nicht an der Phase der Allgemeinbeleuchtung des zu versorgenden Bereichs angeschlossen werden. Durch ein Abgreifen an einer direkten Phase, oder das separate Absichern der Einzelbatterieleuchten wird das Schutzziel nicht erreicht. Das Notlicht schaltet dann bei einem örtlichen Ausfall der Allgemeinbeleuchtung nicht ein.

- Nach Durchführung einer Risiko- und Gefährdungsanalyse kann das Ergebnis auch sein, mit nur einem AV-Stromkreis das angestrebte Schutzziel zu erreichen. Die Merkmale hinsichtlich Evakuierung und Personenzahl sind dazu ausschlaggebend. Die Entscheidung ist hier nach Rücksprache mit dem Bauherrn zu treffen. Wird im Ergebnis dieser Entscheidung nur ein Stromkreis installiert, ist vom Prüfsachverständigen die Einverständniserklärung dafür einzuholen.
- Verlegung einer n-poligen Leitung, damit auch eine Zentralabschaltung außerhalb der Geschäftszeiten möglich ist oder auf Dauerbetrieb umgestellt werden kann. Auch die zusätzlichen Adern für die Störmeldung können mit verlegt werden.

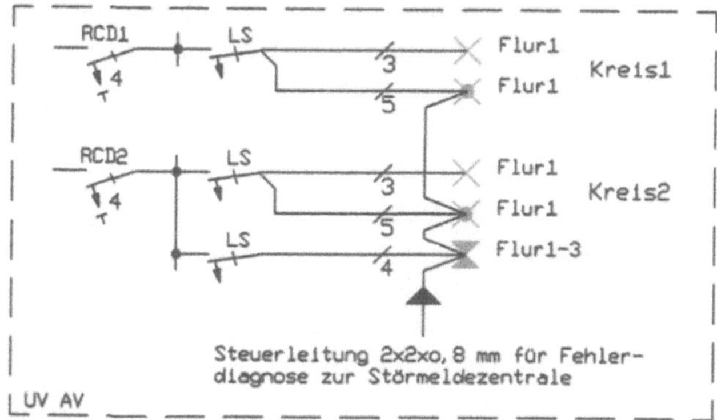


**Bild 6.2:** Systemzeichnung – Verteilung von zwei Stromkreisen in einem Raum auf zwei RCD (DXF 102)

*Kommentar zur Systemzeichnung:* In der Abbildung ist die Forderung nach der Absicherung für Leuchten in Dauerschaltung und in Bereitschaftsschaltung dargestellt. Aus der Zeichnung ist auch zu erkennen, dass der Stromkreis für die Versorgung der Hinweisleuchten in Dauerschaltung auf drei Flurbereiche verteilt ist, wozu es keine Einwände gibt.

- Zu diskutieren ist, ob wie in der Zeichnung dargestellt, der Abgang für die Bereitschaftsleuchten ebenfalls auf die zwei Stromkreise verteilt werden muss. Nach Rücksprache mit dem Prüfsachverständigen ist zu erwarten, dass die Bereitschaftsleuchten nur von einem Sicherungsabgang für den einen Flurbereich versorgt werden dürfen.

## 6.3 Allgemeine Hinweise zur Installation von Einzelbatterieleuchten

Die Betriebssicherheit und die Betriebsart sowie eine Störung der Sicherheitsbeleuchtung muss während der Betriebszeit an einer zentralen Stelle gemeldet werden.

- Diese Funktion ist bei einer Einzelbatterieversorgung nur durch eine zentrale Überwachungs- und Steuereinrichtung zu realisieren.
- Ein weiteres Argument zur Notwendigkeit einer Zentrale ist die Sicherstellung der Betriebsbereitschaft der Sicherheitsbeleuchtung. In Betriebsruhezeiten ist durch Deaktivierung der Betriebsbereitschaft der Sicherheitsbeleuchtung ein Umschalten von Netz- auf Batteriebetrieb bei einem Ausfall der allgemeinen Netzversorgung eines Gebäudes und somit ein Entladen der Batterien zu vermeiden (vgl. VDE V 0108-100-1:2018-12). Diese Funktion kann bei einer Einzelbatterieanlage nur durch eine zentrale Überwachungs- und Steuerungseinrichtung realisiert werden.

*Hinweis:* Nach der Beurteilung im BSK gibt es Sonderbauten, in denen keine Sicherheitsbeleuchtung notwendig ist, aber an den Kreuzungspunkten der Regale und über den Ausgängen und Notausgängen Hinweisleuchten mit Einzelbatterieleuchten für eine Zeitdauer bei Netzausfall von 1 h zu installieren sind. Bei kleinen Verkaufseinheiten kann es sein, dass hier eine Leuchtenzahl von max. 4 St. ausreichend ist, um diese Forderung zu erfüllen.

Bei diesen Voraussetzungen kann es sinnvoll sein, über die zentrale Überwachungseinrichtung zu diskutieren und im Zuge einer Abweichung die nachfolgenden Techniken für das Prüfen zum Betrieb anzuwenden:

- Für die Kontrolle der Gerätefunktion ist ein Tastschalter am Gerät oder in der Netzzuleitung des Geräts zur Simulation eines Fehlers der AV-Stromversorgung einzubauen. Beim Anschluss mehrerer Geräte an einer Netzzuleitung genügt ein Tastschalter, wenn die Leuchten eingesehen werden können.

*Empfehlung:* Bei hohen Räumen ist dieser Taster bevorzugt anzuwenden, da sonst ein zu aufwendiger Test im täglichen/wöchentlichen Zyklus durchzuführen ist.

- Einzelbatterieleuchten haben eine grün leuchtende Statusanzeige, die signalisiert, dass die Leuchte störungsfrei funktioniert. Hier ist zu beachten, dass diese Diode vom Standort der Überprüfung gut sichtbar sein muss.

## 6.4 Drahtgebundene vs. kabellose Überwachung von Einzelbatterieleuchten

Für die Installation einer automatischen Prüfeinrichtung mit Registrierung und Meldung von Fehlern und Störungen in der Anlage gibt es die drahtgebundene und kabellose Überwachungstechnik.

### 6.4.1 Drahtgebundene Überwachung von Einzelbatterieleuchten

Bei Anlagen mit drahtgebundener zentraler Prüfeinrichtung ist eine Steuerleitung zu jeder Leuchte zu verlegen. Diese kann je nach Hersteller im Stich-, als Ring- oder mit Baumstruktur verlegt werden. In jedem Fall sind hier die Vorgaben der Hersteller umzusetzen.

*Hinweis:* Der Einbau der Überwachungszentrale ist mit dem Betreiber der Anlage abzustimmen. Da es dafür keine Vorgaben an den Funktionserhalt gibt, ist die Zentrale an einer ständig besetzten Stelle zu platzieren, bevorzugt beim technischen Dienst der Haustechniker. Zudem ist darauf zu achten, dass Schnittstellen vorhanden sind, die über IP die Aufschaltung an die Gebäudeleittechnik ermöglichen.

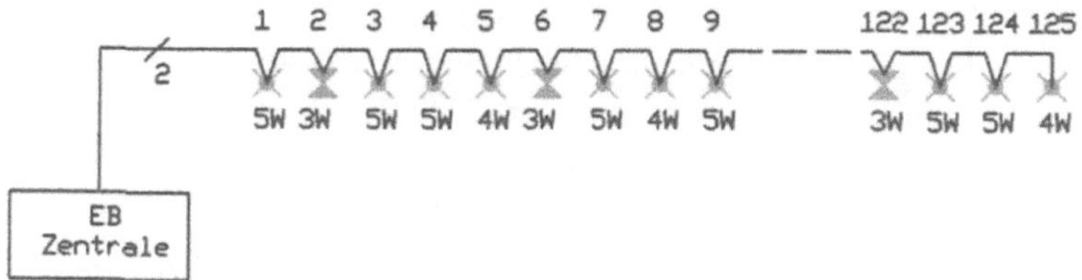


**Bild 6.3:** Systemzeichnung – Bus-(Steuer-)leitung für Überwachung Einzelbatterieleuchten (EB) (DXF 112)

*Kommentar zur Systemzeichnung:* Es gibt Fabrikate auf dem Markt, die es ermöglichen, Einzelbatterie-Sicherheitsleuchten von zentraler Stelle aus permanent zu überwachen. Die Sicherheitsleuchten melden dabei ihren momentanen Zustand der Zentraleneinrichtung, welche die Auswertung übernimmt und Störungen sofort an die zuständige Stelle übermittelt.

Dabei können herstellerbedingt bis zu 125 Einzelbatterieleuchten drahtgebunden überwacht werden. Mittels Signalverstärker kann ein solches System für die Überwachung von bis zu 7875 Leuchten erweitert werden.

**Tabelle 6.1:** Leitungslängen für den BUS nach der Zahl der Geräte

| Anzahl der Geräte pro Leitung | maximale Leitungslänge | Mindestquerschnitt der Bus-Leitung |
|---|---|---|
| 40 | 1000 m | 0,5 $mm^2$ |
| 80 | 1000 m | 1,0 $mm^2$ |
| 125 | 1000 m | 1,5 $mm^2$ |

*Kommentar zur Tabelle:* Die Vorgaben in der Tabelle beziehen sich auf das Produkt eines bestimmten Herstellers. Damit soll gezeigt werden, dass bei der Ausschreibung und Installation der Anlage zum funktionierenden Betrieb beim Hersteller die wesentlichen Angaben einzuholen sind.

### 6.4.2 Kabellose Überwachung von Einzelbatterieleuchten

Eine Alternative zu drahtgebundenen Anlagen sind kabellose Anlagen, die es ermöglichen, durch Funktechnik die Forderung zu erfüllen, sämtliche Leuchten mit der vorgeschriebene Zentralentechnik zu überwachen. Sinn wird diese Technik ergeben, wenn bestehende Einzelbatterieanlagen erneuert werden, die neuesten Vorschriften umgesetzt werden müssen und eine Nachinstallation der damit verbundenen Steuerleitung einen unverhältnismäßigen Aufwand mit sich bringt.

Das Funksystem funktioniert frequenzgesteuert mit der europaweit zugelassenen Frequenz von 868 MHz, über die jede einzelne Leuchte mit den anderen Leuchten und mit der Zentrale Kontakt aufnehmen und ihren eigenen sowie den Status anderer im System angemeldeten Leuchten übertragen kann. Die Reichweite innerhalb von Gebäuden beträgt dabei garantiert 30 m. Mit der genannten Funkfrequenz stellt auch eine Stahlbetondecke zwischen zwei Etagen kein unüberwindbares Hindernis dar.

Das Funksystem kann pro Zentrale im Standard 250 Geräte (Summe aller Leuchten, Repeater und IO-Boxen am System) umfassen und ist auf bis zu 1000 Geräte erweiterbar.

*Hinweis:* Die Forderung, dass automatische Umschaltungen bei Stromausfall in Betriebsruhezeiten mit funkgesteuerten Systemen der Überwachung blockiert werden können, ist in die Überlegungen bei der Planung zu bedenken und mit dem Hersteller zu klären.

## 6.5 Wesentliche Faktoren zu Einzelbatterieleuchten

- Für den wirtschaftlichen Betrieb ist die Lebensdauer der Batterie von 3 bis 5 Jahren zu bewerten. In der MLAR 2018 wird von einem Zeitraum von 4 Jahren für die Batterielebensdauer ausgegangen.

- Umgebungsbedingungen, insbesondere die Temperatur am Einbauort, sind zu berücksichtigen. Nach DIN 1838 ist eine Sicherheitsbeleuchtung auch außerhalb jedes Notausgangs bis zu einem sicheren Bereich erforderlich. Hier wirken sich nicht nur niedrige Temperaturen im Winter, sondern gerade hohe Temperaturen im Sommer negativ auf die Batterien der Leuchten aus. Als technische Lösung bleibt hier nur die Auslagerung der Batterie mit der Elektronik in das Gebäudeinnere.

  *Bemerkung:* Unbeheizte Räume und Einrichtungen wie Tiefgarage, Anlieferrampen im Freien usw. sind kritische Bereiche.
- Von einer Einzelbatterie dürfen höchstens zwei Sicherheitsleuchten versorgt werden.
- Die Statusanzeige der Einzelbatterieleuchte muss am Gerät sichtbar sein. Werden Leuchten der AV-Beleuchtung mit einer Einzelbatterie ausgestattet, muss die Diode der Anzeige abgesetzt, unmittelbar neben der Leuchte in der Decke eingebaut werden. Dies ist im Zuge der Entwurfsplanung mit dem Architekten abzustimmen.

### 6.5.1 Vorteile der Einzelbatterie zur Zentralbatterie

- Geringe Investition bei kleiner Leuchtenzahl,
- weder E30-Kabel noch E30-Verlegesysteme erforderlich,
- kein Batterieraum erforderlich,
- kleine Abmessungen und geringes Gewicht,
- einfacher Anschluss und kurze Leitungen.

### 6.5.2 Nachteile der Einzelbatterie zur Zentralbatterie

- Aus wirtschaftlichen Gründen ist ab einer bestimmten Stückzahl eine Entscheidung zugunsten der Zentralbatterieanlage empfehlenswert.
- Aufwendige Wartung durch häufigen Batteriewechsel, insbesondere in hohen Räumen.
- Für die zentrale Überwachung ist eine zusätzliche Busleitung mit zu verlegen.
- Durch den lichtstromreduzierten Batteriebetrieb gegenüber der Zentralentechnik sind mehr Sicherheitsleuchten notwendig. Die Abstände der Platzierung sind geringer.

# 7 Lenkung der Flüchtenden aus dem Gebäude

Der Fluchtweg aus dem Gebäude ist durch Anbringung von hinterleuchteten oder angeleuchteten Hinweisschildern zu gewährleisten. Bisher wurde diese Wegeführung unabhängig von der Gefahrensituation auf kürzestem Weg ins Freie beschildert. Die Versorgung erfolgt dafür aus dem AV-Netz und bei Störung oder Ausfall ersatzweise aus einer SV-Quelle.

Mit Veröffentlichung der neuen Vornorm VDE V 0108-200 ist nun in Abwägung von Panik und Gefährdung mit dem Bauherrn zu diskutieren, ob eine Lenkung aus sicherheits- und arbeitsschutzrechtlichen Gründen umgesetzt werden muss. Man hat erkannt, dass die Themen Evakuierung und Selbstrettung zunehmend an Bedeutung gewinnen und die Sicherheitsbeleuchtung alleine nicht mehr ausreicht, um die geforderten Schutzziele bestmöglich zu erreichen. Stattdessen ist ein gesamtheitliches Konzept von Sicherheitsbeleuchtung und dynamischer Fluchtweglenkung erforderlich, um das sichere Verlassen eines Gebäudes, insbesondere bei Verrauchung, zu gewährleisten (vgl. INOTEC-Handbuch Sicherheitsbeleuchtung, 2019-08, S. 7).

Als Erklärung ist aus folgenden Fluchtwegtechniken die richtige Wahl zu treffen:

- Statische Fluchtweglenkung (bisherige Technik): Rettungszeichenleuchten kennzeichnen den Fluchtweg aus dem Gebäude, unabhängig von der Gefährdung in gleicher Richtung, auch durch einen verrauchten Flur.
- Dynamische Fluchtweglenkung: Rettungszeichenleuchten sperren unsichere Fluchtwege und führen somit die Flüchtenden im Evakuierungsfall über die sicheren Fluchtwege aus dem Gebäude.
- Adaptive Fluchtweglenkung: Rettungszeichenleuchten sperren unsichere Fluchtwege und geben diese wieder frei, sobald der Fluchtweg wieder sicher ist. Somit kann flexibel auf sich ändernde Gefährdungslagen, z. B. bei Bränden oder Anschlägen, reagiert werden.

Aus den technischen Regeln für Arbeitsstätten ergibt sich, dass ein dynamisches/adaptives Sicherheitsleitsystem einzurichten ist, wenn aufgrund der örtlichen oder betrieblichen Bedingungen eine erhöhte Gefährdung vorliegt. Gegebenheiten dazu sind große zusammenhängende oder mehrgeschossige Gebäudekomplexe, bei einem hohen Anteil ortsunkundiger Personen oder einem hohen Anteil von Personen mit eingeschränkter Mobilität.

Die dynamische/adaptive Fluchtweglenkung ist ein optisches Sicherheitssystem, das eine Ergänzung aber kein Ersatz für eine behördlich geforderte Sicherheitsbeleuchtung ist.

Die Techniken der dynamischen/adaptiven Fluchtweglenkung:

- Einfache strukturierte Applikation – Ansteuerung über potentialfreie Kontakte: Bei der einfach strukturierten Applikation werden über einen potentialfreien Kontakt von Brandmeldern, Videokameras oder manuelle Schaltgeräte die Bereiche als gesperrt, blockiert oder unsicher angezeigt. Wichtig ist hier, die Steuerleitung aus dem Meldegerät zur zugeordneten Hinweisleuchte zu planen.

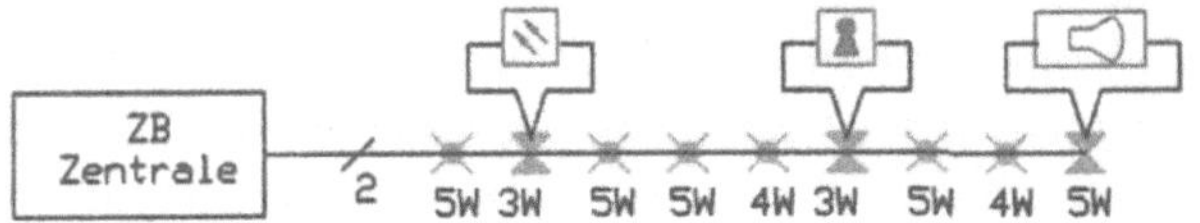


**Bild 7.1:** Systemzeichnung – Direkte Ansteuerung aus dem gefährdeten Bereich (DXF 112)

*Kommentar zur Systemzeichnung:* Bei der direkten Ansteuerung ist die Technik der Sensor-/Aktor-Bauteile systemgebunden abzustimmen. Werden für die Meldung die Brandmelder verwendet, ist für jede Hinweisleuchte bzw. Meldeeinrichtung ein Koppler vorzusehen.

- Einfache strukturierte Applikation – Ausführung mit Einzelbatterielösung: Erfolgt die einfach strukturierte Applikation mit Einzelbatterieleuchten, ist dazu ein notstromversorgter Überwachungscontroller erforderlich, der die auslösenden Eingänge von Brandmeldern, Videokameras usw. auswertet und die angeschlossenen Leuchten über die durchgeschleifte Leitung im betroffenen Gefahrenbereich aktiviert.
- Komplexe strukturierte Applikation – Ansteuerung über einen Loop-BUS: Bei der komplex strukturierten Applikation wird mit Ringbus-Technik in separater Leitungsführung über den Überwachungscontroller das Signal an die Leuchte im Gefahrbereich gesendet und damit eine Aktion der Leuchte ausgelöst. Zeitgleich wird dieses Signal auch an die CPS geleitet und in die programmierten Szenarien umgesetzt. Der Ringbus, bzw. auch Loop genannt, funktioniert in gleicher Weise wie bei einer BMA. Auch bei Kurzschluss oder Unterbrechung der Meldeleitung wird durch sichere Trennung die Funktion aller angeschlossenen Leuchten aufrechterhalten.

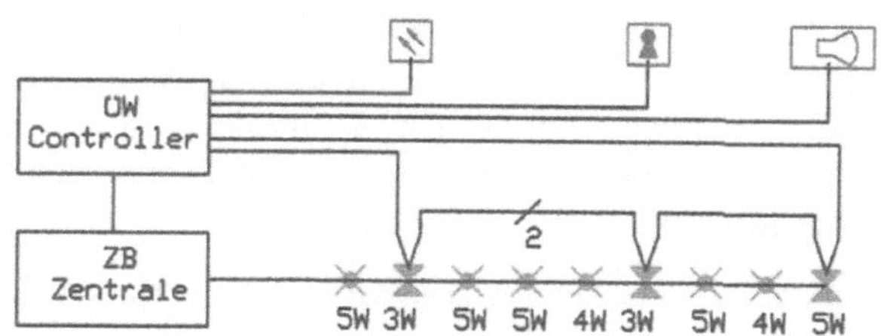


**Bild 7.2:** Systemzeichnung – Indirekte Ansteuerung aus zentralem Überwachungsgerät (DXF 112)

*Kommentar zur Systemzeichnung:* Bei der indirekten Ansteuerung ist die Technik der Sensor-/Aktor-Bauteile ebenfalls systemgebunden abzustimmen. Hier erfolgt die Auswertung für die Gefahrmeldung mit einem Überwachungscontroller, der mit der Zentrale der Zentralbatterie verbunden ist. Für den Ring-Bus gilt zu klären, inwieweit hier eine getrennte Verlegung von Hin- und Rückleitung bei der Installation einzuhalten ist.

***Fazit:*** Zur Vermeidung von Fehlern bei der Planung und Installation ist mit der Entscheidung, eine dynamische Fluchtwegesteuerung einzubauen, im Detail die technische Lösung vorzugeben, die zur Ausführung kommen soll. Vordergründig geht es hier um das Leitungsnetz für Strom- und Steuerleitungen. Es gibt Hersteller, die ohne zusätzliche Bus-Leitung innerhalb eines Stromkreises die Rettungszeichen gezielt ansteuern können. Somit ist auch ein Austausch einer statischen gegen eine dynamische Rettungszeichenleuchte möglich, was bei Sanierungen ohne Neuverkabelung ein Vorteil ist.

Neben der Lenkung mit hochmontierten Hinweisleuchten ist auch die Führung mit optischen Sicherheitssystemen zu diskutieren. Für die richtige Planung sind dabei folgende Vorgaben aus der Norm zu beachten:

- Das optische System kann mit langnachleuchtenden oder mit elektrisch betriebenen, sowie einer Kombination von beiden Systemen installiert werden.
- Die Beschilderung ist als Fußbodenmontage oder als Wandmontage max. 40 cm über OK FFB zu platzieren.
- Eine beidseitige Kennzeichnung der Fluchtwege ist bei Fluchtwegbreiten > 3,6 m vorzunehmen. Ist die Fluchtwegbreite < 3,6 m ist eine einseitige Kennzeichnung ausreichend.
- Der Abstand von hinterleuchteten Sicherheitszeichen in einem optischen Sicherheitsleitsystem darf 10 m nicht überschreiten.
- Die Beleuchtungsstärke muss mind. 1 lx betragen mit einer Gleichmäßigkeit von 40:1.

- Die Nennbetriebsdauer für den Betrieb aus einer selbsttätig einsetzenden Sicherheitsstromquelle muss nach Ausfall der Allgemeinbeleuchtung mindestens 60 min betragen. Dies ist wichtig bei der Wahl des Kabels für die Verlegung in den BA, welches hochwertiger sein muss als bei der normalen Sicherheitsbeleuchtung wozu ein E30-Kabel ausreicht.

*Mitteilung:* Die detaillierte Planung der optischen Sicherheitsleitsysteme richtet sich sehr stark nach den örtlichen Gegebenheiten. Es handelt sich hierbei um eine sehr individuelle und komplexe Anlage, die im Detail immer mit dem Betreiber nach den örtlichen Gegebenheiten abgestimmt werden muss. Es gibt auf Grund der Komplexität hierzu noch weitere anzustellende Überlegungen, die nicht weiter ausgeführt werden.

# 8 Sicherheitsbeleuchtung mit Netzersatzanlage

Grundsätzlich besteht die Möglichkeit, nach den baurechtlichen Vorschriften und Verordnungen auch ein Stromerzeugungsaggregat mit mittlerer Unterbrechung $< 15$ s als Stromquelle für die Sicherheitsbeleuchtung zu verwenden.

Diese 15 s entsprechen der Hochlaufzeit eines Aggregats bis die Betriebsbereitschaft zur Versorgung der angeschlossenen Last erreicht ist.

*Wichtig:* Die Wiederzündzeit der Leuchtmittel ist ein wesentliches Kriterium bei den automatischen Schalthandlungen, das berücksichtigt werden muss. Durch den Einsatz von LED-Leuchtmitteln wird diese Anwendung immer mehr an Bedeutung verlieren, ist aber bei Altanlagen nach wie vor zu bedenken.

Nach den Forderungen der baulichen Anlagen für Menschenansammlungen gilt die längere Umschaltzeit mit $\leq 15$ s entsprechend der Tabelle 1.2 für folgende Gebäude/ Objekte:

- Krankenhäuser,
- Hotels, Gaststätten/Beherbergungsstätten, Heime,
- Kur-/Pflege-/Therapie-/Behandlungszentren/-einrichtungen,
- Schulen,
- Parkhäuser, Tiefgaragen,
- Hochhäuser,
- Arbeitsstätten.

Zu berücksichtigen dazu ist aber auch, dass für einige Objekte eine Beurteilung zu Risiko und Gefährdung für den Gefahrenfall mit dem Bauherrn abzustimmen ist. Kommt man zum Ergebnis, dass eines der beiden Kriterien zutrifft, muss die Umschaltzeit $\leq 1$ s betragen. Es gibt dann die Möglichkeit einer Kombination von Notstromaggregat und Zentralbatterieanlage (siehe Abschnitt 4.9.3).

Diese Konstellation ist in den Vorschriften bedacht und ermöglicht damit eine Reduzierung der Batteriekapazität auf 1 h.

Für die Unterbringung der Verteiler und den Aufbau der Kabel- und Leitungsanlage sind die gleichen Kriterien für das Erreichen des geforderten Funktionserhalts E30 umzusetzen wie beim Aufbau mit einer Zentralbatterieanlage.

Erfolgt die Planung der Sicherheitsbeleuchtung nach der Empfehlung der Deutschen Kommission Elektrotechnik nach der VDE V 018-100-1 sind in den Kapiteln 3-7 alle Kriterien, die es zu bedenken gilt, ausführlich dargestellt.

Für Einrichtungen medizinisch genutzter Bereiche ist neben der v. g. Norm für die Sicherheitsbeleuchtung auch die VDE 0100-710:2012-10 eine Möglichkeit, die Anwendung finden kann. Die Gebäudetypen, für die diese Norm genannt ist, sind:

- Krankenhäuser und Kliniken, auch Container-Bauweisen,
- Sanatorien und Kurkliniken,
- Senioren- und Pflegeheime oder auch ausgewiesene Bereiche innerhalb dieser Einrichtungen, in denen Patienten einer ärztlichen Behandlung unterzogen werden,
- Ärztehäuser, Polikliniken, medizinische Versorgungszentren und Ambulatorien,
- Arztpraxen, Dentalpraxen und sonstige ambulante Einrichtungen

*Hinweis:* Die Gebäudetypen sind sowohl in VDE 0108-100 als auch VDE 0100-710 aufgeführt. Mit Beginn der Planung ist mit dem Betreiber/Besitzer festzulegen, nach welcher Norm die Installation der Sicherheitsbeleuchtungsanlage ausgeführt werden soll.

## 8.1 Sicherheitsbeleuchtung mit NEA in medizinisch genutzten Bereichen

In Krankenhäusern ist, wie bereits schon erwähnt, in der Regel für jeden Brandabschnitt/Stockwerk ein Raum für die AV- und SV-Stromversorgung einzuplanen. In den sonstigen Gebäuden kann ein zentraler Raum wie im Bild 9.1 gezeigt für die Sicherheitsbeleuchtung ausreichend sein. Ausgehend von diesem Raum erfolgt der Aufbau der Beleuchtung in abwechselnder Reihenfolge nach SV- und AV-Versorgung. Hinweisleuchten, die in Dauerschaltung betrieben werden, sind ebenso an die SV-Versorgung wie auch das Nachtlicht, welches zusätzlich in den Stationsfluren zu berücksichtigen ist, anzuschließen. Da der Verteiler nicht nur für die Sicherstellung der Beleuchtung bei Ausfall der Netzversorgung geplant wird, sondern auch für Verbraucher, die in Abstimmung mit dem Nutzer sonstige notwendige Einrichtungen zu versorgen haben, ist die Anforderung an den Funktionserhalt detailliert festzulegen.

Der wesentliche Inhalt der Norm VDE 0100-710:2012-10 zur Sicherheitsbeleuchtung ist nachfolgend aufgeführt. Hier heißt es:

- In medizinisch genutzten Bereichen der Gruppe 1 und 2 müssen mindestens zwei verschiedene Stromquellen vorgesehen werden. Eine der beiden Stromquellen muss an die Stromversorgung für Sicherheitszwecke angeschlossen sein.
- In Rettungswegen müssen die elektrischen Leuchten wechselweise auf die Stromversorgung für Sicherheitszwecke geschaltet sein.

Im Bezug zur Notbeleuchtung vs. Sicherheitsbeleuchtung gibt es weitere Vorgaben in dieser Norm, die bei der zulässigen Umschaltzeit $\leq$ 15 s in folgenden Bereichen zur Verfügung stehen muss:

- Bereiche, in denen lebenswichtige Dienste vorgesehen sind: In jedem dieser Bereiche muss mindestens eine Leuchte von einer Stromquelle für Sicherheitszwecke versorgt werden.
- Standorte in medizinisch genutzten Bereichen der Gruppe 1: In jedem dieser Räume muss mindestens eine Leuchte aus der Sicherheitsstromquelle versorgt werden.
- Räume in medizinisch genutzten Bereichen der Gruppe 2: Mindestens 50 % der Beleuchtungseinrichtungen muss von der Sicherheitsstromquelle versorgt werden. Demnach gilt: Gibt es in einem Raum drei Leuchten, müssen zwei davon aus der Sicherheitsstromquelle versorgt werden.
- Wenn zusätzlicher Schutz durch Abschaltung angewendet wird, sind die Stromkreise so anzuordnen, dass bei Ansprechen einer Schutzeinrichtung nicht alle Beleuchtungsstromkreise eines Raums oder Rettungswegs ausfallen (vgl. VDE 0100-710:2012-10, S. 23).

*Hinweis:* Für die Sicherheitsbeleuchtung im medizinischen Bereich wird nach Abwägung von Panikrisiko und Gefährdungssituation eine Umschaltzeit von $\leq$ 15 s ausreichend sein. Die maßgebende Abstimmung hat aber nach Tabelle B.1 im Anhang der Norm zu erfolgen. Neben der beispielhaften Einteilung der Raumgruppen sind hier auch die Klassen der Umschaltzeiten aufgeführt. Die Entscheidung der auszuführenden Umschaltzeit trifft der Betreiber, die vom Fachplaner schriftlich dokumentiert werden muss. Die Dokumentation dieses Abkommens ist dem Ersteller des BSN mitzuteilen und gilt zugleich auch als Prüfgrundlage für den Prüfsachverständigen. Auch hier gilt, den abnehmenden Prüfsachverständigen rechtzeitig zu involvieren.

Generell sind für die Kabel-/Leitungsanlage und dem Verteileraufbau folgende Kriterien zu beachten, wobei davon ausgegangen wird, dass die Umschaltzeit von $\leq$ 15 s anzuwenden ist:

Die Systemzeichnung zeigt den klassischen Aufbau der SV-Stromversorgung für die Sicherheitsbeleuchtung in einem Krankenhaus. Neben den Rettungswegen sind auch die Räume der medizinisch genutzten Bereiche der Gruppe 1 und Gruppe 2 sowie Räume, in denen wichtige Dienste und Standorte der Feuermeldezentrale und von Überwachungsanlagen aufrechterhalten werden müssen, entsprechend zu berücksichtigen. Die Umschaltzeit darf dabei 15 s nicht überschreiten. (vgl. VDE 0100-710: 2012-10, S. 23).

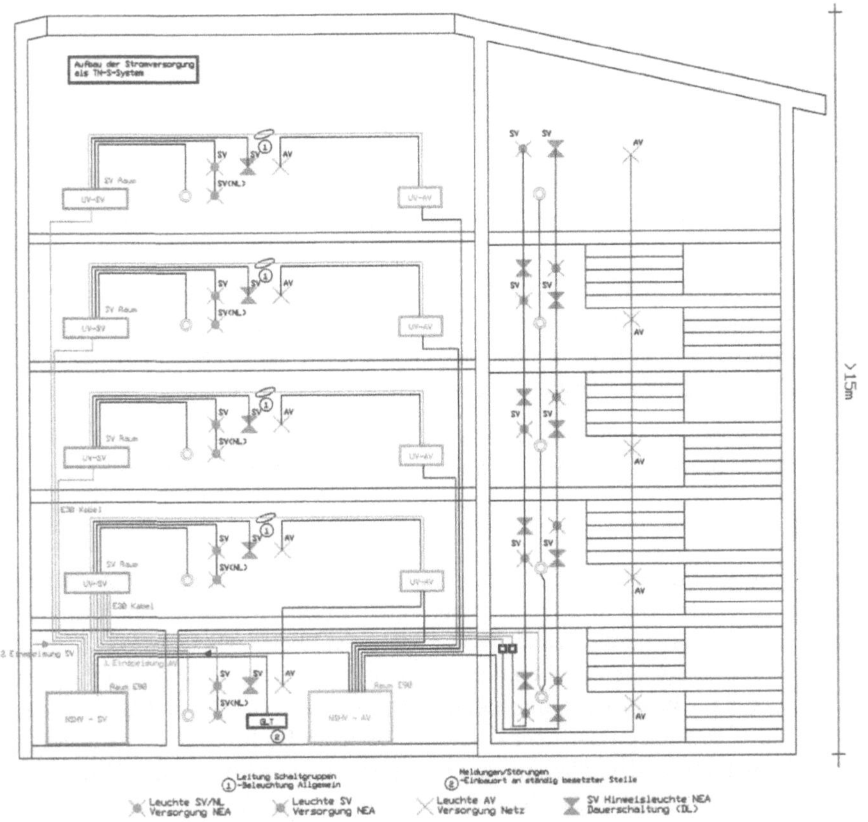


**Bild 8.1:** Systemzeichnung – SV-Verteiler im Krankenhaus (DXF 069)

*Kommentar zur Systemzeichnung:* Die Schaltgruppenausführung als eigene Schaltstelle für AV und SV in den einzelnen Räumen oder über Bypass-Schaltungen in den Fluren ist mit dem Betreiber festzulegen und mit dem Prüfsachverständigen zu klären. Gerne wird für Flure noch eine Nachtlichtbeleuchtung installiert, die aus der SV-Stromversorgung tageslichtabhängig betrieben wird.

Der Aufbau ist dabei so zu planen, dass in jedem Brandabschnitt ein SV-Verteiler mit entsprechendem Raum zur Verfügung steht.

- Das Zuleitungskabel zwischen den Räumen der NSHV und dem Raum mit der Stromkreisverteilung muss nach DIN 4102-12 mit Funktionserhalt E90 (E30) installiert werden (Festlegung nach Abstimmung mit Betreiber).
- Der Sicherungsabgang für das Zuleitungskabel für die genannte Verteilung muss an der NSHV-SV erfolgen (VDE 0100-710:2012-10).
- Die Widerstandsveränderung bei Brandeinwirkung mit 1000 °C (850 °C) im längsten Brandabschnitt ist einzurechnen.
- Für die Verlegung der Endstromkreise innerhalb eines BA gibt es keine Anforderungen an den Funktionserhalt. Es müssen aber im Krankenhaus halogenfreie Leitungen nach Tabelle 10.8 in der Ausführung $B2_{ca}$ verlegt werden.
- Der Aufbau der Stromversorgung als TT-System ist erlaubt.
- In den Systemen IT, TN und TT darf die dauernd zulässige Berührungsspannung $U_L$ 25 V AC oder 60 V DC nicht überschreiten.
- Der Abgang der Leitung für die Schaltung/Steuerung der Beleuchtung wie Taster/Präsenzmelder muss aus dem SV-Verteiler erfolgen. Vom SV-Verteiler ist auch die Ansteuerung für den AV-Beleuchtungskreis vorzunehmen. Im TT- und im TN-S-System muss der RCD bei Zutreffen von Kriterien in der Norm geplant werden (vgl. VDE-AR-N 4100:2019-04, S. 83/84)!
- Es sind RCD-Schalter des Typ A(F)/B einzusetzen bzw. werden empfohlen.
- Der Spannungsfall in der Zuleitung ist so zu rechnen, dass er an der am weitesten entfernten Steckdose vom Stromkreisverteiler max. 5 % beträgt, Beleuchtung 3 % (VDE 0100-520:2013-06, S. 36).
- Selektivität zwischen den in Reihe liegenden Sicherungen muss belegt werden. Zu bedenken ist hierzu, dass im Notbetrieb mit der NEA die Faustformel gilt: Absicherung = Generatorleistung · 0,33 (Faktor).
- Das Erfordernis von Brandschutzschaltern ist mit dem Betreiber zu klären.
- Der Aufbau der Verteilung ist so vorzunehmen, dass die Abgangssicherungen der Räume ohne Anforderung und die Räume nach Gruppe 1 innerhalb der Einhausung räumlich getrennt mit Abschottung eingebaut werden.

  *Hinweis:* Die Festlegung der Gruppe-1-Räume zur Stromversorgung für Sicherheitszwecke nach VDE 0100-710:2012-10, Tabelle B.1, S. 27-29 muss mit der medizinischen und technischen Leitung der Einrichtung vorgenommen werden.
- Neben der halogenfreien Bauproduktanforderung ist in Gruppe-2-Räumen von medizinisch genutzten Bereichen ein geschirmter Leitungstyp zu verlegen.

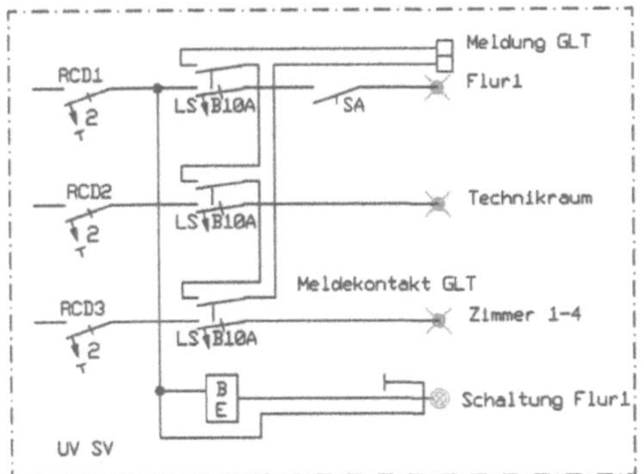


**Bild 8.2:** Systemzeichnung – Aufbau SV-Verteiler für Beleuchtung (DXF 069)

*Kommentar zur Systemzeichnung:* Der Stromkreisaufbau entspricht der VDE 0100-710:2012-10 für eine Umschaltzeit ≤ 15 s. Die Forderung nach VDE 0100-108 ist hier unberücksichtigt. Die Überwachung der einzelnen Stromkreise mit Meldung zur GLT ist eine Empfehlung. Wichtig ist, alle Steuerungs- und Schaltelemente, die für die Beleuchtung zum Betrieb auch bei Notbetrieb benötigt werden, im SV-Verteiler einzuplanen. Im Vorfeld ist hier auch mit dem Betreiber festzulegen, ob die Steuerung als Gesamtkonzept über die allumfassende MSR oder über ein eigenes Bus-System, z. B. dem KNX, ausgeführt werden soll. Hier ist dann zu gewährleisten, dass das Bus-System auf die MSR aufgeschaltet werden kann.

Wegen der komplexen Ausführung und auch der besonderen Ansichten mancher Prüfsachverständigen ist der Aufbau nach Abschluss der Planung mit dem abnehmenden Prüfingenieur und dem Haustechniker des Gebäudemanagements festzulegen und zu dokumentieren, um bei der Abnahme keine zusätzlichen kostenaufwendigen Zusatzforderungen erfüllen zu müssen.

## 8.2 Sicherheitsbeleuchtung mit UV/US an zentraler Stelle

Die Platzierung von Räumen mit Anlagen der Sicherheitsbeleuchtung kann frei im Gebäude an beliebiger Stelle erfolgen. Wird eine Zentralbatterieanlage geplant, ist die EltBauV als Grundlage zu verwenden, wird eine UV/US der Sicherheitsbeleuchtung geplant, ist die MLAR zu verwenden. Zu beachten ist aber, wenn Leitungen/Kabel aus diesem Raum die Grenzen eines BA überschreiten, muss die Kabelanlage mit Funktionserhalt E30 installiert werden. Bei schwierigen Gebäudekonstruktionen mit erschwerten Befestigungsmöglichkeiten kann der Raum so platziert werden, dass durch bauliche Trennung mehrere Geschosse angebunden und mit konventionellen Leitungen versorgt werden.

*Kommentar zur folgenden Systemzeichnung:* Durch eine überlegte Platzierung des Verteilers können die unmittelbar angrenzenden Brandabschnitte konventionell verkabelt werden. Dieser Aufbau wird auch in der MLAR beschrieben und ist in der Phase des Entwurfs mit dem Prüfsachverständigen im Detail zu besprechen (vgl. MLAR:2018-10, S. 303). Im Gegensatz zum Bild 4.3 ist hier auch die Schalteinrichtung in Form eines Tasters gezeichnet. Wichtig hierzu ist, wenn die Zuleitungen durch fremde BA verlaufen, dass auch hierzu funktionserhaltende Kabel bis in den BA bzw. zum ersten Taster im BA verlegt werden müssen.

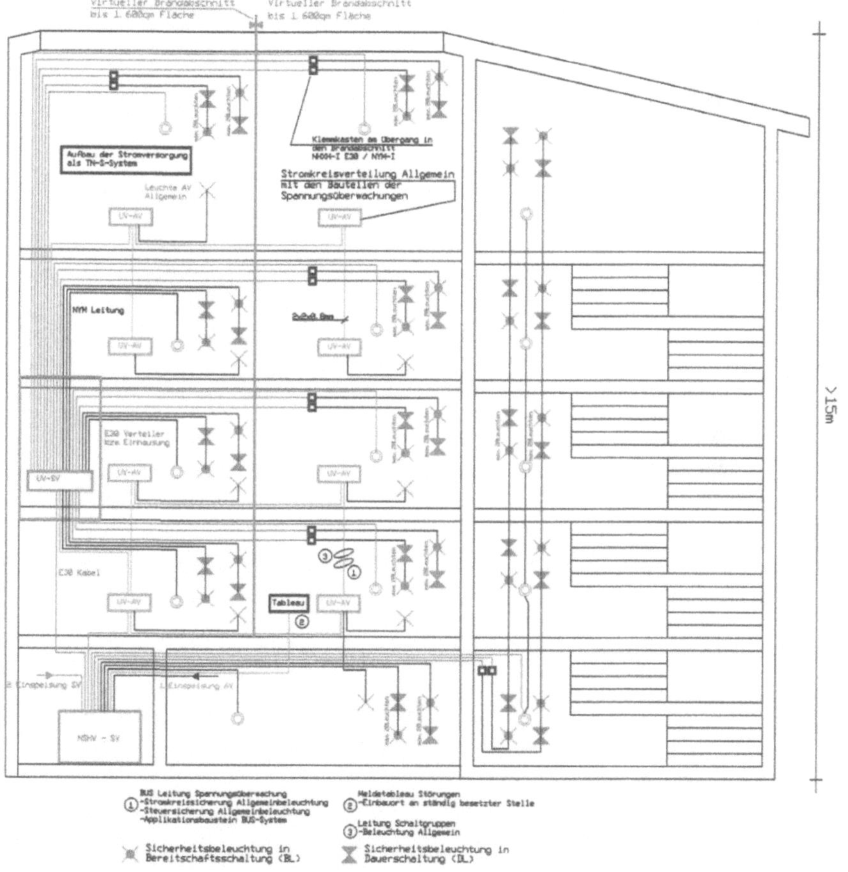


**Bild 8.3:** Systemzeichnung – Raum mit Verteiler der Sicherheitsbeleuchtung im medizinischen Bereich (DXF 046)

# 9 Planung des Raums für die Sicherheitsbeleuchtung – Betriebsräumebauverordnung EltBauV

Die Bauordnungen der Länder geben vor, für welche Gebäudetypen der Raum für den Einbau einer Zentralbatterieanlage nach der EltBauV gebaut werden muss. Entsprechende der folgenden Listung sind das:

- Waren- und Geschäftshäuser,
- Versammlungsstätten, ausgenommen Versammlungsstätten in fliegenden Bauten,
- Büro- und Verwaltungsgebäude,
- Krankenhäuser, Altenpflegeheime, Entbindungs- und Säuglingsheime,
- Schulen und Sportstätten,
- Beherbergungsgaststätten und Gaststätten,
- geschlossene Großgaragen.

Ausgenommen davon sind elektrische Betriebsräume in freistehenden Gebäuden oder durch Brandwände abgetrennte Gebäudeteile, wenn diese nur die elektrischen Betriebsräume enthalten.

Die Anforderungen an den Raum mit der zentralen Batterieanlage nach EltBauV ist im Kapitel 4 aufgeführt und entspricht dem Stand der BayBO, Stand 2018. Hier gibt es Unterschiede zum Inhalt der MLAR von 2018. Demnach sind bei der Planung neben der MLAR immer auch die landespezifischen Bauordnungen heranzuziehen.

*Hinweis:* Wird in Gebäuden, die nicht in der obigen Listung aufgeführt sind, eine Zentralbatterieanlage geplant, ist das dem Architekten und Konzeptersteller für den Brandschutz mitzuteilen. Die Anforderungen an den Raum sind vom Nachweisersteller exakt vorzugeben.

## 9.1 Anforderungen und Kriterien der räumlichen Planung mit der NSHV-SV

Der Raum mit der NSHV-SV für die Versorgung der Sicherheitsanlagen, wovon auch die Zentrale der Sicherheitsbeleuchtungsanlage versorgt wird, muss nach den Vorgaben der MLAR geplant werden.

*Hinweis:* Die Forderung für die Planung nach MLAR gilt auch für einen E-Raum mit Unterbringung einer NSHV-AV.

Die NSHV-SV ist dann eine Notwendigkeit, wenn für Verbraucher von Sicherheitsanlagen eine Netzersatzanlage die wirtschaftlichste und technisch beste Lösung darstellt.

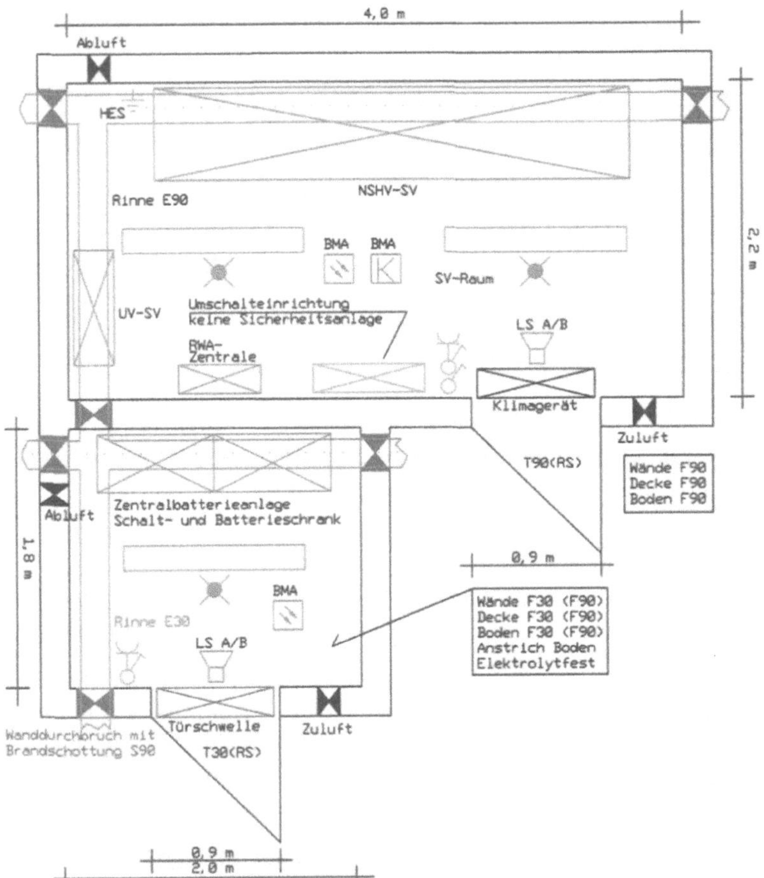


**Bild 9.1:** Systemzeichnung – SV-Raum mit NSHV-SV kombiniert mit Batterieraum (DXF 122)

*Kommentar zur Systemzeichnung:* Die kombinierte Raumplanung aus NSHV-SV-Raum und Sicherheitsbeleuchtungsraum ergibt sich situationsbedingt und ist für manche Gebäude der Regelfall. So wird in Verkaufsstätten eine Sicherheitsbeleuchtung mit einer Umschaltzeit von 1 s gefordert und in vielen Fällen werden hier

Sprinkleranlagen und/oder MRA-Anlagen benötigt, die eine Sicherheitsstromversorgung mit einer NEA unumgänglich machen. Durch die nebeneinander angeordneten Räume wird man das Versorgungskabel aus der NSHV-SV zur Zentralbatterieanlage ohne Funktionserhalt verlegen können, auch dann, wenn die Betriebszeit der Batteriekapazität von 3 h auf 1 h reduziert wird. Aus wirtschaftlichen Gründen kann der auch an anderer Stelle im Gebäude platziert werden. Dabei sind folgende Anforderungen umzusetzen:

- Die elektrischen Betriebsräume müssen so angeordnet sein, dass sie im Gefahrenfall von allgemein zugänglichen Räumen oder vom Freien leicht und sicher erreichbar sind und ungehindert verlassen werden können.
- Sie dürfen von Treppenräumen mit notwendigen Treppen nicht unmittelbar zugänglich sein (gilt nicht für NSHV).
- Der Rettungsweg innerhalb elektrischer Betriebsräume bis zu einem Ausgang darf nicht länger als 40 m sein. Die Forderung aus VDE 0100-729:2010-02 für die max. Ganglänge nach Abschnitt 2.1.1 ist hier ebenfalls zu beachten.
- Die Räume müssen so groß sein, dass die elektrischen Anlagen ordnungsgemäß errichtet und betrieben werden können. Sie müssen eine lichte Höhe von mindestens 2 m haben. Über Bedienungs- und Wartungsgängen muss eine Durchgangshöhe von mindestens 1,8 m vorhanden sein.

  *Achtung:* Bei großen Kabelquerschnitten ist der Biegeradius ein Kriterium, wodurch mehr Raumhöhe gefordert werden muss.
- Die Räume müssen ständig so wirksam be- und entlüftet werden, dass die beim Betrieb entstehende Verlustwärme abgeführt wird.
- Nicht sicherheitsrelevante Anlagen, wie Umschalteinrichtungen, die für die Verbrauchszuordnung notwendig sind, sollten, um Missbrauch zu vermeiden, in SV-Räumen installiert werden. Dies trifft zu, wenn die NEA so dimensioniert ist, dass aus wirtschaftlichen Gründen nur das Ereignis Stromausfall betrachtet wird. Tritt zusätzlich das Ereignis Brand/Rauch ein, sind Anlagen ohne Sicherheitsfunktion automatisch herauszuwerfen und die Anlagen für den Brandschutz aufzuschalten.
- In den Räumen sollen Leitungen und Einrichtungen, die nicht zum Betrieb der elektrischen Anlagen erforderlich sind, nicht vorhanden sein.

*Hinweis:* In elektrischen Betriebsräumen sollen Leitungen und Einrichtungen, die nicht zum Betrieb der elektrischen Anlagen erforderlich sind, nicht vorhanden sein (vgl. EltBauV § 4). Aus Sicht des Verfassers ist diese Soll-Bestimmung bei Räumen mit Sicherheitsanlagen besonders kritisch zu betrachten und mit Nachdruck diese Freihaltung von fremden Leitungen zu fordern.

Anmerkung: Fremde Leitungen sind:

- fremde elektrische Kabel und Leitungen,
- Abflussrohre,
- Wasserrohre für Kalt- und Warmwasser,
- Heizungsrohre.

Ist eine Verlegung von Leitungen aus dem Raum mit Einrichtungen von Sicherheitsanlagen nicht möglich, sind diese horizontal und vertikal entsprechend dem Funktionserhalt zu verkleiden.

Die Planung der Raumgröße zum funktionierenden Betrieb der NSHV-SV erfordert:

- Ermittlung der Schrankbreite und -tiefe unter Berücksichtigung der im BSK zu versorgenden Sicherheitsanlagen.
- Das Gewicht der geplanten NSHV ist für den gewählten Aufstellort dem Architekten bzw. dem Statiker im Zuge der Entwurfsplanung anzugeben. Dabei kann für erste Annahmen von nachfolgenden Gewichten je 1 m Schrankbreite ausgegangen werden.

**Tabelle 2.10:** Gewicht der NSHV für verschiedene Schranktiefen

| NSHV | Schrankbreite 1 m | | | |
|---|---|---|---|---|
| Schranktiefe (mm) | 300 | 400 | 600 | 800 |
| Gewicht (kg) | 200 | 250 | 350 | 400 |

*Kommentar zur Tabelle:* Die Angabe zum Gewicht ist im Besonderen von Bedeutung, wenn die Verteilung auf einen Doppelboden gestellt wird oder auf eine Betondecke mit Kabelzuführung aus einem darunter gebauten Kabelkeller. Hier sind Aussparungen anzugeben, die im Idealfall der freien Einführungsgröße eines Verteilerfelds entsprechen. Bei großen Verteilungen mit Breiten von mehreren Metern wird der Statiker Vorgaben machen, die es zu berücksichtigen gilt.

- Planung eines Einspeisefeld in der NSHV-SV für mobiles Aggregat als Ersatz der stationären Anlage bei Wartungs- und Reparaturarbeiten; Gilt als Empfehlung und ist mit dem Bauherrn abzustimmen.
- Einhaltung einer definierten Bewegungsfreiheit vor dem Verteilerschrank von 1,2 m;
- Vorhaltung von Reserveflächen für Nachinstallationen;
- Berücksichtigung des Schaltfelds für Kuppelschaltung mit Generatorschalter;

- Bestimmung der Wärmelast zum Einbau einer normgerechten Entlüftung des Raums durch den Versorgungstechniker nach den Bauteilangaben der jeweiligen Hersteller;

*Hinweis:* Überschlägig und auf der sicheren Seite kann hier angegeben werden, dass für eine NSHV bei einer Schrankbreite von 1 m eine Wärmelast von 1 kW berücksichtigt wird. Man kann daher davon ausgehen, dass der Raum klimatisiert werden muss.

- Angabe der Türanforderung für die Raumtür. Generell gilt hier, dass die Tür der Feuerwiderstandsklasse wie dem Funktionserhalt der höchsten zu versorgenden Sicherheitsanlage entspricht (vgl. MLAR:2018-10, S. 85). Wird aus dem SV-Raum z. B. ein Feuerwehr-Aufzug versorgt, muss die Tür in T90/RS eingebaut sein;
- Mitteilung der Raumanforderungen für Wände, Boden und Decke mit Zugangstür an den Architekten, wobei aus den beiliegenden Plänen zum BSK mit den enthaltenen Legenden durch den Verfasser die Anforderungen in der Regel vorgegeben sind. Diese sind als Mindestanforderung auch umzusetzen (siehe Bild 9.1). Bei Bedenken hinsichtlich der Korrektheit im BSK sind diese zu hinterfragen;
- Forderung einer Raumhöhe mit Berücksichtigung der Schrankhöhen und Verlegesysteme. Als Mindestraumhöhe bei größeren Objekten und Mitbestimmung durch den Fachplaner sind 2,8 m zu empfehlen, insbesondere bei großen Querschnitten von Kabeln/Leitungen für große Leistungsübertragungen mit Einhaltung der Biegeradien (siehe Abschnitt 10.2.12);
- Alternativ zur Anhebung der Decke ist die Bodenabsenkung (gegebenenfalls mit Doppelboden) eine Möglichkeit zur fachgerechten Installation. Hier gilt es zu bedenken, dass bei einer lichten Höhe von ≥ 25 cm der Zwischenraum brandschutztechnisch überwacht werden muss;
- Aufstellung der NSHV im Raum mit mindestens 5 cm Freiraum zur dahinterliegenden raumabgrenzenden Wand;
- Planung des vorgegebenen Netzsystems nach Abstimmung mit dem Verteilnetzbetreiber, bevorzugt TN-S-System;
- der Einbau der BSA/ÜSA ist nach Herstellerangabe unter Berücksichtigung des Netzsystems sowie der TAB des jeweiligen VNB vorzunehmen. Wichtig ist dabei, dass der Anschluss für die HES unmittelbar neben bzw. direkt in der NSHV herausgeführt wird. Die Anbindung an die PE-Schiene soll nicht länger als 0,5 m sein.

Weitere Besonderheiten, die es gegebenenfalls zu berücksichtigen gilt:

- Festlegung der Raumplatzierung unter Berücksichtigung von Hochwassermarken in hochwassergefährdeten Gebieten;
- Einrechnung von Faktoren bei Installationen in höheren Lagen.
- Die Raumbreite von 2,20 m ist in der Annahme einer Schranktiefe von 650 mm mit gegenüberliegender Nutzung von Wandflächen zum weiteren Einbau von Anlagen für die Sicherheitstechnik zu planen. Mit 650 mm Schranktiefe kann ab einer Leistung von >200 kW ausgegangen werden.

## 9.2 Möglichkeiten für die Platzierung von SV-Verteilern

Verteiler für elektrische Leitungsanlagen, mit denen Verbraucher versorgt werden, die als Sicherheitsbeleuchtung für eine bestimmte Zeit im Gebäude funktionieren, müssen:

- in eigenen Räumen untergebracht werden, die gegenüber anderen Räumen durch Wände, Decken und Türen mit einer Feuerwiderstandsfähigkeit entsprechend der notwendigen Dauer des Funktionserhalts aus nicht brennbaren Baustoffen abgetrennt sind;
- durch Gehäuse abgetrennt werden, für die durch Verwendbarkeitsnachweis die Funktion des Funktionserhalts nachgewiesen wird (standardisierte Einhausungen in Form eines elektrischen Betriebsraums, z. B. das Fabrikat PRIORIT);
- mit Bauteilen einschließlich ihrer Anschlüsse umgeben werden, die die inneren Bauteile mit der geforderten Funktion über die Dauer des Funktionserhalts sichern. Der Nachweis des Funktionserhalts der elektronischen Einbauteile ist zu dokumentieren (vgl. MLAR:2018-10, S. 85).
- Der Raum ist freizuhalten von fremden Brandlasten. Leitungen, die nicht zum Betrieb der Anlage erforderlich sind, dürfen nicht vorhanden sein oder sind brandschutztechnisch zu verkleiden.

*Kommentar zur folgenden Systemzeichnung:* Der SV-Raum ist dann zu planen, wenn die Sicherheitsbeleuchtung mit der NEA in Betrieb geht und somit eine Umschaltzeit von 15 s erlaubt ist. Dies kann z. B. im Krankenhaus ausreichend sein. Zu beachten ist dabei die Platzierung des SV-Raums. Wird gefordert, dass die Verbraucher aus einem SV-Verteiler versorgt werden, der sich im selben Brandabschnitt befindet, ist in jedem Stockwerk mindestens ein Raum zu fordern. Im Raum selbst darf sich nur der SV-Verteiler befinden, gegebenenfalls mit Zustimmung eine NRA-Zentrale, sowie im Krankenhaus das OP-Lichtgerät. Wird eine Umschaltzeit $\leq 1$ s gefordert, kann in diesem Raum auch eine Gruppenbatterieeinheit mit Batterieblock eingebaut werden, wenn davon nur die Grenzen eines BA versorgt werden. Die Sicherungen dieser genannten Anlagen müssen aber in der NSHV-SV eingebaut sein. Auch die Zuleitungen zu jedem solchen Verteiler müssen direkt an die NSHV-SV angeschlossen sein. Ein Durchschleifen von Verteiler zu Verteiler ist nicht erlaubt. Für Zentralbatterieanlagen sind eigene Räume einzuplanen. Ansonsten kann in Abstimmung mit dem Prüfsachverständigen der Raum so platziert werden, dass das darüber und darunter liegende Stockwerk angebunden wird (vgl. MLAR:2018-10, S. 303).

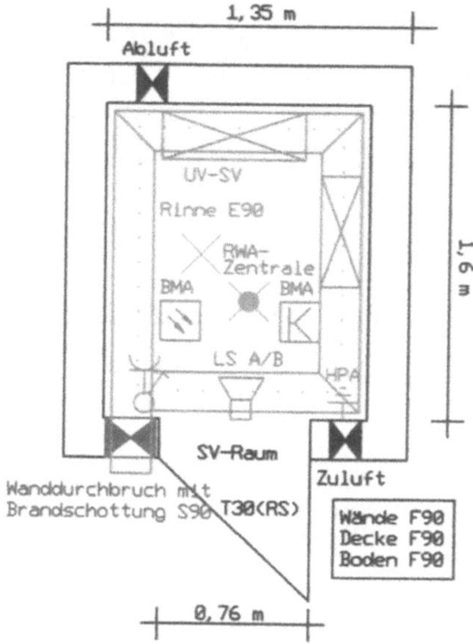


**Bild 9.2:** Systemzeichnung – Elektrischer Betriebsraum mit SV-UV und RWA-Zentrale (DXF 046)

*Hinweis:* Der in der Abbildung vermaßte Raum ist eine Mindestgröße mit den entsprechenden Bewegungsfreiheiten vor und seitlich des gezeichneten Verteilers. Die tatsächliche Raumgröße ist im Zuge der Entwurfsplanung zu ermitteln und dem Architekten anzugeben.

Der Einbau von Stromkreisverteilungen als Schaltgerätekombination in Flucht- und Rettungswegen nach den Vorgaben der MLAR:2018-10, S. 204 ist in der Praxis häufig anzutreffen. Bevorzugte Anwendung sind dafür Schulen, Beherbergungsstätten, Altenheime usw., wozu es aber für jeden Einzelfall einer kritischen Betrachtung bedarf.

Wenn im Brandfall von Schaltgerätekombinationen eine starke Rauchentwicklung in Flucht- und Rettungswegen zu erwarten ist, ist eine versigelte Feuerschutzwand für die Errichtung der Schaltgerätekombination notwendig. Diese Anforderung wird erfüllt, wenn sich die Schaltgerätekombination in einer Umhüllung aus nichtbrennbarem Material befindet oder in einem getrennten Raum aufgestellt wird. Decken und Wände des getrennten Raums müssen eine Feuerwiderstandsdauer von mindestens 90 min und Türen eine Feuerwiderstandsdauer von mindestens 30 min besitzen (vgl. VDE 0100-420:2019-10, S. 13). Voraussetzung dafür ist aber auch, dass von diesem Verteiler aus nur die Sicherheitsleuchten des dazugehörigen BA versorgt werden dürfen. Werden aus dem Verteiler BA-übergreifend Sicherheitsleuchten versorgt, ist das nicht möglich.

Wird z. B. bei Sanierungen der SV-Verteiler im Fluchtweg platziert, darf die vorgeschriebene Fluchtwegbreite nicht unterschritten werden. Die Lösung ist der Bau von Nischen mit allen Einrichtungen zum funktionierenden Betrieb. Dabei ist zu beachten, dass die Wand für die Nischenausbildung der geforderten Brandschutzklasse für den notwendigen Flur entspricht.

Hierbei ist aber auch die Wärmeentwicklung zu berücksichtigen. Ist die Ableitung der im Betrieb entstandenen Eigenerwärmung nicht gewährleistet, sind mit dem Versorgungstechniker Lüftungsanschlüsse mit Brandschutzklappen zu installieren.

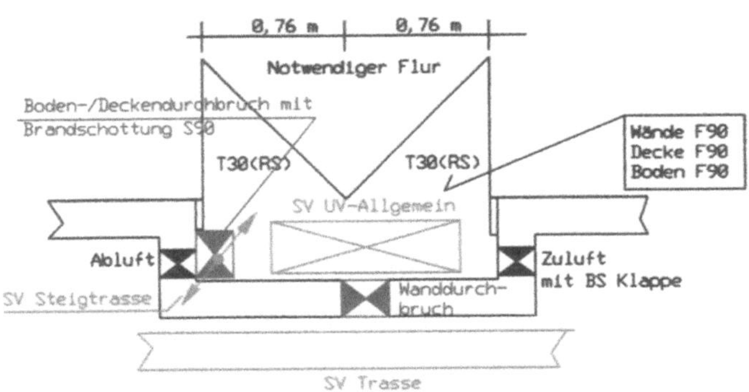


**Bild 9.3:** Systemzeichnung – SV-Stromkreisverteilung mit Einhausung im notwendigen Flur (DXF 013)

*Kommentar zur Systemzeichnung:* Die Platzierung eines Elektroverteilers in einem notwendigen Flur/Treppenhaus ist generell zulässig, ist aber als Notlösung zu sehen und sollte nach Möglichkeit nicht umgesetzt werden.

- SV-Verteiler müssen immer mit Funktionserhalt E30 errichtet werden und eine feuerhemmende Tür/Klappe haben, wenn der Einbau in einem notwendigen Treppenhaus erfolgt.

Bei Platzmangel und eingeschränkter Möglichkeit, den SV-Verteiler wie für die Sicherheitsbeleuchtung in einem separaten Raum unterzubringen, ist es durchaus möglich, diesen Verteiler zusammen mit dem AV-Verteiler in einem gemeinsamen Raum zu platzieren. Gängig ist diese Praxis bei großen Objekten, z. B. einem Hochhaus. Die Platzierung ist im Brandabschnitt/Stockwerk vorzunehmen (vgl. MLAR:2018-10, S. 33). Die Räume mit den Unterverteilungen sollten in Vorräumen der Elektroschächte geplant werden. Kleinere und mittlere Unterverteilungen dürfen in den Installationsschächten der Elektrotrassen geplant werden. Werden aus dem Verteiler Sicherheitsleuchten in einem angrenzenden BA versorgt (siehe Bild 8.3) muss der Verteiler in einem E30-Gehäuse eingebaut sein.

Die Türen können in der Qualität T30-RS eingebaut werden, wenn vertikale Elektrotrassen geschossweise abgeschottet werden (MLAR:2018-10, S. 165f.). Hier ist aber der Hinweis zu beachten, dass die Vorgaben für die Ausführung der Installationsschächte, in denen auch die Verteiler platziert werden, von den Vorschriften der einzelnen Bundesländer abhängen.

Weitere Kriterien, die es zu beachten gilt:

- Die Temperatur im Raum darf max. 25 °C betragen.
- Die Wärmelast ist nach den Festlegungen in Tabelle 9.1 zu berechnen.

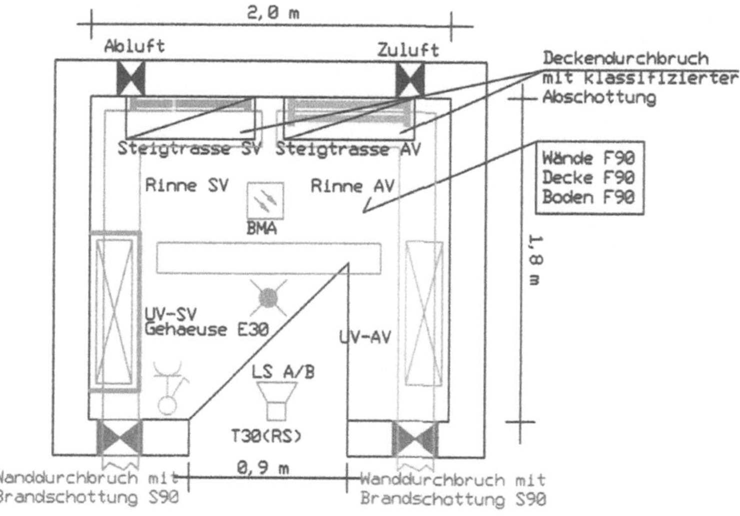


**Bild 9.4:** Systemzeichnung – SV-Verteiler im Installationsschacht eines Hochhauses (DXF 069)

*Kommentar zur Systemzeichnung:* Die Architektenplanung ist als Grundlage für die Festlegung der Elektroräume in den einzelnen Stockwerken von wesentlicher Bedeutung. Gibt es nur einen Treppenhauskern mit den umlaufend angeordneten Installationsschächten und Technikräumen, ist im Vorfeld die Ausgestaltung genau festzulegen. Bei der Platzierung der Verteiler gibt es unterschiedliche Vorgaben durch die Länder, die bei der Planung zu berücksichtigen sind (vgl. MLAR:2018-10, S. 165). Die Systemzeichnung ist ein Beispiel, zu dem es viele weitere Varianten geben wird. Grundsätzlich ist hierzu auch der Prüfsachverständige im Vorfeld zur bauausführenden Umsetzung mit einzubeziehen. Die Anschlagrichtung von Türen aus Technikräumen erfolgt im Regelfall nach außen. Nach den Vorgaben in der MLAR ist für den Raum aus dem Installationsschacht die Türöffnung nach innen vorgegeben. Für die SV-Steigtrasse sind bei einer Raumhöhe über 3,5 m Abschnitte 10.2.5 und 10.2.6 zu beachten.

Erfolgt der Einbau der Schaltgerätekombination in Form einer UV bzw. US für die Sicherheitsbeleuchtung angrenzend an einen notwendigen Flur (Flucht- und Rettungsweg) ist das dem Konzeptersteller für den Brandschutznachweis bzw. Architekten rechtzeitig mitzuteilen. Werden die Schaltgerätekombinationen entsprechend nach Bild 9.5 platziert, hat das gegebenenfalls Auswirkungen auf die Klassifizierung von Feuerwiderstandsklassen. Decken und Wände des angrenzenden Raums, in dem der Verteiler mit Elektrokomponenten platziert wird, muss eine Feuerwiderstandsdauer von 90 min und die Tür dazu mindestens 30 min haben (vgl. VDE 0100-420:2019-10, S. 13).

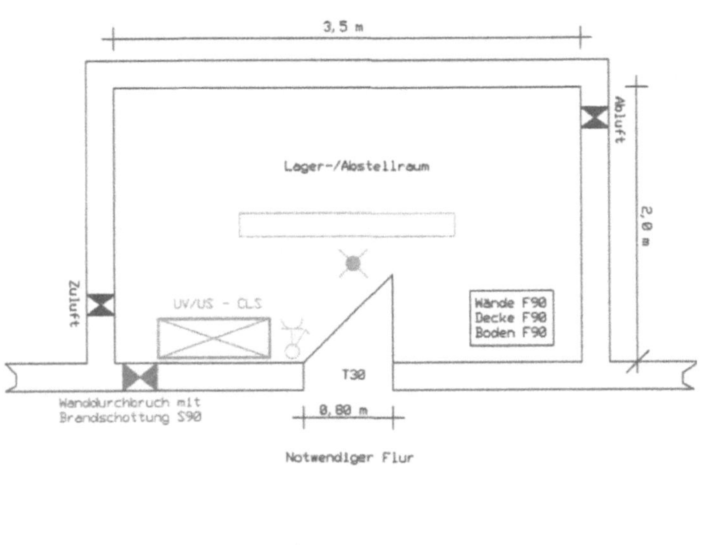


**Bild 9.5:** Systemzeichnung – Schaltgerätekombination als UV/US der Zentralbatterieanlage im Raum angrenzend an notwendigen Flur (DXF 118)

*Kommentar zur Systemzeichnung:* Der Einbau der UV/US in einem allgemeinen Raum ohne Ausbildung mit Funktionserhalt ist nur dann erlaubt, wenn die angeschlossenen Endstromkreise der Sicherheitsbeleuchtung die Grenzen eines BA nicht überschreiten. Auch hier gilt, werden aus dem Verteiler Sicherheitsleuchten in einem angrenzenden BA versorgt, muss der Verteiler in einem E30-Gehäuse eingebaut sein, aber nur dann, wenn der Raum zweckentfremdet auch als Lager-/Abstellraum genutzt wird.

## 9.3 Bestimmung der Raumlüftung nach Ermittlung der Wärmelast

Der wesentliche Faktor für den funktionierenden Betrieb der verschiedenen Anlagen und Zentralen in einem Elektroraum ist die Abführung der entstehenden Wärme mit einer technischen Einrichtung und die Einhaltung von Temperaturen, die vom Versorgungstechniker festzulegen sind. Die Vorgaben zur Entscheidungsfindung sind vom Elektro-Fachplaner zu erbringen.

Sind Anlagen wie eine LPS-Zentrale bzw. eine USV im Raum, ist eine Temperatur von max. 20 °C zu gewährleisten, die optimale Temperatur für die Langlebigkeit von Batterien. Ansonsten muss eine max. Temperatur von 25 °C eingehalten werden.

Für die Zuordnung von LS-Schaltern und Leistungsschaltern zu den Bemessungsquerschnitten der Leiter ist eine Umgebungstemperatur von normal 25 °C vorgegeben. In Abstimmung mit dem Konstrukteur für die Lüftungsanlage sind daher Maßnahmen zu treffen, die eine dauerhafte Raumtemperatur unter 25 °C garantieren. Solche Maßnahmen können z. B. ein Zu- und Abluftanschluss an die zentrale Lüftungsanlage des Gebäudes oder eine Raumklimatisierung sein.

Um eine wirtschaftliche Entscheidung treffen zu können, sind von allen Stromkreisverteilern die Abwärmewerte sämtlicher Einbaugeräte zu ermitteln und auf deren Grundlage die Konzeption der RLT-Anlage durchzuführen.

Die Werte der Abwärme im Nennbetrieb für die jeweiligen Einbaugeräte werden durch die Hersteller angegeben und sind in nachfolgender Tabelle zusammengestellt. Neben der Verlustleistung der Einbaugeräte, für die in der Tabelle von einigen Bauteilen beispielhaft die Verlustwärme aufgezeigt ist, ist auch für jeden Stromkreis die Verlustleistung zu ermitteln. Dazu kann nach Anhang H der DIN EN 61439-1 für jeden Leiter die Verlustleistung berechnet werden. Durch die Addition aller ermittelten Verlustleistungen wird die Gesamtverlustleistung bestimmt.

**Tabelle 9.1:** Abwärmen im Nennbetrieb von Einbaugeräten (*Quelle:* Werte aus Datenlisten verschiedener Hersteller)

| Bauteil | Pole | Strom/Leistung | Verlustwärme in W |
|---|---|---|---|
| Sicherungsautomat | 1 | 10 A | 2,5 |
| | 1 | 16 A | 4,7 |
| | 3 | 16 A | 14,0 |
| | 3 | 25 A | 15,4 |
| | 3 | 32 A | 17,0 |
| RCD-Schalter | 4 | 40/0,03 A | 11,3 |
| Neozed-Sicherung | 3 | 63 A | 10,6 |
| Stromstoßschalter | 2 | 16 A | 3,4 |
| Schaltrelais | 2 | 16 A | 9,5 |
| Schaltschütz | 4 | 40 A | 23,1 |
| Trafo (IT-System) | 1 | 5 kVA | 250 |

*Kommentar zur Tabelle:* Die Feststellung der Wärmelast ist nach Planung der jeweiligen Verteilung durch den Elektro-Fachplaner in enger Abstimmung mit dem Verteilungsbau vorzunehmen. Als systemgefertigte Niederspannungsgerätekombinationen werden diese in der Werkstatt gebaut, angeliefert und vom beauftragten Elektrofachbetrieb betriebsfertig angeschlossen. Für erste Annahmen wird man mit 1 kW Wärmelast je 1 m Schrankbreite bei einer NSHV auf der sicheren Seite liegen. Diese Aussage wird auch von namhaften Herstellern vertreten. Für Unterverteilungen ist die Wärmelast mit den Werten aus der Tabelle 2.15 entsprechend der ausgearbeiteten Entwurfsplanung zu berechnen.

Neben der üblichen Einheit für die Verlustwärme (Watt) wird zunehmend die englische Einheit BTU/h (British Thermal Unit) angegeben. Für die Umrechnung gilt:

| | | |
|---|---|---|
| **1 BTU/h** | 0,293 W | 0,293 J/s |
| 3,41 BTU/h | **1,0 W** | 1,0 J/s |

## 9.4 Pflichtenheft für Raum Sicherheitsbeleuchtung

Im Stadium der Entwurfsplanung ist das Konzept der Räume für die elektrischen Anlagen durch den Elektro-Fachplaner zu entwickeln und in Form eines Pflichtenhefts dem Architekten mitzuteilen. Im nachfolgenden Beispiel wird diese wichtige Planung für einen Raum der Sicherheitsbeleuchtung nach EltBauV dargestellt:

*Batterieraum Sicherheitsbeleuchtung*

- Raumanforderung an Wände, Decke und Boden F90 (F30), Tür T30
- Raumgröße mindestens 2 m x 1,8 m (individuell bestimmen, kleiner möglich)

- Raumhöhe mindestens 2,2 m
- Schleuse bei Zugang aus notwendigen Treppenraum
- Zu- und Ablufteinrichtung mit einem Luftvolumenstrom von ca. 3 $m^3/h$, bei natürlicher Lüftung sind Zu- und Abluft gegenüberliegend oder mit 2 m Trennungsabstand anzuordnen, der Ø muss mind. 10 cm sein
- Die Zu- und Abluft muss aus den Batterieraum in die Umgebungsluft nach Außen abgeführt werden.
- Türschwelle mit 3 cm Höhe ist einzubauen.
- Elektrolytfester Anstrich umlaufend mit 3 cm Höhe
- Ableitfähiger Belag des Bodens (kann mit Gummimatte hergestellt werden)
- Raumtemperatur auf 20 °C auslegen
- Tür mit Aufschlag in Fluchtrichtung
- Keine fremden Leitungen (Heizungs-, Wasser, Abwasserrohre Lüftungskanäle usw.) im Raum
- Alle Wanddurchbrüche in Trockenbauwänden sind mit einer umlaufenden Leibung auszubilden.
- Bei Wandschrankmontage ist in Trockenbauwänden eine Unterkonstruktion anzugeben.
- Voraussichtliches Gewicht der Anlage: siehe Abschnitt 4.8

*Kommentar zum Pflichtenheft:* Der Auflistung ist zu entnehmen, dass den ermittelten Daten eine umfassende Planung vorhergehet. Daraus ergibt sich, mit dem Entwurf schnellstens zu beginnen, damit die Werkplanung durch den Architekten ungehindert fertiggestellt werden kann und keine ärgerlichen Umplanungen im Nachgang mit sich bringt.

# 10 Kabel-/Leitungsanlage für die Sicherheitsbeleuchtung

Die Kabel-/Leitungsanlage für Sicherheitsbeleuchtungsanlagen ist nach der Grundfläche eines Brandabschnitts zu betrachten, der 1.600 m² nicht überschreiten darf, bzw. nach den natürlichen Abgrenzungen in einem Gebäude, wie ein Treppenhaus, den virtuellen Brandabschnitt oder eine Geschossdecke. Ein weiteres Kriterium dazu ist die Betriebstechnik der zum Einsatz kommenden Energiequelle, wie: Netzersatzanlage, Zentralbatterieanlage, Gruppenbatterieanlage oder Einzelbatterieanlage.

Im Hinblick auf die projektierte Anlage gilt:

- Kabel/Leitungen, die brandabschnittsübergreifend verlegt werden, müssen den Anforderungen eines Funktionserhalts E30, in Ausnahmefällen auch E60, genügen. Das gilt sowohl für Steigleitungen zur Versorgung von Unterverteilern und Unterstationen als auch für Endstromkreise von der Zentraleneinheit bis in den jeweiligen BA.
- Bei der Verkabelung innerhalb eines BA ist die Leitungsanlage ohne Anforderung an den Funktionserhalt zulässig. Hier geht es darum, die richtige Leitung nach der Bauproduktklasse in der Planung vorzugeben.

In den folgenden Abschnitten des Kapitels erfolgt eine umfassende Abhandlung zur Installation der Kabel-/Leitungsanlage, die zu beachten sind, um den Vorschriften gerecht zu werden, damit eine betriebssichere Anlage übergeben wird.

## 10.1 Anforderung an Kabelanlagen für den Funktionserhalt

Die Notwendigkeit, Kabel- und Leitungsanlagen für den Betrieb im Brandfall (mit Funktionserhalt) vorzusehen und deren Ausführung, sind durch gesetzliche Vorschriften der Länder der Bundesrepublik Deutschland geregelt. Kabel- und Leitungsanlagen von Stromkreisen für Sicherheitszwecke, die nicht metallisch geschirmt und feuerbeständig sind, müssen angemessen und zuverlässig durch Abstand oder räumliche Trennung von anderen Kabel- und Leitungsanlagen getrennt werden, einschließlich Kabel- und Leitungsanlagen für andere Sicherheitszwecke. Die Anforderungen werden bei Leitungsverlegung mit Funktionserhalt im Brandfall erfüllt (vgl. VDE 0100-560:2013-10, S. 14).

Die Anforderungen werden erfüllt, wenn der Aufbau und die Installation nach DIN 4102-12 mit den nachfolgenden Vorgaben erfolgt.

*Hinweis:* Es ist nicht zulässig, die Kabel/Leitungen der AV- und SV-Stromversorgung gemeinsam in Schächten oder Kanälen der Funktionserhaltsklasse E30 bzw. E90 nach DIN 4102-12 zu verlegen. Eine gemeinsame Verlegung von Leitungen des Funktionserhalts mit anderen Leitungen als Mischverlegung ist nur zulässig, wenn die maximal zulässige Belegung (Gewicht/m) und gegenseitige Wechselwirkungen wie EMV beachtet werden. Die gemeinsame Verlegung von AV-Leitungen und SV-Leitungen ohne integrierten Funktionserhalt in gemeinsamen E-Kanälen oder Leerrohren ist nicht erlaubt (vgl. MLAR:2018-10, S. 83f.).

*Erklärung:* Die gemeinsame Verlegung von Endstromkreisen der Sicherheitsbeleuchtung ist erlaubt mit der Vorgabe, dass der rechnerische Nachweis zu erbringen ist, dass das zulässige Gesamtgewicht des Verlegesystems dadurch nicht überschritten wird (vgl. VDE 0100-560:1995-07, S. 3). Aus Sicht des Verfassers sollte daher für Kabel/Leitungen für Funktionserhalt immer eine getrennte Verlegung zu Leitungen ohne Funktionserhalt aufgebaut werden (siehe Abschnitt 10.3.17).

Grundlage der Planung ist als weiteres Kriterium ein ausreichender Abstand zu Störgrößen, insbesondere für Leitungen von Schwachstromanlagen. Die meisten Störquellen sind in der Planungsphase bekannt und können bei der Installation berücksichtigt werden. Dazu zählen:

- Leistungstransformatoren, Mittel- und Niederspannungsschaltanlagen,
- Starkstromtrasse, insbesondere mit Einleiterkabel,
- große Motoren und Frequenzumrichter,
- innere und äußere Blitzableiter,
- auch Leuchten mit Vorschaltgeräten können zu Störungen der Melderelektronik führen.

Um störende Einflüsse zu vermeiden, sind in jedem Fall:

- Koppelschleifen in der Nähe von leistungsstarken Geräten zu vermeiden,
- vertikale Leitungen nicht parallel zu Blitzschutzleitungen zu verlegen,
- Starkstrom und Signalleitungen räumlich zu trennen.

*Hinweis:* Werden unter der Bodenplatte Leerrohre für die Kabel und Leitungen verlegt, sind sowohl für die AV- und SV-Stromversorgung mindestens entsprechend der Zahl der Kabel/Leitungen je ein Leerrohr für Starkstrom und Schwachstrom zu planen.

## 10.2 Technik der Kabel und Leitungen mit integriertem Funktionserhalt

Im Brandfall sind Kabel und Leitungen extremen Belastungen durch Flammen und Hitze ausgesetzt. In einer Funktionserhaltinstallation eingesetzte Kabel müssen in der Lage sein, für einen gewissen Zeitraum Temperaturen bis 1000 °C und mehr auszuhalten, ohne dass es zu einem Kurzschluss der Kupferleiter kommt. Da die Kupferleiter bei diesen extremen Temperaturen anfangen zu glühen und dabei ihre eigene mechanische Stabilität einbüßen, kommt dem Tragsystem als Stützkorsett eine besondere Bedeutung zu. Die Isolierung spielt dabei eine besondere Rolle. Bei den Kabeln wird nach zwei unterschiedlichen Konstruktionen unterschieden:

- spezielle Bewicklungen der Kupferleiter aus Glasseide oder Glimmerband oder
- spezielle keramisierende Kunststoffisolierungen.

Bei Kabeln mit speziellen Bewicklungen aus Glasseide oder Glimmerband verbrennt die Isolierung der Kabel im Brandfall vollständig und bildet eine isolierende Ascheschicht. Diese wird von den Bewicklungen zusammengehalten und sorgt dafür, dass die Kupferleiter voneinander getrennt bleiben und kein Kurzschluss mit dem Tragsystem stattfindet.

Bei Kabeln mit spezieller keramisierender Kunststoffisolierung ist der Hauptanteil Aluminiumhydroxid, das bei der Verbrennung eine weiche Keramikhülle bildet. Diese sorgt für die gewünschte Isolierung der stromführenden Adern untereinander und zum Tragsystem. Ein weiterer Vorteil dieser Kabel ist eine raucharme Verbrennung und eine verminderte Brandfortleitung.

*Hinweis:* Das besondere Verhalten im Brandfall von Kabeln mit Funktionserhalt gibt keinen Aufschluss über die Brandlast. Als fremdes Kabel in einem Flucht- und Rettungsweg sind diese genauso zu schotten wie konventionelle Leitungen. Im Vergleich die Brandlasten von 3-adrigen Typen gleichen Querschnitts: Mantelleitung NYM 3 x 1,5 mm² = 0,44 kWh/m, Kabel NHXH 3 x 1,5 mm² = 0,33 kWh/m.

Die Umrechnungsfaktoren für verschiedene Einheiten:
1 kWh = 860,11 kcal; 1 MJ = 0,28 kWh; 1 kWh = 3,6 MJ; 7 kWh = 25 MJ

Brandlasten werden meist mit 25 MJ bzw. 7 kWh bezogen auf eine Grundfläche von 1 m x 1 m angegeben.

*Kommentar zur folgenden Abbildung:* Aus der Abbildung ist zu erkennen, wie wichtig es ist, dass durch das Tragsystem das Kabel in einer stabilen Position gehalten wird, wodurch die Kupferleiter voneinander getrennt bleiben und somit ein Kurzschluss nicht stattfinden kann.

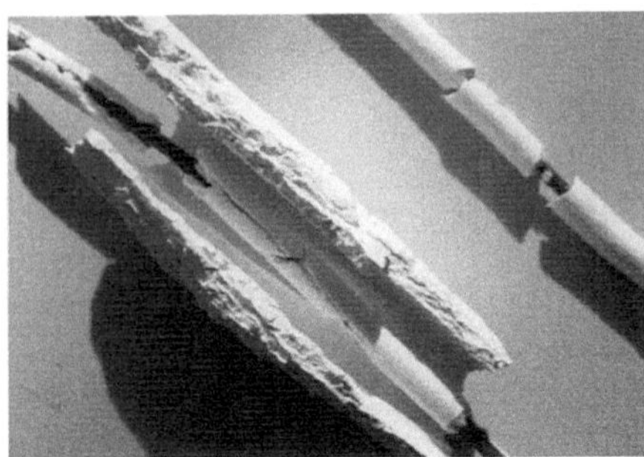 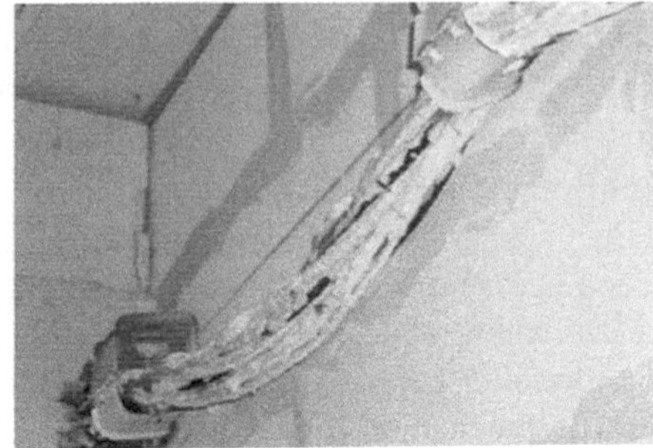

**Bild 10.1:** Erklärung, Zusammenhang Kabel/Leitungen – Befestigung (*Quelle:* Brandschutz in der Elektrotechnik – OBO Bettermann, 76)

## 10.3 Planung und Installation der Kabelanlage mit Funktionserhalt E30/E90 und E60

Die Anforderung, die an die Sicherheitsstromversorgung gestellt wird: der Funktionserhalt der jeweiligen Anlage muss mindestens E30 bzw. E90 betragen. Hierunter ist die Prüfung des Funktionserhalts nach DIN 4102-12 gemeint. D. h., es wird immer eine komplette Kabelanlage geprüft. Funktionserhalt kann nur ein Kabel einschließlich Verlegesystem haben. Das Kabel oder das Verlegesystem alleine hat keinen Funktionserhalt. Nach den Bauordnungen dürfen für den Funktionserhalt nur Kabelanlagen eingesetzt werden, die ein allgemeines bauaufsichtliches Prüfzeugnis (ABP) haben. Daher müssen auch zugelassene Dübel und Schrauben sowie Kabelschellen verwendet werden. Ein weiteres Kriterium, das es zu beachten gilt, ist die Installation der Kabelanlage im Gebäude. Daher sind der Weg und die Befestigung so zu errichten, dass diese Vorgabe erfüllt wird. Dies erfordert eine exakte Planung im Vorfeld, damit die notwendigen Trassenverläufe an Bauteilen des Bauwerks durchgehend frei sind und ohne Hindernisse von Anlagen anderer Gewerke der Haustechnik.

*Hinweis:* Die Funktionserhaltsdauer E60 ist in der MLAR nicht separat ausgewiesen. Die baurechtlichen Anforderungen können anlag einer Funktionserhaltsdauer von 90 min übernommen werden, d. h. ist E60 gefordert, muss das Verlegesystem der Anforderung E90 genügen. Demnach gilt: Leitungen mit einem Funktionserhalt von 30 min bzw. 60 min können auch auf Trassen mit 90 min verlegt werden, nicht umgekehrt (vgl. MLAR:2018-10, S. 278).

### 10.3.1 Horizontale Verlegung von Kabelanlagen mit E30/E90 Funktionserhalt

Grundsätzlich können die elektrischen Kabel mit integriertem Funktionserhalt auf Normtragekonstruktionen und Sondertragekonstruktionen unter der Decke verlegt werden. Diese erfüllen alle Forderungen der DIN 4102-12. Die Verlegesysteme, die hier zur Anwendung kommen können, sind: Kabelleiter, Kabelrinnen, Einzelschellen, Kabelklammern, Sammelhalter und Stahlpanzerrohre. Die wesentlichen Kriterien sind die Vorgaben der Kabelhersteller. Hiernach sind der Befestigungsabstand, die Belegung, das Gewicht und die Stärke der Bauteile des Verlegesystems ein wesentlicher Faktor zum Erreichen des Funktionserhalts und die Grundlage zur Abnahme durch den Prüfsachverständigen. Einen guten Überblick mit Beispielen zu den einzelnen Verlegearten ist im Handbuch Funktionserhalt DÄTWYLER, 9. Auflage dargestellt. Neben der horizontalen Deckenbefestigung sind hier auch Beispiele für die horizontale Wandbefestigung enthalten.

**Bild 10.2:** Waagerechte Verlegung von funktionserhaltenden Kabeln/Leitungen (*Quelle:* Brandschutz in der Elektrotechnik – OBO Bettermann, 76)

*Kommentar zur Abbildung:* Die Funktionalität elektrischer Leitungsanlagen mit Funktionserhalt im Brandfall muss trotz möglicher Wechselwirkungen mit anderen Anlagen, Einrichtungen oder deren Komponenten stets gewährleistet sein. Neben einer thermischen kann sich darüber hinaus auch eine mechanische Beeinflussung – bspw. durch Rohrleitungs-, Lüftungsanlagen oder anderer Anlagenteile, die oberhalb der Leitungsanlagen mit Funktionserhalt im Brandfall installiert werden – ergeben. Sind diese Bauteile nicht ausreichend befestigt, kann ihr Absturz im Brandfall die Anlagen mit Funktionserhalt beschädigen bzw. mit herunterreißen und somit zum Ausfall der sicherheitstechnischen Systeme führen.

*Anmerkung:* Daher sollten elektrische Leitungsanlagen mit Funktionserhalt grundsätzlich oberhalb aller anderen baulichen Installationen als erstes vor allen anderen haustechnischen Medieninstallationen montiert werden.

Ist dies nicht möglich, müssen die darüber befindlichen haustechnischen Einrichtungen, Anlagen usw. unbedingt unter Berücksichtigung der geforderten Funktionsklasse befestigt werden. Es muss durch einen entsprechenden Trümmerschutz gewährleistet sein, dass negative Einwirkungen nicht zum Ausfall der Sicherheitsanlage führen können (vgl. MLAR:2018-10, S. 289). Wenn ein Funktionserhalt von E90 gefordert ist, müssen die Befestigungsmittel der darüber befindlichen Anlagen oder Einrichtungen so dimensioniert sein, dass die Zugspannungen nicht größer als 6 N/mm² sind. Bei E30/E60 dürfen die Zugspannungen nicht größer als 9 N/mm² sein (vgl. Brandschutztechnische Bauüberwachung, S. 54/55). Auch das Vorhandensein einer selbsttätigen Löschanlage (Sprinkleranlage) kann dazu beitragen, dass aufgrund der niedrigen Brandtemperaturen mit ca. 300 °C ein Versagen oberhalb verlaufender Installationen wegen des Auslösens und der brandbekämpfenden Wirkung der Löschanlage nicht zu befürchten ist (vgl. MLAR:2018-10, S. 289).

## 10.3.2 Horizontale Installation der Kabelanlage an Wand und Decke als Einzel-/Bündelverlegung

Bei der horizontalen Verlegung der Kabel an der Wand mit Profilschienen und Schellen sind die Schellen für die Einzelverlegung so in ihrer Lage zu fixieren, dass ein Abrutschen der Schellen verhindert wird.

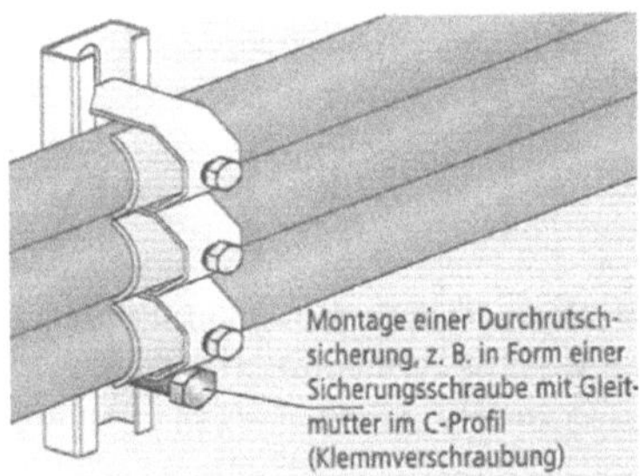


**Bild 10.3:** Waagerechte Verlegung an der Wand mit Abrutschsicherung (*Quelle:* MLAR:2018-10, S. 275)

*Kommentar zur Abbildung:* Bei waagerechter Verlegung an der Wand ist für die Durchrutschsicherung eine Sicherungsschraube mit Gleitmutter unmittelbar unter der untersten Bügelschelle anzubringen.

- Die besonderen Anforderungen hinsichtlich der brandsicheren Befestigung der im Bereich zwischen den Geschossdecken und Unterdecken verlegten Leitungen sind zu beachten.

- Die Befestigungsabstände zum Kabelgewicht müssen eingehalten werden:
  - Befestigungsabstand 0,3 m zum Kabelgewicht 6 kg/m,
  - Befestigungsabstand 0,4 m zum Kabelgewicht 4,5 kg/m,
  - Befestigungsabstand 0,5 m zum Kabelgewicht 3,6 kg/m,
  - Befestigungsabstand 0,6 m zum Kabelgewicht 3 kg/m,
  - Befestigungsabstand 0,7 m zum Kabelgewicht 2,6 kg/m,
  - Befestigungsabstand 0,8 m zum Kabelgewicht 2,3 kg/m.
- Bei der Verwendung von Sammelhaltern ist auf die Zulassung der Belegung zu achten. Die Vorgabe ist hierbei, die Kabel mit einem größeren Gewicht müssen in der Sammelhalterung unterhalb der Kabel mit dem kleineren Gewicht angeordnet werden.
- Für Einzel- und Bündelverlegung mit Einfachschellen ist der Befestigungsabstand einzuhalten:
  - Bezogen auf die Bündelverlegung ist die max. Belastbarkeit von 2,5 kg/m einzuhalten.
  - Bei Verlegung von Einzeladern im Drehstromverbund gilt diese Gewichtsbeschränkung nicht.
- Für Einzel- und Bündelverlegung mit Bügelschellen ohne Langwanne ist der Befestigungsabstand einzuhalten (Langwannen sind auch zugelassen):
  - Bezogen auf die Bündelverlegung ist die max. Belastbarkeit von 2,5 kg/m einzuhalten.
  - Bei Verlegung von Einzeladern im Drehstromverbund gilt diese Gewichtsbeschränkung nicht.
- Für Einzel- und Bündelverlegung im Staparohr mit Einfach-/Bügelschellen ist der Befestigungsabstand einzuhalten.
  - Bezogen auf die Bündelverlegung ist die max. Belastbarkeit von 2,5 kg/m einzuhalten.
  - Der Füllfaktor für Rohre ≤ M63 muss ≤ 60 % sein.
  - Die max. unbefestigte Leitungslänge zwischen den Rohrenden muss ≤ 600 mm sein.
- Für Einzel- und Bündelverlegung im halogenfreien Kabelschutzrohr und Aluminiumschutzrohr mit Einfachschellen ist der Befestigungsabstand einzuhalten:
  - Bezogen auf die Bündelverlegung ist die max. Belastbarkeit von 2,5 kg/m einzuhalten.

- Für Einzel- und Bündelverlegung im halogenfreien Kabelschutzrohr und Aluminiumschutzrohr mit Bügelschellen ist der Befestigungsabstand einzuhalten (Langwannen sind auch zugelassen):
  - Bezogen auf die Bündelverlegung ist die max. Belastbarkeit von 2,5 kg/m einzuhalten.

### 10.3.3 Horizontale Installation der Kabelanlage an Wand und Decke mit Kabelrinne

- Das System als Einheit der Kabelrinne mit Kabel ist standardmäßig nach DIN 4102-12 für eine Breite von 300 mm, Befestigungsabstand 1,2 m und Belastbarkeit von ≤ 10 kg/m geprüft.
- Bei Verwendung des Kabels DÄTWYLER Keram sind Wand- und Deckenmontagen von Kabelrinnen ohne Gewindestababhängung für eine Breite von 400 mm, Befestigungsabstand 1,5 m und Belastbarkeit von ≤ 20 kg/m geprüft.
- Zu den verschiedenen Herstellern von Kabelrinnen mit Befestigungskonstruktionen gibt es zu unterschiedlichen Rinnenbreiten und Befestigungsabständen mit dem DÄTWYLER Keram Zulassungen. Eine gute und übersichtliche Zusammenstellung dazu ist im Handbuch Funktionserhalt, DÄTWYLER, S. 30 mit 42 aufgezeigt. Hier sind zu den o. g. Varianten und Kombinationen die Abstände für die Befestigung als zugelassene Systeme genau angegeben.

### 10.3.4 Horizontale Installation der Kabelanlage an Wand und Decke mit Brandschutzkanal

Der Vorteil von Brandschutzkanälen ist, dass anstatt spezieller Funktionserhaltkabel handelsübliche PVC-isolierte Kabel verlegt werden können. Bevorzugt findet diese Installationstechnik für Mittelspannungskabel Anwendung, für die es keine Kabel mit Funktionserhalt gibt, aber für die Versorgung von Sicherheitsanlagen notwendig sind. Nicht erlaubt ist, in Brandschutzkanälen gemeinsam AV-Leitungen und SV-Leitungen ohne integrierten Funktionserhalt zu verlegen. Der Grund dafür ist, negative Beeinflussungen auf den Funktionserhalt zu vermeiden. Generell ist es aber zulässig, Leitungen mit Funktionserhalt in Brandschutzkanälen zu verlegen. Die Funktionserhaltsklassen der Brandschutzkanäle sind dabei zu beachten (vgl. MLAR:2018-10, S. 278).

**Bild 10.4:** Verlegung von Kabeln/Leitungen für Sicherheitsanlagen in Brandschutzkanal (*Quelle:* Brandschutz in der Elektrotechnik – OBO Bettermann, 80)

*Kommentar zur Abbildung:* Die verschiedenen Konstruktionsarten der Kanäle sorgen dafür, dass bei einem Brand von außen die im Innenraum verlegten Kabel und Leitungen weiter funktionieren. Es ist daher ein Kanal mit der Buchstabenkennzeichnung E zu installieren.

Im Gegensatz dazu gibt es auch Kanäle mit der Bezeichnung I, die einer Brandbeanspruchung von innen nach außen standhalten müssen, aber keinen Funktionserhalt für Kabel und Leitungen zur Versorgung von Sicherheitsanlagen haben. Diese Kanäle werden dort eingesetzt, wo Flucht- und Rettungswege brandlastfrei gehalten werden müssen.

**Bild 10.5:** Verlegung von Kabeln/Leitungen für Brandlastfreihaltung in Brandschutzkanal (*Quelle:* Brandschutz in der Elektrotechnik – OBO Bettermann, 51)

*Kommentar zur Abbildung:* Die Kanäle sind so gebaut, dass die Brandlast im Kanal wirkungsvoll gekapselt ist. Die Rauchfreihaltung ist somit gegeben und der Fluchtweg kann über die geforderte Zeit genutzt werden.

*Hinweis:* Erfolgt eine Verlegung von Sicherheitskabel ohne Funktionserhalt in einem Brandschutzkanal und kreuzt man damit einen Flucht- und Rettungsweg, muss der Kanal nach den Anforderungen für I und E konstruiert sein. Diese Bauteile werden auf dem Markt von verschiedenen Herstellern angeboten.

### 10.3.5 Vertikale Verlegung von Kabelanlagen mit E30/E90-Funktionserhalt

Bei der vertikalen bzw. senkrechten Verlegung kommen nur Steigleitertrassen und Steigleiterholme oder C-Profilschienen mit Metallbügelschellen in Frage. Dabei sind Breite und Abstand der Holme sowie die max. Belastung durch das Gewicht der Kabel gemäß den Anforderungen der Norm einzuhalten. Erfolgt die Installation in einem durchgehenden offenen Installationsschacht, ist die Funktionserhaltklassifizierung nur dann gegeben, wenn in einem Abstand von maximal 3,5 m die durchgehenden Kabelanlagen wirksam unterstützt werden. Damit Kabel aufgrund ihres Eigengewichts im Brandfall nicht reißen, müssen sie nach DIN 4102-12 in Schlaufen verlegt werden. Der maximal zulässige Abstand zwischen den einzelnen Schlaufen beträgt 3,5 m, die Mindestlänge der waagerechten Schlaufe 0,3 m.

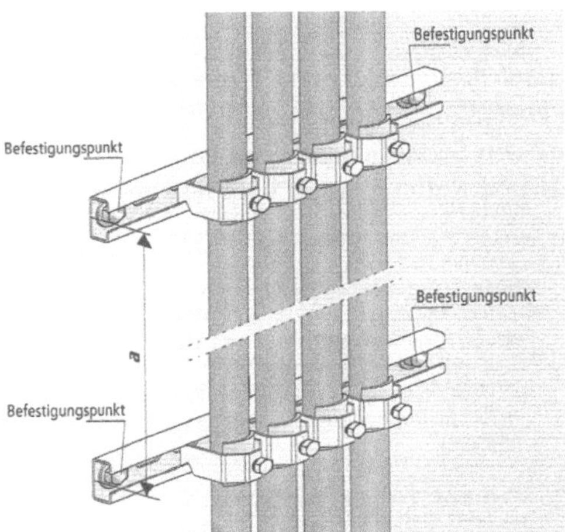


**Bild 10.6:** Senkrechte Verlegung mit seitlichen Befestigungspunkten (*Quelle:* MLAR:2018-10, S. 275)

*Kommentar zur Abbildung:* Bei der Installation der C-Profilschienen ist unter Einhaltung des zulässigen Befestigungsabstands darauf zu achten, dass die Schellen immer zwischen den äußeren Befestigungspunkten angeordnet werden.

Ist diese Variante aus Platzgründen nicht möglich, ist eine wirksame Unterstützung durch nachgewiesene Schellenausbildung anzuwenden. Das Wirkprinzip ähnelt einer Kabelabschottung in der Geschossdecke und ist aus Bild 10.8 ersichtlich.

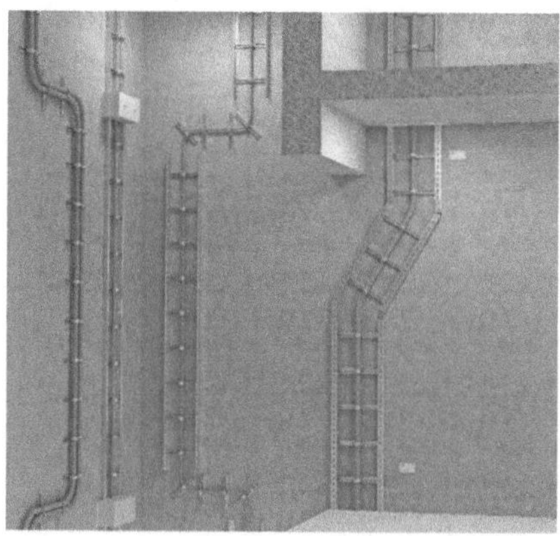

**Bild 10.7:** Senkrechte Verlegung von funktionserhaltenden Kabeln/Leitungen (*Quelle:* Brandschutz in der Elektrotechnik – OBO Bettermann, 76)

*Kommentar zur Abbildung:* Für Einzel- und Bündelverlegung mit Einfachschellen ist der Befestigungsabstand einzuhalten:

- Bezogen auf die Bündelverlegung ist die max. Belastbarkeit von 2,5 kg/m einzuhalten.
- Bei Verlegung von Einzeladern im Drehstromverbund gilt diese Gewichtsbeschränkung nicht.

Für Einzel- und Bündelverlegung mit Bügelschellen ohne Langwanne ist der Befestigungsabstand einzuhalten:

- Bezogen auf die Bündelverlegung ist die max. Belastbarkeit von 2,5 kg/m einzuhalten.
- Bei Verlegung von Einzeladern im Drehstromverbund gilt diese Gewichtsbeschränkung nicht.

### 10.3.6 Wirksame Unterstützung durch nachgewiesene Schellenausbildung

Als praktische Lösung haben sich Kästen aus nicht brennbarem Material mit integriertem Mineralfaserschott bewährt, die direkt über einer Schellenreihe montiert werden. Damit lassen sich die aufwendigen Schlaufen gemäß DIN 4102-12 vermeiden. Das Wirkprinzip ähnelt dem der Kabelabschottung in der Geschossdecke.

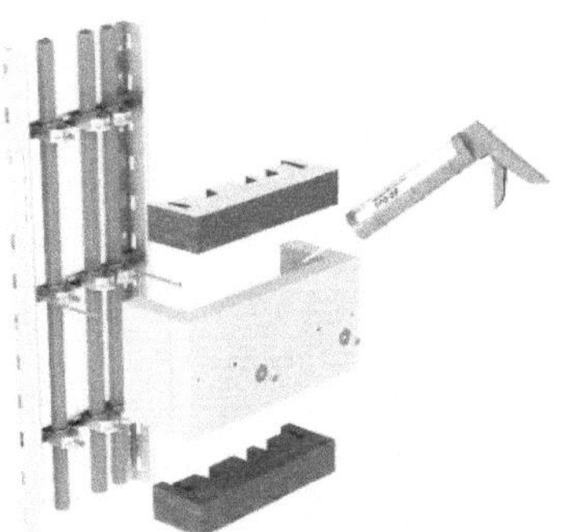

**Bild 10.8:** Zugentlastung durch wirksame Unterstützung nachgewiesener Schellenausbildung (*Quelle:* Brandschutz in der Elektrotechnik – OBO Bettermann, 79)

*Kommentar zur Abbildung:* Im Brandfall bleibt die Schellenreihe im Kasten relativ kalt, die Klemmung der Kabel bleibt erhalten und das Durchreißen wird verhindert. Diese Lösung ist zugelassen für alle Steigleiterarten sowie für Einzelschellen, die senkrecht Kabel führen. Da Leiterholme durchgeführt werden können, ist die Montage auch bei bestehenden, durchgängigen Steigetrassen möglich. Aufgrund der Unabhängigkeit von bestimmten Kabeltypen oder -herstellern, kann die DIN-konforme und wirksame Unterstützung der senkrecht installierten Funktionserhaltkabel äußerst wirtschaftlich und platzsparend hergestellt werden (Brandschutz in der Elektrotechnik – OBO Bettermann, 79).

### 10.3.7 Unter-Putz-Verlegung von Kabeln mit E30-Funktionserhalt

Grundsätzlich ist die Unter-Putz-Verlegung von einzelnen Kabeln mit Schellen in der Wand horizontal und vertikal mit dem entsprechenden Befestigungsmaterial möglich. Zu beachten ist dabei, die zugelassenen Schellen zum Kabel und der max. Abstand der Befestigung, der nach Prüfzeugnis des Systems zwingend einzuhalten ist und für nachfolgende Abbildung mit ≤ 1.500 mm angegeben ist. Zudem muss die Verlegung so hergestellt werden, dass eine durchgängige Putzüberdeckung von mindestens 15 mm vorhanden ist.

**Bild 10.9:** Unter-Putz-Verlegung von Kabeln mit Funktionserhalt (*Quelle:* www.leoni-infrastructure-datacom.com)

*Kommentar zur Abbildung:* Die Befestigungsabstände werden von den verschiedenen Herstellern mit unterschiedlichen Weiten angegeben und sind daher den jeweiligen Montagehinweisen zu entnehmen. Eine gehäufte lose Verlegung unter Putz, vermischt mit Kabeln und Leitungen der AV-Stromversorgung, entspricht nicht der Zulassung nach Prüfzeugnis und entspricht somit nicht dem Stand der Technik.

*Hinweis:* Leitungsanlagen dürfen in Wänden und Decken sowie in Bauteilen von Installationsschächten und Kanälen nur soweit eingreifen, dass die verbleibenden Querschnitte die erforderliche Feuerwiderstandsdauer behalten (vgl. DIN 4102-4).

### 10.3.8 Verlegung von Kabeln mit Funktionserhalt in Hohlwänden mit Brandschutzanforderung

Eine Verlegung von funktionserhaltendem Kabel und Leitungen in F30-Trennwänden ist aus nachfolgenden Gründen nicht möglich:

- Es ist nicht erlaubt, fremde Kabel/Leitungen in feuerhemmenden leichten Trennwänden zu verlegen. Es dürfen hier nur solche Leitungen und Leerrohre installiert werden, die zu einer Anschlussstelle in der Wand führen für Schalt- und Steckgeräte, Wandlampen und Anschlüsse für Geräte wie Urinale usw. (vgl. MLAR:2018-10, S. 37).
- Die horizontale und vertikale Verlegung ist zudem nicht möglich, da eine vorschriftsmäßige Befestigung nicht hergestellt werden kann.

### 10.3.9 Verlegung in Beton-Leerrohren – horizontal und vertikal

Die Verlegung von konventionellen NHXMH-/J-H(ST)H-Leitungen/-Kabel in bauseits vorhandenen Beton-Leerrohren von Betonwänden/-decken ist nicht zu empfehlen und wird vom abnehmenden Prüfsachverständigen beanstandet werden, bzw. dieser wird das entsprechende Prüfzeugnis fordern, was man nicht vorlegen können wird. Um die Abnahme zu erhalten, ist man hier auf der sicheren Seite, wenn man die dafür zugelassenen Kabel mit Funktionserhalt verwendet. Denn ein Kabel oder eine Leitung, welche für den Funktionserhalt klassifiziert ist, darf im zugelassenen Elektroinstallationsrohr in Beton verlegt werden. Das heißt, es muss ein Elektroinstallationsrohr mit mittlerer Druckfestigkeit und einem Biegeverhalten nach DIN EN 61386-1 sein. Weiterhin soll es die VDE-Zulassung haben. Dieses Rohr und die darin eingezogenen Kabel/Leitungen müssen von mindestens 30 mm mineralischen Material umgeben sein, dann ist eine alternative Verlegmöglichkeit gegeben (vgl. MLAR:2018-10, S. 281).

Bei der vertikalen Installation gibt es keine Möglichkeit der Befestigung nach den vorgeschriebenen Abständen. Hier wird aber mit dem Eigengewicht ein Zusammensacken eintreten, das den vorgegebenen Befestigungsabstand ersetzt und somit den Funktionserhalt gewährleistet. Diese Installationstechnik wird bei der Kabelverlegung aus der Zentrale bis in den Brandabschnitt für den Einbau der beiden gezeichneten Anlagen gelegentlich zur Ausführung kommen. Bei langen vertikalen Wegstrecken und größeren Querschnitten ist diese Installationstechnik im Vorfeld mit dem Prüfsachverständigen abzustimmen.

*Kommentar zur folgenden Systemzeichnung:* Die Verlegung der Kabel, insbesondere bei der vertikalen Installation, ist kritisch zu betrachten. Hier ist die Empfehlung, sich im Vorfeld mit dem Prüfsachverständigen zu verständigen. Dies ist nicht zu vergleichen mit einer Verlegung unter der Bodenplatte, die empfohlen wird.

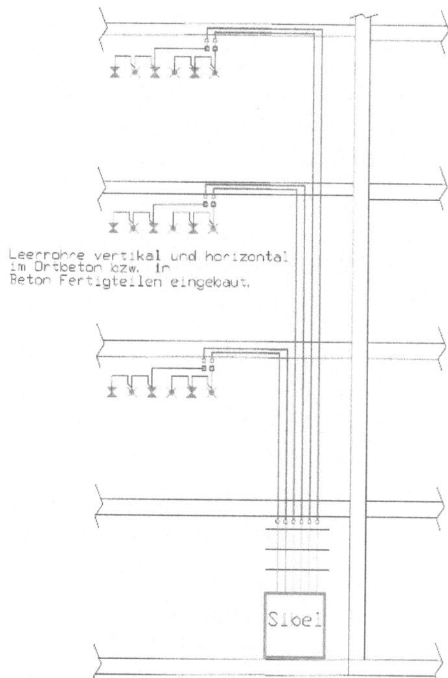


**Bild 10.10:** Systemzeichnung – Kabel in Beton mit Leerrohren (DXF 070)

## 10.3.10 Gewicht der Leitungs-/Kabelanlagen

Je nach dem, auf welchem Tragesystem die Kabel verlegt werden, ist die Belastung ein wesentliches Kriterium für die Nachweiserbringung, dass die Anlage dem geforderten Funktionserhalt entspricht. Aus nachfolgender Tabelle sind einige der häufig verwendeten Kabel mit dem Gewicht in kg/m aufgeführt.

**Tabelle 10.1:** Gewicht von Kabeln und Leitungen zur Berücksichtigung der Tragegerüste

| NHXH | E30 | E30 / NTS | E90 |
|---|---|---|---|
| 3 x 1,5 mm² | 0,200 kg/m | 0,364 kg/m | 0,200 kg/m |
| 3 x 2,5 mm² | 0,250 kg/m | 0,426 kg/m | 0,250 kg/m |
| 5 x 1,5 mm² | 0,278 kg/m | 0,466 kg/m | 0,278 kg/m |
| 5 x 2,5 mm² | 0,353 kg/m | 0,556 kg/m | 0,353 kg/m |
| 5 x 4 mm² | 0,456 kg/m | 0,676 kg/m | 0,456 kg/m |
| **NHXCH** | **E30** | **E30 / NTS** | **E90** |
| 4 x 16/16 mm² | 1,254 kg/m | 1,460 kg/m | 1,400 kg/m |
| 4 x 25/16 mm² | 1,752 kg/m | 2,171 kg/m | 1,895 kg/m |

*Kommentar zur Tabelle:* Wie aus der Tabelle ersichtlich wird, sind die Tragelasten vor allem bei großen Querschnitten mit nur einigen wenigen Kabeln schnell erreicht. Bei den kleineren Querschnitten sind bei 10 kg/m Belastung mit ca. 30 Kabeln und bei 20 kg/m mit ca. 60 Kabeln die Belastungen im Grenzbereich der Zulässigkeit. Werden Kabel mit Nagetierschutz (NTS) verwendet, reduziert sich die Anzahl der Kabel erheblich.

### 10.3.11 Querschnittsermittlung bei Sicherheitskabel mit Funktionserhalt E30 und E90

Für Kabelanlagen mit integriertem Funktionserhalt sind annäherungsweise als Leitertemperaturen zum Zeitpunkt des Funktionsverlusts die Brandraumtemperaturen anzusetzen, wenn kein besonderer Nachweis erfolgt. Dies würde bedeuten, dass bei 30 min die Leitertemperatur ca. 850 °C und bei 90 min über 1000 °C beträgt.

Für diese Temperaturen sind in Abhängigkeit der Kabellängen aus den kalten Zonen und der größten Einzellänge des Kabels in einem Brandabschnitt heiße Zone die verschiedenen Faktoren V entsprechend der Tabelle 10.2 vorgegeben.

Demnach ist für die Querschnittsermittlung unter Brandlastbedingungen die Kabeldimensionierung für Strombelastbarkeit und Spannungsfall nach DIN VDE 0100-520:2013-06 zu berechnen, sowie Verlegeart, Häufungen, mechanische Festigkeit usw. nach VDE 0298-4:2003-08 zu bestimmen. Die Strombelastbarkeit von Kabeln ist von unterschiedlichen Faktoren und Einflüssen abhängig.

Die Bedingungen sind nach Betrachtung aus der Planung im Stadium des Entwurfs rechnerisch zu bestimmen:

#### Berechnung der Strombelastbarkeit

| tatsächliche Strombelastbarkeit | Leitungsquerschnitt für ungestörten Betrieb |
|---|---|
| $I_{Z'} = I_Z \cdot f_1 \cdot f_2 \cdot f_n$ | $I_B \leq I_N \leq I_{Z'}$ |

$I_{Z'}$ = tatsächliche Strombelastbarkeit
$I_Z$ = max. Strombelastbarkeit
$f_n$ = Minderungsfaktoren

$I_B$ = Betriebsstrom
$I_N$ = Nennstrom der Sicherung

### Berechnung des Leitungsquerschnitts und Einrechnung des Faktors für den Funktionserhalt

| Gleichstrom | Wechselstrom | Drehstrom |
|---|---|---|
| $A = (2 \cdot L \cdot I_B/(\chi \cdot \Delta U)) \cdot F_V$ | $A = (2 \cdot L \cdot I_B \cdot \cos\varphi/(\chi \cdot \Delta U)) \cdot F_V$ | $A = (\sqrt{3} \cdot L \cdot I_B \cdot \cos\varphi/(\chi \cdot \Delta U)) \cdot F_V$ |

$A$ = Leitungsquerschnitt $L$ = einfache Länge
$I_B$ = Betriebsstrom
$\chi = 58$ (spezifische Leitfähigkeit für Kupfer 20 °C)
$\Delta U$ = zulässiger Spannungsfall der Leitung (3,5…4,5 %)
$\cos\varphi$ = Leistungsfaktor
$F_V$ = Faktor für Verhältnis der Leitungslänge von kalter und heißer Zone

Nach der Festlegung des Leiterquerschnitts unter Normalbedingungen ist die Brandfallbedingung zu berücksichtigen. Dafür stehen verschiedene Möglichkeiten zur Verfügung.

*Anmerkung:* Der Wert $\chi = 58$ ist eine Sicherheit für eine Temperatur von 20 °C. Für Berechnungen unter Normalbedingungen wird in der Formel $\chi = 56$ eingesetzt, die der Temperatur 30 °C entspricht.

### Querschnittsermittlung über das Verhältnis von kalter zu heißer Kabellänge

**Tabelle 10.2:** Anpassung der Leiterquerschnitte an Brandraumtemperaturen (*Quelle:* Handbuch Funktionserhalt – DÄTWYLER)

| V | F (E30) | F (E90) | V | F (E30) | F (E90) |
|---|---|---|---|---|---|
| 90:10 | 1,16 | 1,34 | 40:60 | 1,95 | 3,01 |
| 80:20 | 1,32 | 1,67 | 30:70 | 2,1 | 3,34 |
| 70:30 | 1,48 | 2,01 | 20:80 | 2,26 | 3,68 |
| 60:40 | 1,63 | 2,34 | 10:90 | 2,42 | 4,01 |
| 50:50 | 1,79 | 2,67 | 0:100 | 2,57 | 4,34 |

*Kommentar zur Tabelle:* V gibt das Verhältnis von „kalter“ zu „heißer“ Kabellänge an, wobei die erste Zahl den nicht vom Feuer erfassten Teil des Kabels darstellt. Hierbei wählt man die größte Kabellänge eines Brandabschnitts aus. Wegen der Einteilung eines Gebäudes in verschiedene „Brandabschnitte“ hängt der einzusetzende Querschnitt eines zu projektierenden halogenfreien Sicherheitskabels von dem Verhältnis „kalter“ zu „heißer“ Kabellänge ab, wie den Tabellen entnommen werden kann.

Für die Berechnung ist bei der heißen Zone die längste Teilstrecke zwischen dem Sicherungsabgang und dem Raum, in dem sich die Anlage befindet, maßgebend. In nachfolgender Systemzeichnung ist das entsprechend dargestellt.

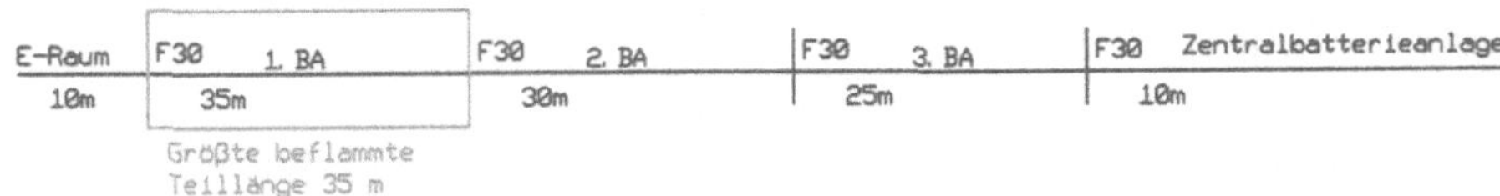


**Bild 10.11:** Systemzeichnung – Darstellung größte beflammte Teilstrecke im Brandfall (DXF 116)

Bezüglich Brandabschnitten sprechen wir in unserem Fall von Räumen, die nach allen Seiten hin eine entsprechende Feuerwiderstandsdauer von 30 min bzw. 90 min aufweisen. Ein F90-Brandabschnitt enthält meist mehrere F30-Abschnitte. Bei großen Kabellängen sollte bei der Planung darauf geachtet werden, die Kabel durch mehrere Brandabschnitte zu führen – also besser durch die Nebenräume verlegen als durch die Tiefgarage.

## 10.3.12 Fachgerechte Verlegung funktionserhaltender Kabel

In der Tabelle sind für die größeren Querschnitte die Biegeradien enthalten und nach Vorschrift aus der DIN VDE 0100-520, S. 15 umzusetzen. Zudem sind auch die Herstellerangaben aus den Datenblättern des jeweiligen Typs mit zu berücksichtigen. Für die Verlegung der Kabel mit größeren Querschnitten wird ersichtlich, dass aufgrund der vorgeschriebenen Biegeradien eine Raumhöhe wie gewöhnlich von 2,5 m und teilweise weniger nicht ausreicht, um eine fachgerechte Installation durchführen zu können.

**Tabelle 10.5:** Belegungsflächen und Biegeradien von Kabeln (*Quelle:* vgl. Handbuch Funktionserhalt, DÄTWYLER)

| Belegungsflächen und Biegeradien von Kabeln | | | | | | |
|---|---|---|---|---|---|---|
| **Typ** | **Leitung** | **ϕ** | **Fläche (*A*)** | | **Radius (cm)** | |
| | | **mm** | **1 = cm²** | **2 = cm²** | **D=ϕ** | **cm** |
| NHXH | 3x1,5 | 11,5 | 1,04 | 1,30 | 12xD | 13,8 |
| NHXH | 3x2,5 | 12,4 | 1,21 | 1,51 | 12xD | 14,88 |
| NHXH | 3x4 | 13,5 | 1,43 | 1,79 | 12xD | 16,20 |
| NHXH | 3x6 | 14,6 | 1,67 | 2,08 | 12xD | 17,52 |
| NHXH | 5x1,5 | 13,4 | 1,41 | 1,76 | 12xD | 16,08 |
| NHXH | 5x2,5 | 14,5 | 1,65 | 2,06 | 12xD | 17,40 |
| NHXH | 5x4 | 15,8 | 1,96 | 2,45 | 12xD | 18,96 |
| NHXH | 5x6 | 17,2 | 2,32 | 2,90 | 12xD | 20,64 |
| NHXCH | 4x16/16 | 25,3 | 5.03 | 6,30 | 12xD | 30,4 |
| NHXCH | 4x25/16 | 28,9 | 6,56 | 6,20 | 12xD | 34,7 |

*Kommentar zur Tabelle:* Neben den Biegeradien sind auch die Belegungsflächen zur Ermittlung der Verlegesysteme enthalten. Zur Berücksichtigung einer Zwickelbildung ist bei den Flächen 1 zu 2 ein Aufschlag von 25 % eingerechnet. Fläche 1 ist die tatsächliche Querschnittsfläche der Leitung/des Kabels, Fläche 2 ist die Belegungsfläche im Verlegesystem. Die dritte Komponente ist der Befestigungsabstand, der in den Abschnitten 10.3.1 bis 10.3.5 ausführlich beschrieben ist.

*Hinweis:* Für Kabel nach Abschnitt 10.3.12 gilt folgende Ergänzung: Der Biegeradius bei Kabel kann um 50 % verringert werden, wenn dieses einmalig gebogen wird, fachgerechte Verlegung erfolgt, das Kabel auf 30 °C erwärmt wird oder über eine Schablone gebogen wird (vgl. VDE 0100-520:2013-06, S. 15).

Wie bei den Kabeln im Starkstrombereich sind für die Sicherheitsanlagen im Schwachstrombereich bis 225 V Kabel mit Funktionserhalt E30 – E90 auf dem Markt, die dem Verwendungszweck entsprechend richtig auszuwählen und zu verlegen sind. Für die Gebäudeinstallation betrifft dies insbesondere die BMA, SAA und NRA. Zu beachten ist hierzu, dass für die BMA die Brandmeldekabel (BMK), mit der Mantelfarbe rot und für alle anderen Anlagen die Mantelfarbe orange eingesetzt werden.

**Tabelle 10.6:** Belegungsflächen und Biegeradien von Installations- und Brandmeldekabeln (*Quelle:* vgl. Handbuch Funktionserhalt, DÄTWYLER)

| **Belegungsflächen und Biegeradien von Kabeln E30 – E90** | | | | | | |
|---|---|---|---|---|---|---|
| **Typ** | **Leitung** | **ϕ** | **Fläche (*A*)** | | **Radius cm** | |
| | | **mm** | **1 = cm²** | **2 = cm²** | **D=ϕ** | **cm** |
| JE-H(ST)H | 2x2x0,8 | 6,0 | 0,28 | 0,35 | 2,5xD | 1,50 |
| JE-H(ST)H | 4x2x0,8 | 8,7 | 0,52 | 0,65 | 2,5xD | 2,18 |
| JE-H(ST)H | 8x2x0,8 | 13,7 | 1,47 | 1,84 | 2,5xD | 3,43 |
| JE-H(ST)H | 12x2x0,8 | 14,6 | 1,67 | 2,09 | 2,5xD | 3,65 |
| JE-H(ST)H | 16x2x0,8 | 16,0 | 2,01 | 2,51 | 2,5xD | 4,00 |
| JE-H(ST)H | 20x2x0,8 | 18,0 | 2,54 | 3,18 | 2,5xD | 4,50 |
| JE-H(ST)HRH | 2x2x0,8 | 9,0 | 0,64 | 0,80 | 2,5xD | 2,25 |
| JE-H(ST)HRH | 20x2x0,8 | 22,3 | 3,90 | 4,88 | 2,5xD | 5,58 |

*Kommentar zur Tabelle:* Neben den Biegeradien sind wie auch bei den Starkstromkabeln in der Tabelle 8.5 die Belegungsflächen zur Ermittlung der Verlegesysteme enthalten. Zur Berücksichtigung einer Zwickelbildung ist bei den Flächen 1 zu 2 ein Aufschlag von 25 % eingerechnet. Der wesentliche Unterschied zu den Starkstromkabeln ist der Biegeradius, der mit 2,5 x *D* einen kleineren Radius erlaubt. Bei hohen mechanischen Belastungen sind BMK mit Stahldrahtgeflecht zu verwenden, die durch den Zusatz HR gekennzeichnet sind und mit der gleichen Adernzahl erhältlich sind wie Kabel mit der Endung H. Weitere Kabel mit Funktionserhalt E30 in Glasfasertechnik für die besondere Anwendung in Tunneln, U-Bahnen, Banken, Versicherungen usw. sind nach Bedarf ebenfalls erhältlich.

*Hinweis:* Sowohl für Stark- und Schwachstromleitungen gilt, dass der vorgeschriebene Funktionserhalt nach Klassifizierung E30 bzw. E90 nur im Zusammenhang mit dem geprüften Verlegesystem erreicht werden kann.

## 10.3.13 Anforderungen an die Installation der Kabelanlagen im Erdreich

Um Schäden an erdverlegten Stromkreisen für Sicherheitszwecke durch Erdarbeiten zu vermeiden, sind Vorsichtsmaßnahmen zu ergreifen (vgl. VDE 0100-560:2013-10, S. 16).

Da es hierzu keine weiteren Ausführungen in der vorgenannten Norm gibt, sind gegebenenfalls die Vorgaben aus der zurückgezogenen Norm VDE 0108 anzuwenden. Hier heißt es:

- Bei Verlegung der Einspeisekabel im Erdreich sind für die Sicherheitsstromversorgung mindestens 2 Kabel in getrennten Trassen mit einem Mindestabstand von 2 m zu verlegen, die jeweils für die volle Verbrauchsleistung zu bemessen sind.
- Im Nahbereich einer Gebäudeeinführung dürfen die Kabel zusammengeführt werden, wenn ein besonderer mechanischer Schutz vorgesehen ist.
- In einer dieser Trassen darf auch das Kabel der AV-Stromversorgung verlegt sein.

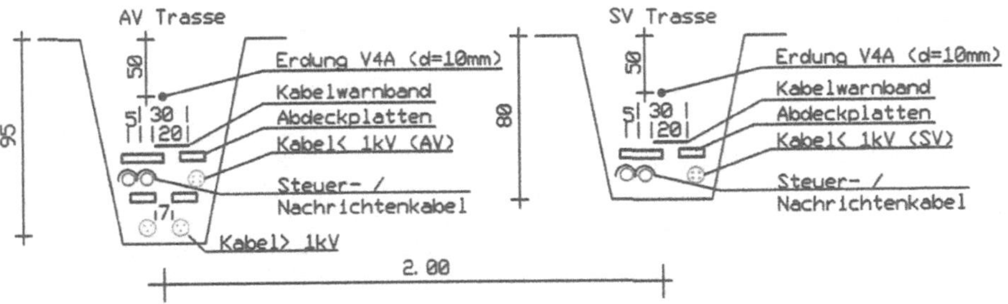


**Bild 10.12:** Systemzeichnung – Kabelverlegung AV/SV in getrennten Trassen (DXF 082)

*Kommentar zur Systemzeichnung:* Kabel müssen mindestens 60 cm tief liegen, unter Verkehrslasten mindestens 80 cm. Bei geringeren Verlegtiefen muss das Kabel durch besondere Maßnahmen geschützt werden, z. B. durch Rohre. Die lichte Weite von Rohren und Durchzügen muss mindestens das 1,5-fache des Kabeldurchmessers betragen. Das Bettungsmaterial muss steinfrei sein. Die besonderen Abstände bei

Kreuzungen sind zusätzlich zu beachten (vgl. Mittelspannungsanlagen planen, S. 131-132). Der Einbau der Erdung ist zum Schutz der darunter verlegten Kabel und in der Norm als Empfehlung so enthalten. Betrifft insbesondere auch die Kabel für die Parkplatz- und Wegebeleuchtung, sowie sonstige Anlagen im Freien wie Schranken, Gartentore usw. (vgl. VDE 0185-305-3 Bbl. 1:2012-10, S. 52).

*Hinweis:* Die Verlegung der Erdungsleitung über den Kabeln ist eine Empfehlung. Der Einbau mit einer Mindesttiefe von 50 cm und der Abstand zu den Kabeln von weiteren 50 cm ergibt eine Grabentiefe von 1 m und steht im Widerspruch zur vorgegebenen Verlegtiefe von 0,6…0,8 m. Es empfiehlt sich daher eine Abstimmung mit dem Bauherrn bzgl. der Notwendigkeit dieser Empfehlung.

Die Verlegung von nur einem Kabel für die Sicherheitsstromversorgung ist zulässig, wenn:

- im eingespeisten Gebäude die Verbraucher der Sicherheitsstromversorgung von der AV-Stromversorgung dieses Gebäudes versorgt werden,
- das Zuleitungskabel für die AV-Stromversorgung in einer von der SV-Stromversorgung getrennten Trasse verlegt ist,
- die Verbraucher der SV-Stromversorgung bei Ausfall der AV-Stromversorgung automatisch auf die SV-Stromversorgung umgeschaltet werden.
- Erfolgt die Verlegung zu mehreren Gebäuden außerhalb des Erdreichs, z. B. in Installationsschächten, so sind die Kabel für sich getrennt zu führen und so auszuführen oder zu schützen, dass sie im Brandfall für eine Dauer von 90 min funktionsfähig bleiben, was dann auch für die Sicherheitsbeleuchtung anzuwenden ist (vgl. DIN VDE 0108, zurückgezogen: 2010-10 und VDE 0100-710:2002-11, S. 21).

*Kommentar zur folgenden Systemzeichnung:* Die Projektierung der SV-Stromversorgung, gebäudeübergreifend mit Trassenführung im Erdreich ist gesondert zu betrachten und vor der Umsetzung mit dem abnehmenden Prüfsachverständigen abzustimmen. Die Gebäudeeinführungen müssen neben der Wasserdichtigkeit auch der Gasdichtigkeit standhalten.

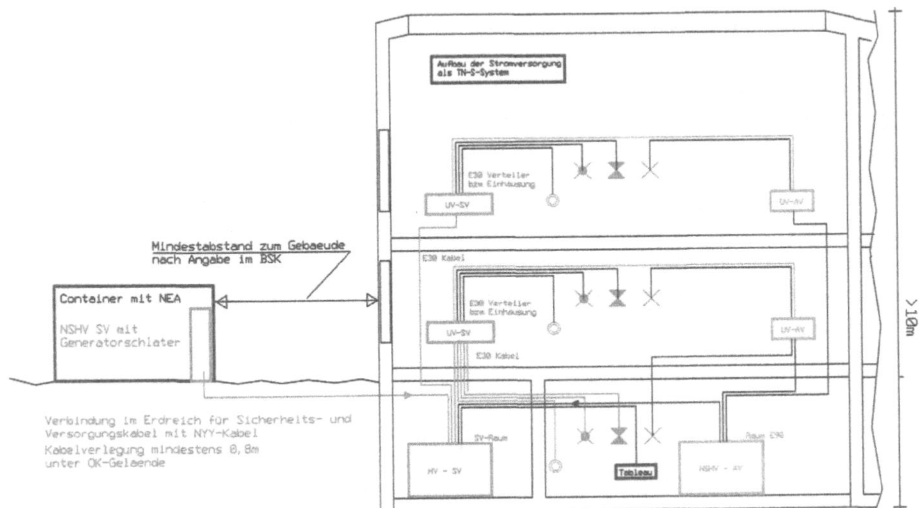


**Bild 10.13:** Systemzeichnung – Kabelverlegung aus Container ins Gebäude (DXF 045)

## 10.3.14 Gewährleistung des Funktionserhalts mit Kunststoffkabel/-leitungen

Werden für die Stromversorgung von Sicherheitsanlagen Kabel und Leitungen nach konventioneller Bauart verlegt, sind die nachfolgenden Verlegvorschriften einzuhalten, um das Ziel des jeweiligen Funktionserhalts zu erhalten.

*Hinweis:* Unterputzverlegung mit 15 mm Putzüberdeckung oder mit mineralischen Platten reicht für E30 – E90 bei Verwendung von Kunststoffkabel/-leitungen nicht aus! Der Funktionserhalt ist gewährleistet, wenn die Leitungen:

- die Prüfanforderungen der DIN 4102-12:1998-11 (Funktionserhaltsklasse E30-E90) erfüllen,

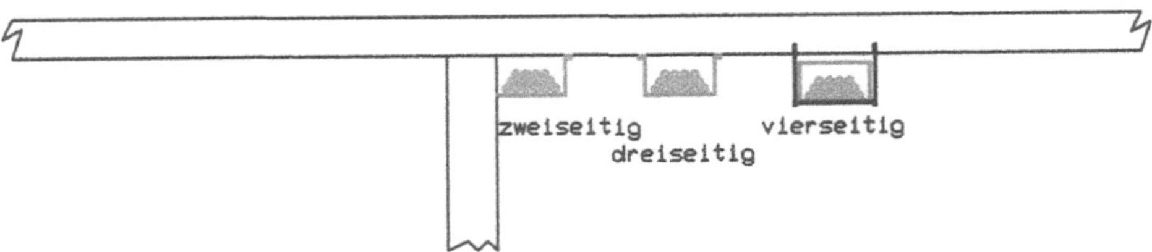


**Bild 10.14:** Verlegung von Leitungen mit Funktionserhalt durch mechanischen Schutz (DXF 027)

- auf Rohdecken unterhalb des Fußbodenestrichs mit einer Dicke von mindestens 30 mm verlegt sind oder die Verlegung im Erdreich vorgenommen wurde.

**Bild 10.15:** Verlegung von Leitungen, um Funktionserhalt zu erreichen (DXF 027)

- Der Funktionserhalt von Kabeln/Leitungen kann auch gewährleistet sein, wenn die Kabel/Leitungen, die den Funktionserhalt eines Systems gewährleisten sollen, in einem anderen Brandabschnitt bzw. Brandbekämpfungsabschnitt verlegt sind und die brandschutztechnische Trennung der allgemeinen Stromversorgung und der Sicherheitsstromversorgung hierbei beachtet wird (siehe hierzu auch Abschnitt 10.2.17).

*Hinweis:* Aus brandschutztechnischen Gründen wird insbesondere bei eingeschossigen Stahlkonstruktionen empfohlen, die Zuleitungen für die Funktionserhaltsverteiler in oder unterhalb der Hallensohle (Bodenplatte) zu verlegen. Durch diese Verlegeart bis in die Endbrandabschnitte hinein wird die Überdimensionierung des Leitungsquerschnitts aufgrund von Temperaturerhöhungen im Brandfall vermieden. Des Weiteren wird die nicht zulässige Befestigung von Funktionserhaltsleitungen an nicht klassifizierten Bauteilen in der Halle vermieden. Werden zum Verlegen der Kabel Leerrohre eingebaut, dürfen AV- und SV-Kabel nicht gemeinsam in einem Rohr eingezogen werden (vgl. MLAR:2018-10, S. 281).

## 10.3.15 Weitere Kriterien für die Verlegung und Befestigung funktionserhaltender Kabel

- Verlegung im Erdreich: Eine Verlegung von Kabeln des Typs NHXH E30/E90 in Erde oder Wasser ist nicht zulässig. Eine Verlegung im Schutzrohr ist dagegen zulässig, wenn sich darin keine Wasseransammlung bilden kann (vgl. VDE 0276-604).
- Verlegung im Freien: Orange und rote Kabel sind nicht UV-beständig und daher gegen Sonneneinstrahlung durch Abdeckungen oder Rohre zu schützen. (Allgemeine bauaufsichtliche Prüfzeugnisse sind zu berücksichtigen.)
- Verlegung im Beton: Eine Verlegung von Niederspannungskabeln mit verbessertem Verhalten im Brandfall direkt in Beton ist zulässig, die Kabel müssen aber gegen mechanische Beschädigungen geschützt werden. Gilt auch für die Verlegung im Innenraum und in der Luft (vgl. VDE 0276-604).

- Befestigung am Stahlträger mit Federstahlklemme: Befestigung ist nur möglich, wenn der Stahlträger mindestens entsprechend der Funktionsdauer des Kabels brandschutztechnisch geschützt ist (detaillierte Informationen im ABP).
- Befestigung am Holzbalken: Die Mindestquerschnittabmessungen der Holzbalken müssen brandschutztechnisch entsprechend der Funktionserhaltdauer des Kabels bemessen sein (detaillierte Informationen im ABP). Unter Berücksichtigung der Gebäudestruktur und des erforderlichen Kabelverlaufs im Gebäude sind unterschiedliche Installationsmöglichkeiten erforderlich. Voraussetzung dafür sind geeignete Holzbauteile zur Installation einer elektrischen Kabelanlage mit Funktionserhalt. Es handelt sich hierbei um raumabschließende und nicht raumabschließende Wände, Decken, Stützen und Träger aus Massivholz oder Vollholz, die nach dem rechnerischen Nachweis für eine Feuerwiderstandsdauer von 30 min bzw. 60 min bemessen sind (Heißbemessung). Abhängig vom Verlegsystem ist es nicht immer möglich, die maximal zulässigen Montageparameter des Systems auszunutzen. Hier kann es sein, den maximal erlaubten Stützabstand für ein System zu reduzieren. Es gibt für alle Systeme, wie Kabelrinnen, Sammelhalter, Steigleiter usw., anwendbare Lösungen (vgl. Building Connections, OBO Bettermann).

**Bild 10.16:** Systemzeichnung – Kabelverlegung mit Funktionserhalt an Holzträger (*Quelle:* MLAR:2018-10, S. 284)

*Kommentar zur Systemzeichnung:* Holz besitzt im Brandfall positive Eigenschaften, denn durch den Abbrand entsteht eine isolierende Holzkohleschicht. Je größer das Bauteil dimensioniert ist, umso länger dauert es, bis es zu einem Versagen der Tragfähigkeit kommt.

Das Befestigungssystem ist auch nach der Abbrandrate $\beta_n$ für die verschiedenen Holzarten auszuwählen.

$\beta_n$ = Bemessungswert der ideellen Abbrandrate, einschließlich der Auswirkungen von Eckausrundungen und Rissen

**Tabelle 10.7:** Bemessungswerte der Abbrandrate für verschiedene Holzarten

| **Material** | **$\beta_n$ mm/min** |
|---|---|
| Nadelholz und Buche | |
| Brettschichtholz mit einer Rohdichte von ≥ 290 kg/m³ | 0,7 |
| Vollholz mit einer Rohdichte von ≥ 290 kg/m³ | 0,8 |
| Laubholz | |
| Vollholz oder Brettschichtholz mit einer Rohdichte von ≥ 290 kg/m³ | 0,7 |
| Vollholz oder Brettschichtholz mit einer Rohdichte von ≥ 450 kg/m³ | 0,55 |
| Furnierschichtholz mit einer Rohdichte von ≥ 480 kg/m³ | 0,7 |

*Kommentar zur Tabelle:* Der Abbrand in Form der Eindringtiefe ($d_n$) kann mit den Werten aus der Tabelle für eine Holzkonstruktion aus Nadelholz mit Brettschichttechnik in der Bauart F30 wie folgt berechnet werden:

$d_n = \beta_n \cdot t = 0{,}7 \text{ mm/min} \cdot 30 \text{ min} = 21 \text{ mm}$

Im Ergebnis muss das Befestigungsmaterial für Kabel mit Funktionserhalt bis zu einem Abbrand von 21 mm voll funktionsfähig bleiben.

- Befestigung an Rigipsständerwand: Nicht möglich, da auf der brandzugewandten Seite die Platten brechen und herabfallen können.

### 10.3.16 Räumliche Trennung der Leitungs-/Kabelanlagen

Die notwendige räumliche Trennung der Leitungs-/Kabelanlagen wird auch auf den Tragekonstruktionen häufig missachtet und kann auch nicht durch herkömmliche Trennstege realisiert werden. Der Trennsteg biegt sich im Brandfall gegebenenfalls so zur Seite, dass sie zum Kurzschluss der elektrischen Leitungen mit integriertem Funktionserhalt führen (Feuer Trutz 2008, S. 96).

*Widerspruch:* AV-Leitungen können in der Regel bei Montage eines Trennstegs auf SV-Trassen unter Beachtung der zulässigen Leitungsgewichte verlegt werden (vgl. MLAR:2018-10, S. 278).

Die Kombinationen, die es hier zu betrachten gilt:

- Räumliche Trennung von SV- und AV-Kabel: Für eine exakte räumliche Trennung sind die SV-Kabel auf der einen und die AV-Kabel auf der gegenüberliegenden Seite der Tragekonstruktion zu verlegen. Der Freiraum, der mittig verbleibt, existiert in keiner Vorschrift. Praxisnah gilt jedoch, dass ein Wert von > 160 mm als hinreichende Trennung angesehen werden kann.
- Räumliche Trennung von SV-, Stark- und Schwachstromkabel-/Leitungen: Hier gilt es, störende Einflüsse zu vermeiden und insbesondere einen ausreichenden Abstand der Schwachstromleitungen zu Leistungskabeln einzuplanen. Praxisnah gilt dafür ein Wert von > 200 mm.

***Fazit:*** Der funktionierende Betrieb für die Sicherheitsanlagen ist dann gegeben, wenn die Trennung der Kabelanlagen mit zugeordneten Verlegsystemen geplant wird.

## 10.3.17 Bauliche Trennung der Leitungs-/Kabelanlagen

Zur Erreichung des elektrischen Funktionserhalts von bauaufsichtlich geforderten sicherheitstechnischen Anlagen bestehen mehrere Möglichkeiten, um das Schutzziel im Brandfall zu erreichen. Eine bisher nicht abgehandelte Umsetzung ist der Schutz der Leitungsanlagen vor Brandeinwirkung durch bauliche Trennung. Wie bereits erwähnt wird auch für diese Schutzfunktion bauordnungsrechtlich nur von einem Brand im Gebäude ausgegangen, der einem Brandabschnitt nicht überschreitet. Maßgebend dabei ist, dass entsprechend der Leitungsanlagenrichtlinie die Leitungsanlagen bestehend aus Leitungen mit Befestigungen, Verteiler, Zentralen usw. so beschaffen oder durch Bauteile abgetrennt sein müssen, dass die vorgegebenen Zeiten für den Funktionserhalt erreicht werden.

Als Bauteile der baulichen Trennung werden F30 – F90 Wände, Decken, Kanäle und Schächte gesehen. Je nach versorgter Anlage ist eine bauliche Trennung entsprechend der folgenden Forderungen zu betrachten.

- Forderung 1: Anlagen, die bei einem Brand innerhalb des vom Brand betroffenen Bereichs immer funktionieren müssen, wie MRA, RDA, FW-/Bettenaufzug
- Forderung 2: Anlagen, die bei einem Brand in allen notwendigen Bereichen ihre Funktion für einen geforderten Zeitraum erfüllen müssen, wie Sicherheitsbeleuchtung, BMA und SAA
- Forderung 3: Anlagen, die bei einem Brand aufgrund einer Brandfrüherkennung in den sicheren Zustand versetzt werden, bevor der Brand zum Ausfall der Leitungsanlage führt, wie NRA

*Hinweis:* Generell ist bei Anwendung der baulichen Trennung jede Kabel-/Leitungsanlage zur Sicherheitsanlage im Einzelnen zu betrachten. Je nach Forderung kann es sein, dass dafür die Verlegung in einem Schacht oder außerhalb des BA auf die vorschriftsmäßige Befestigung verzichtet werden kann, aber bei der Endverlegung innerhalb des BA bis zu den Geräten, z. B. einem Brandgasventilator der MRA, wieder voll umgesetzt werden muss!

Wird als bauliche Trennung für die Kabelanlage ein eigener Schacht geplant, dürfen nur die Leitungen verlegt werden, die bauaufsichtlich geforderte Anlagen versorgen. Die Kabelanlage kann dann mit konventionellen Kabeln/Leitungen ausgeführt werden. Es sind dann auch keine wirksamen Unterstützungsmaßnahmen auf der Steigtrasse erforderlich (vgl. MLAR:2018-10, S. 287).

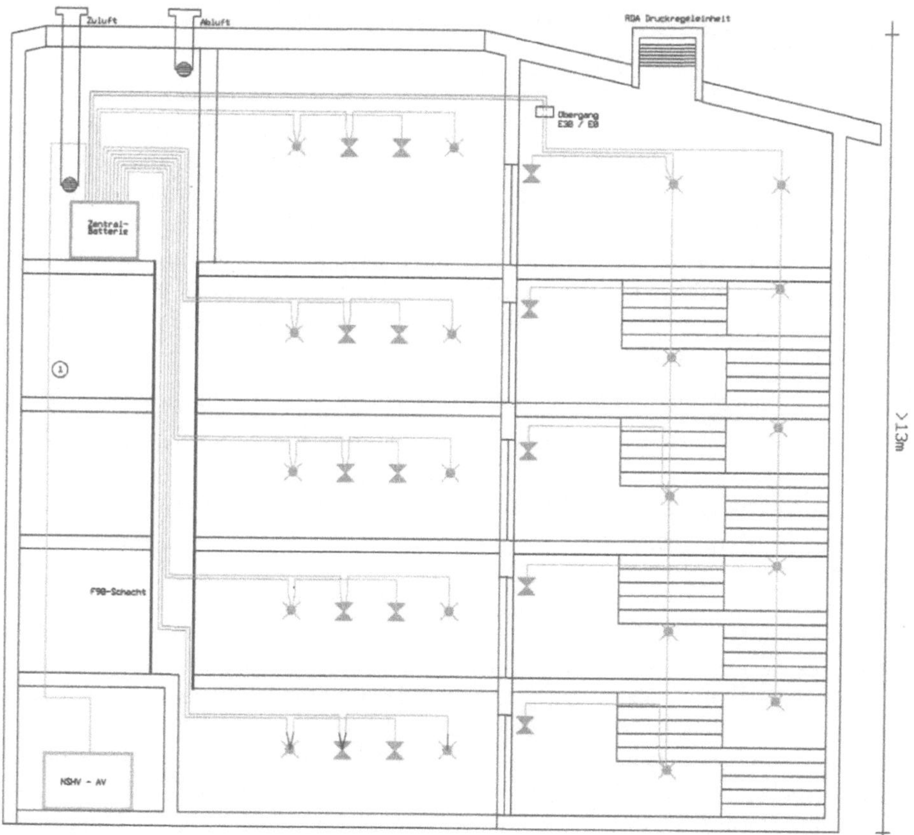


**Bild 10.17:** Systemzeichnung – Funktionserhalt durch bauliche Trennung (DXF 099)

*Kommentar zur Systemzeichnung:* Nach dem gezeichneten Verlauf der Kabelanlage ist zu erkennen, dass durch die konsequente Einhausung der Endstromkreise die Beschaffenheit für den Funktionserhalt mit konventionellen Leitungen erreicht wird. Es sind folgende Vorgaben für den Funktionserhalt zu beachten:

- Das Kabel 1 von der NSHV-AV zum Raum mit der Zentralbatterieanlage kann ohne Anforderung an den Funktionserhalt verlegt werden. Voraussetzung ist, dass die Kapazität des Batterieblocks für die vorgegebene Zeitdauer dimensioniert ist.
- Für die Endstromkreise ins Treppenhaus gilt es die Beschaffenheit durch die Installation nach DIN 4102-12 zu erreichen. Der Grund ist der BA, der für ein Treppenhaus zu berücksichtigen ist.

## 10.4 Leitungsanlagen innerhalb eines Brandabschnitts

Nach der Norm ist in Bezug zur Leitungsanlage die Verkabelung gesondert zu betrachten. Unabhängig vom Stromversorgungssystem kann und darf die Leitungsanlage der Sicherheitsbeleuchtung im BA ohne Funktionserhalt ausgeführt werden. Der Grund dafür ist, dass die Leuchte keinen Funktionserhalt hat und somit als Schwachstelle gesehen wird. Zudem geht der Gesetzgeber davon aus, dass Personen, die sich im betroffenen Geschoss eines Brandabschnitts aufhalten, bei Stromausfall und Zuschaltung der Sicherheitsbeleuchtung die Gefahr selbst bemerken und das Gebäude auf schnellstem Weg verlassen.

Aber auch hierzu gibt es Regeln und Vorgaben, die bei der Planung zu bedenken sind.

### 10.4.1 Leitungsanlagen in notwendigen Fluren und Treppenräumen

Der notwendige Flur oder auch der notwendige Treppenraum ist brandlastfrei zu halten. Erfolgt die Errichtung dieser Flure mit mindestens feuerhemmenden Wänden in Leichtbauweise, dürfen innerhalb dieser beidseitigen Beplankung nur Leitungen, die ausschließlich der Versorgung der in und an der Wand befindlichen elektrischen Betriebsmittel dienen, verlegt werden. Die Verlegung von elektrischen Leitungen als reine Transferkabel/-leitung ohne Anschluss eines elektrischen Betriebsmittels in der Trennwand der Rettungswege ist nicht zulässig (vgl. MLAR:2018-10, S. 37). Installationen in Unter- und Auf-Putz-Ausführung sind hier für Einrichtungen und Geräte erlaubt, die zum Betrieb und Funktion des Fluchtwegs notwendig sind. Dazu gehören die erforderlichen Leitungsanlagen für: Beleuchtung mit Schalter, Zuleitungen für Steckdosen, Sicherheitsbeleuchtung, Hohlleiter/Koaxialkabel für Gebäudefunk, Leitungsanlagen für Brandmelde- und Alarmierungseinrichtungen, Brandschutzklappen, Feststellanlagen für Brandschutztüren, sowie MSR-Leitungen für diesen Bereich. Bei Auf-Putz-Installation ist für sämtliche Befestigungen nicht brennbares Material einzubauen, z. B. Stahlrohre mit Metallschellen. Eine brandschutztechnische Auslegung der nichtbrennbaren Trag- und Befestigungssysteme ist nicht erforderlich. Brennbare Dübel und nichtbrennbare Schrauben können für diese Befestigungen zum Einsatz kommen. Kabelbündel sind grundsätzlich mit nichtbrennbaren Sammelhaltern oder auf nichtbrennbaren Elektrotrassen zu verlegen und mit nichtbrennbaren Befestigungselementen, Dübeln oder Schlagankern zu befestigen (vgl. MLAR:2018-10, S. 192 für notwendigen Flur und S. 200 für notwendigen Treppenraum).

*Empfehlung für den notwendigen Flur:* Kurze Stichleitungen können auch als querende Leitung mit maximal 5 Kabeln von max. $\phi$ 15 mm nebeneinander liegend aus einem angrenzenden Raum bewertet werden. Die Befestigungen sollten aus nichtbrennbaren Befestigungsmitteln bestehen, wie nichtbrennbare Sammelhalter inkl. nichtbrennbarer Dübel/Schlaganker (vgl. MLAR:2018-10, S. 192).

Werden in den notwendigen Fluren fremde Brandlasten eingebaut, müssen diese in geeigneten Kanälen mit I30-Anforderung verlegt werden. Bei größeren Ansammlungen an Brandlasten kann nach wirtschaftlichen Kriterien auch eine Unterdecke mit F30-Klassifizierung die Lösung sein. Wichtig dabei ist, dass die Befestigungen der darüber installierten haustechnischen Anlagen den gleichen Funktionserhalt aufweisen wie die Unterdecke. Ein vorzeitiges Herabfallen und damit eine Zerstörung der F30-Decke muss ausgeschlossen sein. Die genauen Vorgaben, was alles in der Zwischendecke von notwendigen Fluren eingebaut werden darf und welche Abstände von Deckeneinbauten zu den Anlagen der Haustechnik eingehalten werden müssen, sind in der MLAR, Teil F genau beschrieben und mit Bild F-IV-1, S. 196 genau dargestellt.

Für Sanierungen oder Umbauten gilt: In Bestandsgebäuden besteht zur brandschutztechnischen Kapselung von Elektrotrassen, die nicht zum Betrieb des notwendigen Flurs erforderlich sind, die Möglichkeit der Montage von Kabelvollbandagen mit allgemeiner bauaufsichtlicher Zulassung. Das Schutzziel dieser Kabelvollbandagen ist die Verhinderung der Brandentstehung von innen und die Verhinderung der Brandweiterleitung in Längsrichtung der Elektrotrasse. Die baurechtliche Abweichung ist auf der Grundlage der abZ und MBO bei der unteren Bauaufsicht zu beantragen (vgl. MLAR:2018-10, S. 193). Vorhandene Brandlasten in Form von nicht mehr benötigten bzw. stillgelegten Leitungen müssen ausgebaut werden.

Neu in den Normen und Vorschriften ist nun auch die Verwendung von halogenfreien Leitungen (vgl. VDE 0100-420:2019-10, S. 18). Dazu gibt es die EU-Bauproduktverordnung, wonach die Klassen des Brandverhaltens von elektrischen Kabeln nach DIN EN 13501-6 festgelegt sind. Die Klassen des Brandverhaltens sind nach Abstufung der Anforderungen von $A_{ca}$ (unbrennbar) über $B1_{ca}$, $B2_{ca}$ (sehr hoch), $C_{ca}$ (hoch), $D_{ca}$ (mittel), $E_{ca}$ (gering) und $F_{ca}$ (keine Anforderung) festgelegt. Die Abstufung von A-F ist allgemein für alle Bauprodukte vorgesehen. Der Index ca steht für Kabel.

*Hinweis:* Werden Kabel und Leitungen durch feuergefährdete Betriebsstätten in angrenzende Räume verlegt, müssen diese die Anforderungen an ein besseres Brandverhalten erfüllen (vgl. VDE 0100-520:2014-02, S. 15). Die Räume, die darunter fallen, sind im BSK anzugeben. Sollte es hierzu keine klaren Vorgaben geben und im Zuge der Entwurfsplanung Bedenken aufkommen, ist eine schriftliche Abstimmung anzuraten. Mögliche Räume dafür sind Garagen, Ölfeuerräume, Großküchen, Scheunen und Lagerräume unterschiedlicher Art.

Für den Einsatz der Kabel unter Berücksichtigung der Gebäudeklassen nach MBO gibt es nun genaue Vorgaben in den VDE-Vorschriften für die Installation in Sonderbauten.

**Tabelle 10.8:** Einsatzgebiet von Kabeln in Gebäuden und Räumen der Euroklassen

| **Gebäudeklasse / Gebäude-Raumtyp** | **Gebäude außer Fluchtweg** | **Fluchtweg** |
|---|---|---|
| S1 Hochhaus, höher als 22 m | $C_{ca}$ s1 d2 a1 | $B2_{ca}$ s1 d1 a1 |
| S2 bauliche Anlage höher als 30 m | $C_{ca}$ s1 d2 a1 | $B2_{ca}$ s1 d1 a1 |
| S3 Gebäude mit mehr als 1600 $m^2$ größtes Geschoss | $C_{ca}$ s1 d2 a1 | $B2_{ca}$ s1 d1 a1 |
| S4 Verkaufsstätte größer 800 $m^2$ | $C_{ca}$ s1 d2 a1 | $B2_{ca}$ s1 d1 a1 |
| S5 Büro/Verwaltung, Räume größer 400 $m^2$ | $C_{ca}$ s1 d2 a1 | $B2_{ca}$ s1 d1 a1 |
| S6 Gebäude mit Räumen, einzelne Nutzung mit mehr als 100 Personen | $C_{ca}$ s1 d2 a1 | $B2_{ca}$ s1 d1 a1 |
| S7 Versammlungsstätten für mehr als 200 Personen | $C_{ca}$ s1 d2 a1 | $B2_{ca}$ s1 d1 a1 |
| S8 Gaststätten/Hotels, mehr als 40 Gastplätze, mehr als 12 Betten | $C_{ca}$ s1 d2 a1 | $B2_{ca}$ s1 d1 a1 |
| S8 Spielhallen, mehr als 150 $m^2$ | $C_{ca}$ s1 d2 a1 | $B2_{ca}$ s1 d1 a1 |
| S9 Gebäude für Pflege oder Betreuungsbedürftige, mehr als 6 Personen | $B2_{ca}$ s1 d1 a1 | $B2_{ca}$ s1 d1 a1 |
| S10 Krankenhäuser | $B2_{ca}$ s1 d1 a1 | $B2_{ca}$ s1 d1 a1 |
| S11 Einrichtungen zur Unterbringung von Personen sowie Wohnheime | $C_{ca}$ s1 d2 a1 | $B2_{ca}$ s1 d1 a1 |

| | | |
|---|---|---|
| S12 Tageseinrichtungen für Kinder, behinderte und alte Menschen | $B2_{ca}$ s1 d1 a1 | $B2_{ca}$ s1 d1 a1 |
| S13 Schulen, Hochschulen und ähnliche Einrichtungen | $C_{ca}$ s1 d2 a1 | $B2_{ca}$ s1 d1 a1 |
| S14 Justizvollzugsanstalten, Maßregelvollzug | $C_{ca}$ s1 d2 a1 | $B2_{ca}$ s1 d1 a1 |
| S16Freizeit-/Vergnügungsparks | $C_{ca}$ s1 d2 a1 | $B2_{ca}$ s1 d1 a1 |
| S18 Regallager mit Oberkante Ladegut höher 7,5 m | $E_{ca}$ | $B2_{ca}$ s1 d1 a1 |
| S19 bauliche Anlage für Lagerung von Stoffen mit erhöhter Brandgefahr | $B2_{ca}$ s1 d1 a1 | $B2_{ca}$ s1 d1 a1 |
| Industrie | $C_{ca}$ s1 d2 a1 | $B2_{ca}$ s1 d1 a1 |
| Serverraum | $B2_{ca}$ s1 d1 a1 | $B2_{ca}$ s1 d1 a1 |
| 5 Tiefgaragen, unterirdische Gebäude | $C_{ca}$ s1 d2 a1 | $B2_{ca}$ s1 d1 a1 |
| 1 freistehende landwirtschaftliche Gebäude bis 7 m hoch, max. 400 m² | $E_{ca}$ | - |
| 1 freistehende forstwirtschaftliche Gebäude bis 7 m hoch, max. 400 m² | $E_{ca}$ | - |
| 2 Gebäude bis 7 m hoch, max. 400 m² | $E_{ca}$ | - |
| 3 sonstige Gebäude bis 7 m hoch | $E_{ca}$ | $B2_{ca}$ s1 d1 a1 |
| 4 sonstige Gebäude bis 13 m hoch, max. 400 m² | $E_{ca}$ | $B2_{ca}$ s1 d1 a1 |

*Kommentar zur Tabelle:* Die Zuordnung der Kabel und Leitungen auf Gebäudetypen mit Anwendung der Bauproduktenverordnung gibt dem Planer eine besondere Verantwortung. Diese Verantwortung erfordert eine genaue Betrachtung jedes Gebäudes und eine individuelle Planung der Kabel- und Leitungsanlage. Grundlage für eine vorschriftsmäßige Wahl ist auch das BSK. Unter Beachtung von festgelegten Flucht- und Rettungswegen in der Fläche wird hier eine Abstimmung mit dem Prüfsachverständigen notwendig werden. Als Minimum betrachtet die gesetzliche Situation normal entflammbare Kabel, was der Klasse $E_{ca}$ entspricht. Generell ist die Festlegung für die Installation in Anlehnung nach Tabelle 2.16 zu treffen.

Für öffentliche Gebäude ist die Verwendung von halogenfreien Kabeln/Leitungen mit verbessertem Brandverhalten als Stand der Technik nach der 2. Ergänzung zur AMEV 2015 für die Planung und den Bau von Elektroanlagen eingeführt. (vgl. 2. Ergänzung vom 19.10.2018 des Bundes-Innenministeriums zur AMEV 2015).

*Hinweis:* Die Bezeichnungen der Kabel/Leitungen in den nachfolgenden Systemzeichnungen sind als unverbindlicher Vorschlag zu sehen. Die Festlegung ist nach dem jeweiligen Gebäudetyp eigenverantwortlich zu bestimmen. Aus der Tabelle ist auch zu erkennen, dass z. B. für Krankenhaus, Kindertagesstätte usw. mit die höchsten Anforderungen an den Verbau der Kabel/Leitungen in Bezug auf die Brandlast gestellt werden.

Zum Verständnis für die Installation eine Gegenüberstellung der gängigsten Leitungen, die bisher verlegt wurden, und derjenigen, die seit 01.07.2017 nach der EU-Bauproduktverordnung zum Einsatz kommen sollen.

Eine Auflistung von Kabeltypen mit verbessertem Brandverhalten ist als Tabelle 1 in der Norm enthalten (vgl. VDE 0100-420:2019-10, S. 18)

**Tabelle 10.9:** Gegenüberstellung der Kabel/Leitungen nach Brandklasse

| Leitungstyp | Brandklasse – Euroklasse |
|---|---|
| Mehrleiter NYM Leitung 3 x 1,5 mm² | $E_{ca}$ |
| Mehrleiter NHXMH Leitung 3 x 1,5 mm² | $B2_{ca}$ s1 d1 a1 |
| Mehrleiter N2XH Kabel 3 x 1,5 mm² | $C_{ca}$ s1 d2 a1 |

*Kommentar zur Tabelle:* Unter Bedingungen wie

- geringe Personendichte und schwierige Evakuierung, z. B. Hochhaus,
- hohe Personendichte und einfacher Evakuierung, z. B Versammlungsstätten,
- hohe Personendichte und schwierige Evakuierung, z. B. öffentlich zugängliche Hochhäuser,

dürfen Kabel- und Leitungsanlagen in Flucht und Rettungswegen nicht flammenausbreitend sein.

Zudem gibt es weitere Vorgaben. Im Einzelnen betrifft das die Durchquerung, die Länge, die Anordnung, die Feuerwiderstandsdauer und Installation von Geräten. Die für die Gebäudeerrichtung, öffentlichen Einrichtungen, Brandschutz usw. zuständigen Behörden dürfen die Anforderungen für die Auswahl und Errichtung von Anlagen in Rettungswegen festlegen (vgl. VDE 0100-420:2019-10, S. 14, 15).

*Hinweis:* Der Vorschlag des ZVEI auch im sonstigen Gebäude, neben den Flucht- und Rettungswegen, Leitungen mit verbesserten Brandverhalten zu verwenden, begründet sich neben geringerer Rauchentwicklung auch mit den weniger eintretenden korrosiven Schäden am Baukörper.

### 10.4.2 Befestigung von fest verlegten Leitungen bei waagerechter/senkrechter Installation

Leitungen müssen unter Berücksichtigung der ersichtlichen Umgebungsbedingungen fachgerecht verlegt werden. Neben dem Erfordernis eines mechanischen Schutzes ist die Verlegung in geeigneter Weise mit den vorgegebenen Befestigungsabständen einzuhalten. Die Norm bestimmt das mit:

- 250 mm bis 400 mm bei waagerechter Verlegung,
- 400 mm bis 550 mm bei senkrechter Verlegung, bezogen auf den Durchmesser $D < 9$ mm bis $D \leq 40$ mm.

Die genaue Zuordnung ist in der Tabelle der VDE nachzulesen (vgl. VDE 0298-565-1:2015-02, S. 8).

*Hinweis:* Für Kabel gilt der 20-fache Kabeldurchmesser bzw. max. 80 cm bei waagerechter und max. 1,5 m bei senkrechter Verlegung (vgl. VDE 0100-520:2013-06, S. 15) Für Sicherheitskabel gelten gewichtsabhängige Befestigungsabstände, die im Abschnitt 10.3 abgehandelt werden.

### 10.4.3 Leitungsanlage innerhalb von F30/60/90-Metallständerwänden von Raumtrenn- und Brandwänden

Die Regelungen der MLAR sind für Raumtrennwände und Brandwände in der genannten Klassifizierung nicht maßgebend, da diese nicht als Flurtrennwände von Rettungswegen eingestuft werden. Es spricht demnach nichts dagegen, Kabelbündel horizontal und vertikal innerhalb der Wände zu führen, wenn die Ständerkonstruktion, die vorgeschriebene Dämmung und die Feuerwiderstandsdauer dadurch nicht geschwächt wird, d. h., es dürfen weder die Ständer erheblich geschwächt noch darf eine brandschutztechnische notwendige Dämmung innerhalb der Wände entfernt werden (vgl. MLAR:2018-10, S. 385). Für Holzständerwände in Gebäuden mit Holzrahmenkonstruktion gilt das nicht. Hier ist die Muster-Richtlinie für Holzbauweise anzuwenden (vgl. VDE 0100-420:2019-10, S. 21).

*Hinweis:* Neben den brandschutztechnischen Anforderungen gibt es auch schallschutztechnische Kriterien, die beim Einbau von Leitungsanlagen in Metallständerwänden einzuhalten sind.

### 10.4.4 Leitungsanlage in Deckenhohlräumen

Die Unterscheidungen, die hier zu berücksichtigen sind:

- Deckenhohlräume oberhalb von nicht klassifizierten Unterdecken:
  - Erfolgt der Einbau nicht klassifizierter Unterdecken in Rettungswegen, sind die Vorschriften nach Abschnitt 3.2 der MLAR uneingeschränkt anzuwenden.
  - Erfolgt der Einbau nicht klassifizierter Unterdecken in anderen Räumen, werden keinerlei Anforderungen an die Führung von Leitungen gestellt.

Zu beachten ist jedoch, dass die Durchführung durch die raumabschließenden feuerwiderstandsfähigen Wände auch oberhalb der Unterdecke zu schotten ist.

- Deckenhohlräume oberhalb von klassifizierten F30/60/90 Unterdecken:
  - Erfolgt der Einbau von klassifizierten Unterdecken für eine Verbesserung der Feuerwiderstandsdauer der Deckenkonstruktion, ist auf eine möglichst gleichmäßige Verteilung von Brandlasten durch elektrische Leitungen zu achten. Genannt ist hier ein zugelassener Heizwert von maximal 7 kWh/m².
  - Erfolgt der Einbau von klassifizierten Unterdecken zur brandschutztechnischen Verbesserung der darüber eingebauten Bestandsdecke, muss die Brandlast auf einen zulässigen Wert von 7 kWh/m² begrenzt werden (vgl. MLAR:2018-10, S. 386).

# 11 Tiefentladung von Batterien

Unter Tiefentladung eines Akkumulators versteht man den Zustand nach Stromentnahmen bis zur nahezu vollständigen Erschöpfung der Kapazität bzw. bis unter eine bestimmte Spannung. Da Tiefentladungen schädlich für die Akkumulatoren sein können, sollten sie nach Möglichkeit vermieden und die Akkumulatoren davor geschützt werden.

Bei der Tiefentladung wird die Zelle eines Akkumulators mit beliebiger Stromstärke soweit entladen, dass die Spannung unter die Entladungsspannung absinkt. Durch die Tiefentladung können je nach Batterietyp unterschiedliche Schädigungen auftreten. Bei einer Reihenschaltung der Zellen können die Zellen mit der geringsten Kapazität sogar umgepolt werden. Je nach Akkutyp kann eine einzige Tiefentladung einen Akku zerstören. Wenn sich die angeschlossenen Verbraucher bei zu geringer Spannungsversorgung nicht selbstständig abschalten, ist besondere Vorsicht geboten. Akkumulatoren können auch bei Nichtbenutzung, alleine aufgrund der Selbstentladung, tiefentladen werden.

**Tabelle 11.1:** Entladeschlussspannungen der verschiedenen Batterietypen

| Akkumulatortyp | Entladeschlussspannung für Einzelzellen |
|---|---|
| Bleiakkumulator | 1,75 V |
| Bleiakkumulator, 12 V | 10,5 V |
| Nickel-Cadmium-Akku | 0,85…1,00 V |
| Lithium-Ionen-Akku | 2,5 V |

*Kommentar zur Tabelle:* Die Tiefentladung eines Akkumulators beginnt mit dem Unterschreiten der Entladeschlussspannung. Dies ist eine festgesetzte Spannung, bis zu welcher der Akkumulator entladen werden darf. Die Höhe der Entladeschlussspannung pro Zelle ist abhängig vom jeweiligen Akkumulatortyp.

Für die Tiefentladung eines Akkumulators gibt es verschiedene Gründe:

- Der Akkumulator ist überaltert, befindet sich am Ende der Lebensdauer,
- der Akkumulator wird nicht richtig aufgeladen,
- das Ladegerät ist nicht passend zum Akkumulator oder das Ladegerät ist defekt,
- passive Stromentnahme durch Gerät,
- das Gerät wird beim Unterschreiten der Entladeschlussspannung nicht abgeschaltet und schaltet sich auch nicht selber ab.

*Hinweis:* Der Einsatz der Lithium-Ionen-Akkumulatoren erfolgt bei Batterieblöcken in E-Autos und wird daher nicht weiter abgehandelt.

Die Auswirkungen der Tiefentladungen von Batterien im Einsatz von Sicherheitsbeleuchtungsanlagen:

- Bei Bleiakkumulatoren sind die Auswirkungen vom Akkutyp abhängig. Starterbatterien im Einsatz für Netzersatzanlagen sind für die ständige Tiefentladung nicht geeignet, da dadurch die aktive Masse der Plusplatten zu stark beansprucht wird. Die Tiefentladung kann zur Sulfatbildung der aktiven Masse und somit zum Kapazitätsschwund führen. Durch die damit verbundene erhöhte Temperatur und niedrigere Säuredichte kommt es zu einer Korrosion der Elektroden. Bleiben tiefentladene Bleiakkumulatoren über einen Zeitraum von mehreren Tagen in diesem Zustand, kommt es durch Rekristallisation zu einer grobkristallinen Bleisulfatbildung. Eine Tiefentladung über längere Zeit ist zu vermeiden, verursacht irreversible Schäden, ebenso auch die mehrfache Tiefentladung.
- Bei Blei-Gel-Batterien sind Tiefentladungen unkritischer. Diese überstehen Tiefentladungen deutlich besser als gewöhnliche Bleiakkumulatoren. Daher sind Tiefentladungen bei diesem Typ in begrenztem Umfang möglich.
- Der Nickel-Cadmium-Akkumulator ist robust gegenüber Tiefentladungen. Diese können auch mehrere Jahre in entladenem Zustand gelagert werden, ohne Schaden zu nehmen.

Die Merkmale der Tiefentladung sind:

- Bei Bleiakkumulatoren kann man Tiefentladung durch Messen der Säuredichte feststellen. Liegt die Säuredichte deutlich unter 1,1 kg/l, so wurde die Batterie tiefentladen. Ein weiteres Erkennungsmerkmal ist der Ladestrom, der anfangs sehr hoch ist und dann sehr schnell auf einen kleinen Wert absinkt.
- Die Schäden, die bei Nickel-Cadmium Batterien durch Tiefentladung auftreten können, sind Zellenkurzschlüsse durch Umpolung der schwächsten Zellen. Dies erkennt man an der untypischen Leerlaufspannung nach kurzem Laden.

# 12 Überwachung der Anlagen bei Störungen/Defekten

Die Sicherheitsanlagen in den verschiedenen Objekten und Gebäuden nehmen je nach Größe in zunehmender Anzahl zu. Der Betreiber ist verpflichtet, die Funktionsfähigkeit im Betrieb zu gewährleisten. Da eine ständige manuelle Überprüfung des ordentlichen Betriebs nahezu unmöglich ist, muss eine technische Überwachung in ständiger Funktion vorhanden sein.

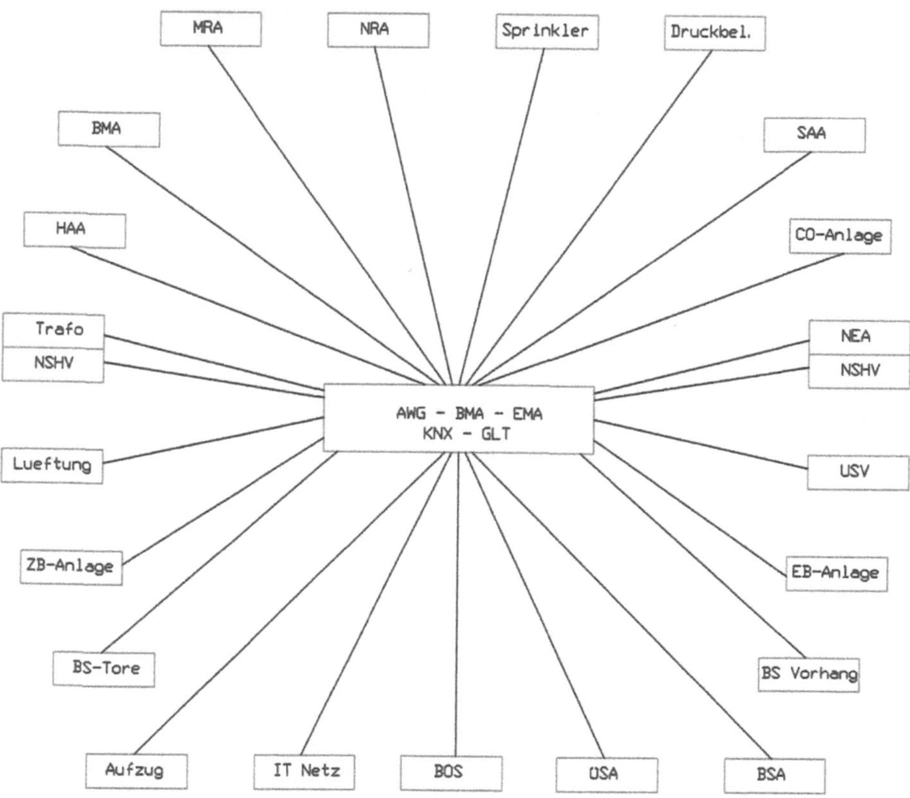


**Bild 11.1:** Systemzeichnung – Ansteuerung Störmeldungen (DXF 063)

*Kommentar zur Systemzeichnung:* Die Zeichnung kann als Check-Liste verstanden werden und als Kontrolle bei der Ausarbeitung der Planung dienen. Es kann aber noch durchaus weitere Anlagen geben, die installiert werden und nicht dargestellt sind.

Die Störung einer Anlage muss an eine ständig besetzte Stelle gemeldet werden. Diese kann sich im Gebäude befinden oder aber auch außerhalb.

Der Elektro-Fachplaner hat die Aufgabe, die dafür geeignete Einrichtung zu bestimmen. Es muss auch die notwendige Leitung eingeplant werden. Eine funktionserhaltende Verlegung dieser Leitung wird im Allgemeinen nicht gefordert. Die Schnittstellen für die Anlagen werden generell vorhanden sein. Zusätzlich kann auch die Sicherung bzw. der Leitungsschutzschalter mit einem Meldekontakt in die Überwachung mit einbezogen werden. Für besondere Anlagen, wie dem Personenaufzug, muss mit gesicherter Stromversorgung bzw. ein analoger Telefonanschluss installiert sein (bei Neuanlagen wird hier zunehmend GSM installiert), damit die Befreiung von Personen durch die Meldung bei Stromausfall/Störung funktioniert.

# Literaturverzeichnis

## Bücher

Karl-Olaf Kaiser: Brandschutztechnische Bauüberwachung. Köln: Feuertrutz Verlag, 2008

Brandschutz in der Elektrotechnik. Menden: OBO Bettermann GmbH, 2012

Herbert Schmolke: EMV-gerechte Errichtung von Niederspannungsanlagen. VDE Schriftenreihe – Normen verständlich, Bd. 126. Berlin · Offenbach: VDE Verlag, 2. Auflage, 2017

Gerhard Kiefer, Herbert Schmolke: VDE 0100 und die Praxis. Berlin · Offenbach: VDE Verlag, 16. Auflage, 2017

Gunter Pistora: Berechnung von Kurzschlussströmen und Spannungsfällen. VDE Schriftenreihe – Normen verständlich, Bd. 118. Berlin · Offenbach: VDE Verlag, 2. Auflage, 2009

Andreas Rosa: Projektierung von Ersatzstromaggregaten. VDE Schriftenreihe – Normen verständlich, Bd. 122. Berlin · Offenbach: VDE Verlag, 3. Auflage, 2018

## Verordnungen, VDE-Vorschriften, Planungshandbücher, Kataloge, Zeitschriften

Handbuch Funktionserhalt. DÄTWYLER, 6. Auflage, 2012

Handbuch zur Not- und Sicherheitsbeleuchtung. INOTEC, 2019/20

Bayerische Bauordnung und ergänzende Bestimmungen für: Elektrotechnische Anlagen, Betriebsräumebauverordnung EltBauV, Garagenverordnung GaStellV, Verkaufstätten Verordnung VKV, Versammlungsstättenverordnung VstättV, Beherbergungsstätten Verordnung BstättV. Beck OHG Verlag, 43. Auflage, 2018

Muster-Schulbau-Richtlinien – MschulbauR (2009-04)

Muster-Bauordnung – MBO (2012-09)

Muster Hochhausrichtlinie – MHHR (2008-04)

Krankenhausbauverordnung – KhBauVO (1976-12)

Muster-Richtlinie über den Bau und Betrieb Fliegender Bauten – M-FlBauR (2007-05)

Muster-Industrie-Baurichtlinie – MindBauRL (2014-07)

Berufsgenossenschaftliche Regeln BGR 132 – Vermeidung von Zündgefahren infolge elektrostatischer Aufladung (2004-07)

Arbeitsgemeinschaft Industriebau AGI J31-1:2003-02 – Elektrotechnische Anlagen – Bautechnische Ausführung von Batterieräume

Kommentar Muster Leitungsanlagen-Richtlinie, Heizungs-Journal Verlags GmbH, 2018

ZVEI: Hinweise zu Kabel und Leitungen unter der Bauproduktenverordnung (2017-06)

DIN 8986:2012-10: Kühlräume – Bauliche sicherheitstechnische Anforderungen

DIN 4102-2:2019-03: Brandverhalten von Baustoffen und Bauteilen

VDE 0100-Beiblatt 5:2021-06: Errichten von Niederspannungsanlagen – Maximal zulässige Längen von Kabel und Leitungen unter Berücksichtigung des Fehlerschutzes, Kurzschlusses und Spannungsfalls

VDE 0100-420:2019-10: Errichten von Niederspannungsanlagen – Schutz gegen thermische Auswirkungen

VDE 0100-430:2010-10: Errichten von Niederspannungsanlagen – Teil 4-43 Schutzmaßnahmen – Schutz bei Überstrom

VDE 0100-460:2018-06: Errichten von Niederspannungsanlagen – Teil 4-46 Schutzmaßnahmen – Trennen und Schalten

VDE 0100-729:2010-02: Errichten von Niederspannungsanlagen – Teil 7-729 Anforderungen für Betriebsstätten, Räume und Anlagen besonderer Art – Bedienungsgänge und Wartungsgänge

VDE 0100-520:2013-06: Errichten von Niederspannungsanlagen – Teil 5-52 Auswahl und Errichtung elektrischer Betriebsmittel – Kabel- und Leitungsanlagen

VDE 0100-560:2013-10: Errichten von Niederspannungsanlagen – Teil 5-56 Auswahl und Errichtung elektrischer Betriebsmittel – Errichtung für Sicherheitszwecke

VDE 0100-710:2012-10: Errichten von Niederspannungsanlagen – Teil 7-710 Anforderungen für Betriebstätten, Räume und Anlagen besonderer Art – Medizinisch genutzte Bereiche

VDE 0100-710 Beiblatt 1:2014-06: Errichten von Niederspannungsanlagen – Teil 7-710 Anforderungen für Betriebstätten, Räume und Anlagen besonderer Art – Medizinisch genutzte Bereiche; Beiblatt 1: Erläuterungen zur Anwendung der normativen Anforderungen aus DIN VDE 0100-710

VDE 0100-718:2014-06: Errichten von Niederspannungsanlagen – Teil 7-718 Anforderungen für Betriebstätten, Räume und Anlagen besonderer Art – Öffentliche Einrichtungen und Arbeitsstätten

VDE 0100-718 Beiblatt 1:2016-06: Errichten von Niederspannungsanlagen – Teil 7-718 Anforderungen für Betriebstätten, Räume und Anlagen besonderer Art – Öffentliche Einrichtungen und Arbeitsstätten; Beiblatt 1: Erläuterungen zur Anwendung der normativen Anforderungen aus VDE 0100-718

VDE 0105-100:2015-10: Betrieb von elektrischen Anlagen – Allgemeine Festlegungen

VDE 0298-4:2013-06: Verwendung von Kabeln und isolierten Leitungen für Starkstromanlagen

VDE-AR-N 4100:2019-04: Technische Regeln für den Anschluss von Kundenanlagen an das Niederspannungsnetz und deren Betrieb (TAR Niederspannung)

VDE-AR-N 4105:2018-11: Erzeugungsanlagen am Niederspannungsnetz – Technische Mindestanforderungen für Anschluss und Parallelbetrieb von Erzeugungsanlagen am Niederspannungsnetz

VDE 0108-1:1989-10: Starkstromanlagen und Sicherheitsstromversorgung in baulichen Anlagen für Menschenansammlungen – Allgemeines (zurückgezogen: 2010-10)

VDE 0108-100:2005-01: Sicherheitsbeleuchtungsanlagen

VDE V 0108-100:2019-12: Sicherheitsbeleuchtungsanlagen

de – Der Elektromeister, Ausgabe de 2013-06, S. 30-34 und de 2013-07, S. 28-32

Arbeitskreis Maschinen- und Elektrotechnik staatlicher und Kommunaler Verwaltungen (AMEV) – Planung und Bau von Elektroanlagen in öffentlichen Gebäuden – Stand: 06.02.2015 – Broschüre Nr. 128.